GAOXIAO JIANKANG YANGZHU
GUANJIAN JISHU

高效 健康养猪关键技术

荀文娟　马兴斌　黄宇翔　主编

中国农业科学技术出版社

图书在版编目（CIP）数据

高效健康养猪关键技术 / 荀文娟，马兴斌，黄宇翔主编 .— 北京：中国农业科学技术出版社，2020.11

ISBN 978-7-5116-5034-4

Ⅰ .①高… Ⅱ .①荀… ②马… ③黄… Ⅲ .①养猪学 Ⅳ .① S828

中国版本图书馆 CIP 数据核字（2020）第 181810 号

责任编辑　张国锋
责任校对　马广洋

出　版　者　中国农业科学技术出版社
　　　　　　北京市中关村南大街 12 号　邮编：100081
电　　　话　（010）82106636（编辑室）（010）82109704（发行部）
　　　　　　（010）82109702（读者服务部）
传　　　真　（010）82106631
网　　　址　http：//www.castp.cn
经　销　者　各地新华书店
印　刷　者　北京富泰印刷有限责任公司
开　　　本　710mm×1 000mm　1 /16
印　　　张　18
字　　　数　340 千字
版　　　次　2020 年 11 月第 1 版　2020 年 11 月第 1 次印刷
定　　　价　48.00 元

编写人员名单

主　　编	荀文娟　马兴斌　黄宇翔
副 主 编	李羽丰　陈　坚　应正林　段孝谋
	乔平平　滕乐帮
参编人员	魏丽贤　贾海峰　单玉平　朱　刚
	程　明　朱红兰　卢明月　翁晓辉
	崔建华　廖晓君

前　言

我国是生猪生产和消费大国，生猪饲养量和消费量均占全球的一半，养猪业在国民经济中占有重要的地位。养猪业是关乎民生的重要产业，猪肉是大多数居民最主要的肉食品，在人们的膳食结构中起着重要作用，在居民消费价格指数（CPI）中的权重也比较大。发展并稳定生猪生产，保障猪肉供应，事关"三农"发展、物价稳定、群众生活和经济社会发展大局。

我国养猪业的发展虽然比较迅速，但过程并非一帆风顺。除了要接受市场风险、疫情风险的考验之外，养猪业还经常遭受一些人为因素的影响，如违禁药物、药物残留、病死猪肉、注水猪肉等，已经在不同层面上影响着养猪业的健康持续发展。之所以存在这些不合理现象，主要源于传统错误的保健养猪防病观念与利益的驱使，这些做法都是只看到短期效益，而无长远考虑，这些以牺牲整个养猪业的健康发展和广大人民健康为代价的做法无异于杀鸡取卵。

当前养猪业正面临着两个亟须解决的问题：一方面是猪群正受到多种错综复杂的疫病干扰，特别是 2018 年在我国发现非洲猪瘟疫情后，给养猪业带来了极大的冲击；另一方面是随着人民生活水平的提高，对安全放心的猪肉品质的需求。在严峻的形势面前，如何健康养猪，如何生产安全的猪肉，成为广大居民最为关注的话题，也成为养猪业何去何从的关键问题。

健康养猪是根据猪的生物学特性，运用生态学、营养学等原理来指导生猪养殖，为猪营造一个优良的、有助于快速生长的生态环境，并且提供充足的全价营养饲料，使猪在生长发育期间，最大限度地减少疾病的发生，使养成的食用商品猪肉无污染、无药物残留、个体健康、产品营养丰富及保持天然鲜品，对养殖环境无污染，实现养殖生态体系平衡，人与自然和谐。

编者总结各地的健康养猪生产经验，结合自己的亲身体会，编写了这本《高效健康养猪关键技术》。本书面向广大农村知识青年、打工返乡创业人员、专业户、中小型养猪场、高校相关专业毕业学生以及相关技术人员和管理人员，理论与实践紧密结合，从多层面讲解健康养猪知识。本书内容丰富、材料翔实、数据准确，具有较强的实用性，适合以上人员阅读，用于指导生产实际。

由于编者水平有限、资料掌握不全，书中缺点、疏漏在所难免，诚请广大读者和同仁批评指正。

编者
2020 年 6 月

目　录

第一章　猪的品种及其育种技术

第一节　猪的常见品种

一、国产生猪品种

我国饲养的生猪品种很多，根据分布区域不同，这些品种大体上可以分为华北型、华中型、华南型、江海型、西南型、高原型。

（一）华北型

华北型主要分布于淮河、秦岭以北地区。华北型猪骨骼发达，体型高大，背腰平直且窄，后腿欠丰满。头平直，嘴筒较长，耳大下垂。额部有纵行皱褶。被毛多为黑色，皮肤厚。繁殖力强，有乳头8对左右。该类型猪的优点是繁殖力强，抗逆力强；缺陷是生长速度慢，后腿欠丰满。

代表品种有：东北民猪、八眉猪、黄淮海黑猪等。

1. 东北民猪

东北民猪是东北地区的一个古老的地方猪种，有大（大民猪）、中（二民猪）、小（荷包猪）3种类型。目前除少数边远地区农村养有少量大型和小型民猪外，群众主要饲养中型民猪。东北民猪具有产仔多、肉质好、抗寒、耐粗饲的突出优点，受到国内外的重视。

全身被毛为黑色。体质强健，头中等大。面直长，耳大下垂。背腰较平、单脊，乳头7对以上。四肢粗壮，后躯斜窄，猪鬃良好，冬季密生棕红色绒毛。8月龄，公猪体重79.5千克，体长105厘米，母猪体重90.3千克，体长112厘米。

240日龄体重为98～101.2千克，日增重495克，每增重1千克消耗混合精料4.23千克。体重99.25千克屠宰，屠宰率75.6%。近年来经过选育和改进日粮结构后饲养的民猪，233日龄体重可达90千克，瘦肉率为48.5%，料肉比为4.18∶1。

2. 八眉猪

八眉猪的中心产区为陕西泾河流域、甘肃陇东和宁夏的固原地区。八眉猪头

较狭长，耳大下垂，额有纵行"八"字皱纹，故名八眉。被毛黑色。

按体型外貌和生产特点，八眉猪可分为大八眉、二八眉和小伙猪 3 大类型。大八眉猪体格较大，头粗重，面微凹，额较宽，皱纹粗而深，纵横交错，有"万"字或"寿"字头之称，耳大下垂，长过鼻端，嘴直，背腰稍长，腹大下垂。四肢稍高，后肢多卧系，尾粗长，皮厚松弛，体侧和后肢多皱襞，呈套叠状，俗称"套裤"，被毛粗长，乳头 6 ～ 7 对，多达 9 对，经济成熟较晚。二八眉是介于大八眉与小伙猪之间的中间类型。头较狭长，额有明显细而浅的八字皱纹，耳大下垂，长与嘴齐，背腰狭长，腹大下垂，斜尻，大腿欠丰满，后肢多卧系，皱褶较少，且不明显。乳头 6 对，多达 7 ～ 8 对。生产性能较高，属中熟型。占八眉猪总数的 19% 左右。小八眉猪（小伙猪）体型较小，侧面呈椭圆形，体质紧凑，性情灵活，头轻小，面直，额部多有旋毛，皱纹少而浅细，耳较小，下垂，耳壳较硬，俗称杏叶耳，嘴尖，俗称黄瓜嘴，背短宽较平，腹大稍下垂，后躯较丰满，四肢较短，皮薄骨细，乳头多为 6 对，早熟易肥，适合农村个体户饲养，占八眉猪总数的 80% 左右。

八眉猪是一个良好的杂交母本品种，与国内外优良品种公猪杂交，一般具有较好的配合力。八眉猪在我国西北地区分布很广。在较温暖多雨的关中平原到高寒的青藏高原边缘地带以及干旱的黄土丘陵地区，都能很好地生长和繁殖。在冬季，八眉猪体表着生绒毛，以抵御寒冷。八眉猪还具有较好的耐粗饲能力，随年龄的增加，对饲料中粗纤维的消化率也随之提高。

大八眉成年公猪体重 98.91 ～ 114.45 千克，成年母猪体重 75.55 ～ 84.45 千克。二八眉猪成年公猪平均体重 88.95 千克，成年母猪体重 59.05 ～ 62.31 千克。小伙猪成年公猪体重 75.39 ～ 86.31 千克，成年母猪体重 54.02 ～ 57.66 千克。八眉猪公猪性成熟较早，30 日龄左右即有性行为，母猪于 3 ～ 4 月龄（平均 116 天）开始发情，发情周期一般为 18 ～ 19 天，发情持续期约 3 天，产后再发情时间一般在断乳后 9 天左右（5 ～ 22 天）。八眉猪肉质好，肉色鲜红，肌肉呈大理石纹状，肉嫩，味香，胴体瘦肉含蛋白质 22.56%。

（二）华南型

主要分布于我国的南部和西南部边缘地区。华南型猪的骨骼大小不一，背腰宽，但多凹，腹大下垂，腿臀丰满。头较小，面部微凹，耳小直立。额部多有横行皱褶。被毛多为黑色或黑白花。皮肤比较薄，毛稀。繁殖力较差，有乳头 5 ～ 6 对。该类型猪的优点是早期生长快，易肥，骨细，屠宰率高；缺陷是抗逆力差，脂肪多。

代表品种有：滇南小耳猪、两广小花猪、槐猪和海南猪等。

1. 滇南小耳猪

滇南小耳猪产于云南省勐腊、瑞丽、盈江等地。其体躯短小，耳竖立或向外横伸，背腰宽广，全身丰满，皮薄、毛稀，被毛以纯黑为主，其次为"六白"和黑白花，还有少量棕色的，乳头多为 5 对。

滇南小耳猪按体型可分为大、中、小 3 种类型。大型猪体型较大，面平直，额宽，耳稍大，多向两侧平伸或直立，颈部短、厚，背腰平直，腹大而不下垂。四肢较粗壮，毛色以全黑为主，间在额心、尾尖或四肢系部以下有白毛。小型猪体型短小，有"冬瓜身，骡子屁股，麂子蹄"之称，头小，额平无皱纹，耳小直立而灵活，耳宽大于耳长，嘴筒稍长，颈短肥厚，下有肉垂，背腰多平直，臀部丰圆，大腿肌肉丰满，四肢短细、直立，蹄小坚实。中型猪体型外貌介于大、小型猪之间。

成年大型公猪平均体重 64.16 千克，母猪平均体重 76.03 千克；成年小型公猪平均体重 39.57 千克，母猪平均体重 54.31 千克。初产母猪平均产仔数 7.7 头，产活仔数 7.25 头；经产母猪平均产仔数 10.12 头，产活仔数 9.91 头。滇南小耳猪数量大，分布广，能适应湿热气候和以放牧为主的饲养条件，具有早熟易肥、屠宰率高、皮较薄、肉质好的特点。滇南小耳猪的缺点是性情较野，生长速度较慢，饲料利用率较低。

2. 两广小花猪

两广小花猪包括陆川猪、福绵猪、公馆猪、广东小耳花猪等。广东小耳花猪又包括黄塘猪、中垌猪、塘猪、桂墟猪，主要分布于广东省与广西壮族自治区相邻的寻江、西江流域的南部地区。

两广小花猪体型较小，具有"头短、颈短、耳短、身短、脚短和尾短"的"六短"特征，额较宽，有菱形皱纹，中间有白斑三角形，耳小向外平伸，背腰宽广凹下，腹大拖地，体长与胸围几乎相等。被毛黑白花，除头、耳、背、腰臀为黑色外，其余均为白色。成年公猪体重为 103.2 ～ 130.9 千克，母猪为 81 ～ 112 千克。性成熟早，公猪 2 ～ 3 月龄就能配种，母猪 4 ～ 5 月龄初配，头胎产仔 8 头左右，三胎以上 10 ～ 11 头，种猪场经产母猪产仔数 12 ～ 13 头。肥育期日增重为 285 ～ 328 克，屠宰率为 67.6%，瘦肉率为 37.2%。

（三）华中型

主要分布于长江和珠江流域的广大地区。华中型猪的体型较华南型的大，背腰宽且凹，腹大下垂。头不大，额部有横行皱褶。耳中等大小，下垂。被毛稀疏，毛色以黑白花为主，头尾多为黑色，体躯多为白色。乳头 6 ～ 8 对。该类型猪的优点是骨骼较细，早熟易肥，肉质优良；缺陷是体质疏松，体质较弱。

代表品种有：金华猪、宁乡猪、广东大花白猪和中华两头乌猪等。

1. 金华猪

金华猪又称"金华两头乌""义乌两头乌",是中国著名地方优良品种,其头部和尾部为黑皮黑毛,故又称"两头乌"。它产于浙江省金华地区的义乌、东阳和金华 3 个县,现已推广到浙江全省 20 多个市、县和省外部分地区。

体型中等偏小,毛色遗传性比较稳定,毛色除头颈和臀部、尾巴为黑色外,其余均为白色,故有"两头乌"之称。在黑白交界处有黑皮白毛的"晕带"。耳中等大小、下垂,额上有皱纹,颈粗短,背稍凹,腹大微下垂,臀较倾斜,四肢较短,蹄坚实,皮薄毛稀。乳头多为 7 ～ 8 对。成年公猪体重 140 千克,成年母猪 110 千克。成年母猪产仔数 14 头左右,产活仔数 12 ～ 13 头。

金华猪具有成熟早,肉质好,皮薄骨细,繁殖率高等优良性能,腌制成的"金华火腿"质佳味香,外形美观,蜚声中外。

2. 宁乡猪

宁乡猪又称宁乡土花猪,产于湖南长沙宁乡县流沙河、草冲一带,所以又称草冲猪、流沙河猪,是中国四大名猪种之一,已有 1 000 余年的历史。全国除西藏、台湾外,其余省、自治区、直辖市均引进宁乡猪,省内则几乎遍及各地,尤以益阳、桃江、安化、涟源、湘乡、黔阳、邵阳等地引入较多。它具有繁殖率高、早熟易肥、肉质疏松等特点,且在饲养过程中性情温顺,适应性强。在漫长的选育中,形成了特有的性状:肉质细嫩、肉味鲜美,被称为国家重要的家畜基因库。20 世纪 70 年代曾被联合国粮农组织列为推荐品种。

体型中等。头中等大小,额部有形状和深浅不一的横行皱纹,耳较小、下垂。颈短粗,有垂肉。背腰宽,背线多凹陷,肋骨弓曲,腹大下垂,臀部微倾斜。四肢粗短,大腿欠丰满,多卧系,撒蹄。多数猪后脚较弱而弯曲,飞节内靠。尾尖、尾帚扁平,皮肤松弛。毛粗短而稀,毛色为黑白花。一种体躯上部为黑色,下部为白色,在颈部有一条宽窄不等的白色环带,称"乌云盖雪";一种中躯上部黑毛被白毛分割为一两块大黑斑者,称"大黑花";另一种体躯中部散见数目不一的小黑斑,称"小散花"。按头型可分为 3 种:狮子头、福字头、阉鸡头。在历史上曾有老鼠头型,因育肥性能差而被淘汰。

宁乡猪属偏脂肪型猪种,具有早熟易肥,边长边肥,蓄脂力强,肉质细嫩,味道鲜美,性情温顺,适应性强,体躯深宽短促,体质疏松等特点。宁乡猪肥育期日增重为 368 克,饲料利用率较高,体重 75 ～ 80 千克时屠宰为宜,屠宰率为 70%,膘厚 4.6 厘米,眼肌面积 18.42 厘米^2,瘦肉率为 34.7%。宁乡猪三胎以上产仔 10 头。

宁乡猪在华北、东北、西北、华南等地饲养,均具有较强的适应性,与外种猪杂交具有明显的杂种优势。宁乡猪具有早熟易肥,脂肪沉积能力强、生长较快、性情温驯等特点。但繁殖力较低，且多有凹背、垂腹、卧系等缺陷。以宁乡猪为母本与约克夏、长白猪和我国北方猪杂交，有较明显的杂种优势。

3. 广东大花白猪

产于广东省珠江三角洲一带，以佛山地区的南海、顺德、中山、高鹤、番禺、增城以及肇庆等为中心产区。其体型中等，耳稍大下垂，额部多有横行的皱纹。背腰较宽微凹，腹较大。背毛稀疏，毛色为黑白花，头部和臀部有大块黑斑，腹部、四肢为白色，背腰部及体侧有大小不等的黑块，在黑白色交界处形成晕。现主要分布于广东省中部和北部地区。历史上系中原地区人民大规模南迁时将中原猪种带到南方，与当地猪杂交并经长期选育而成。

大花白猪属华中型猪种，是被列入国家猪种资源保护的猪种，具有早熟易肥、性情温驯、耐粗饲、适应性强、能适应炎热潮湿气候、繁殖力强、哺乳性能好、肉质鲜嫩鲜美等优良特性。成年公猪平均体重 130 千克，母猪 110 千克。性成熟早，小公猪 50 日龄时已出现游离精子。小母猪初情期约为 3 月龄，4～6 月龄可配种受胎。母猪每胎产仔数 11 头以上，经产母猪每胎平均产仔 13 头，初生重 0.7 千克。大花白猪与巴克夏公猪和陆川公猪杂交，杂种后裔的肥育性能提高。与长白猪、杜洛克和汉普夏等公猪杂交，则杂种后裔的胴体瘦肉率和增重速度明显提高。母猪利用年限长达 9 年，是我国优良的地方品种。

大花白猪目前在广东省板岭原种猪场内专设的地方品种资源场进行保种。

（四）江海型

主要分布于汉水和长江中下游沿岸以及东南沿海地区。江海型猪是由华北型猪和华中型猪杂交而成的，所以其体型大小不一。该类型猪的背腰稍宽、平直或微凹。腹大，骨骼粗壮，皮厚、松软且多皱褶。额部有菱形或寿字形皱纹。耳大下垂。毛色从北向南由全为黑色向黑白花过渡。乳头在 8 对以上。该类型猪的最大优点是繁殖力极强；缺陷是皮厚，体质不强。

代表品种有：太湖猪、阳新猪、虹桥猪和桃园猪等。

1. 太湖猪

太湖猪是世界上产仔数最多的猪种，享有"国宝"之誉，苏州地区是太湖猪的重点产区。太湖猪属于江海型猪种，产于江浙地区太湖流域，是我国猪种繁殖力强、产仔数多的著名地方品种。太湖猪体型中等，被毛稀疏，黑或青灰色，四肢、鼻均为白色，腹部紫红，头大额宽，额部和后躯皱褶深密，耳大下垂，形如烤烟叶。四肢粗壮、腹大下垂、臀部稍高、乳头 8～9 对，最多 12.5 对。依产地不同分为二花脸、梅山、枫泾、嘉兴黑和横泾等类型。

太湖猪特性之一是繁殖性能高。太湖猪高产性能蜚声世界，是我国乃至全世界猪种中繁殖力最强、产仔数量最多的优良品种之一，尤以二花脸、梅山猪最

高。初产平均 12 头，经产母猪平均 16 头以上，三胎以上，每胎可产 20 头，优秀母猪窝产仔数达 26 头，最高纪录产过 42 头。太湖猪性成熟早，公猪 4～5 月龄精子的品质即达成年猪水平。母猪 2 月龄即出现发情。据报道 75 日龄母猪即可受胎产下正常仔猪。

2. 阳新猪

阳新猪又称梅花星猪、阳新黑猪，产于鄂东南长江两岸的滨湖平原和低山丘陵地区。阳新黑猪体型中等，头型有"狮子头"和"象鼻头"之分。阳新县"狮子头"猪为多，头短额宽，额部皱纹多且深、一般呈菱形，嘴筒上翘，颈较丰满，肥腮大。"象鼻头"猪在黄梅县较多，头较小，长而窄，嘴筒长，口叉深，耳比"狮子头"小，额部皱纹少而浅。有的猪在额、鼻、尾尖、下腹及四肢下端有白毛；其额部有一小撮似梅花状白毛，故群众称"梅花星猪"。耳大下垂。背腰稍凹，腹大不拖地，臀倾斜。四肢粗壮，蹄质坚实。皮多皱褶，毛色全黑或在额、鼻端、尾尖、四肢末端和腹部有少量白斑。乳头数 6～7 对。

阳新黑猪 24 月龄公猪平均体重 128.19 千克，24 月龄母猪平均体重 94.30 千克。阳新猪具有适于湖区放牧、性温驯、母猪发情明显、产仔较多、瘦肉较多和杂交效果良好等优点，但生长缓慢，在推广杂交优势利用时注意保种。

（五）西南型

主要分布于四川盆地和云贵高原以及湘鄂的西部。西南型猪的体型一般比较大，头大、颈粗短，额部多有横行皱纹且有旋毛。背腰宽而凹，腹部略下垂，毛色以黑色为多，兼有黑白花或红毛猪。乳头 6～7 对。该类型猪的屠宰率和繁殖率略低。

代表品种有：内江猪、荣昌猪、乌金猪、关岭猪和湖川猪等。

1. 内江猪

内江猪原产于四川省内江县，以内江市东兴镇一带为中心产区，历史上曾称为"东乡猪"。内江猪体型大，属疏松体质，被毛全黑，鬃毛粗长，头大，嘴筒短，额面横纹深陷成沟，额皮中部隆起成头纹，俗称"盖碗"，耳中等大、下垂，颈长中等，体躯宽深，前躯尤为发达，背腰微凹，腹大不下垂，臀宽稍后倾，四肢较粗壮坚实。成年内江猪皮厚，体侧及后腿皮肤有深皱褶，俗称"瓦沟"或"套裤"。母猪乳头粗大，一般 6～7 对。

内江猪分早、中、晚熟 3 类品种。早熟种饲养 12 个月体重可达 125 千克，中熟种饲养 12 个月体重可达 150～180 千克，晚熟种饲养 2 年体重可长到 250 千克。母猪繁殖力较强，每胎产仔 10～20 头。出生重 0.78 千克，2 月龄断奶重 13 千克，肥育猪 7 月龄体重可达 90 千克，屠宰率 68% 左右。成年公猪体重 175 千克，母猪 179 千克。

内江猪对外界刺激反应迟钝，忍受力强，对逆境有良好的适应性。

2. 荣昌猪

主产于重庆荣昌和隆昌两县，后扩大到永川、泸县、泸州、合江、纳溪、大足、铜梁、江津、璧山、宜宾及重庆等 10 余个县、市。荣昌猪体型较大，头大小适中，面微凹，耳中等大、下垂，额面皱纹横行、有旋毛，体躯较长，发育匀称，背腰微凹，腹大而深，臀部稍倾斜，四肢细致、坚实。被毛除眼周外均为白色，也有少数在尾根及体躯出现黑斑或全白。按毛色特征分别称为"金架眼""黑眼膛""黑头""两头黑""飞花"和"洋眼"等。其中"黑眼膛"和"黑头"约占一半以上。

荣昌猪对环境的适应性强，耐粗饲，性情温驯，易于调教，公猪采精容易，母猪泌乳性能好，护仔能力强。在保种场饲养条件下，荣昌猪成年公猪平均体重 170.6 千克，成年母猪平均体重 160.7 千克。初配年龄公、母猪均在 6 月龄以后，使用年限公猪 2～5 年、母猪 5～7 年。乳头 6～7 对。第一胎平均产仔数 8.5 头，三胎及三胎以上平均产仔数 11.5 头。

3. 乌金猪

乌金猪起源于云、贵、川乌蒙山区与金沙江畔，故取名乌金猪。据考古发掘可追溯到旧石器时代，与人类历史发展一脉相承。乌金猪是中国高原生态系统唯一自由放养驯化的猪种，也是生活吃习最接近野猪的猪种，乌金猪以肉质鲜美，富含钙、铁、锌和 Ω 脂肪酸，适合高原牧场养殖。与西班牙的伊比利亚黑猪齐名。

乌金猪体质结实，头大小适中，耳中等下垂，嘴筒较粗直，体躯稍窄，腰背平直，四肢健壮，皱纹少而浅，四肢粗壮有力，后躯比前躯高，并有"嘴上三道箍，额印八卦图，脚上穿套鞋"之说。乌金猪公猪生后 30～40 日龄便有爬跨性行为，90 日龄左右便开始配种。公猪随群放牧，任其自然配种，母猪 3～4 月龄开始发情，5～6 月龄受孕，怀孕期为 110～115 天。成年公猪体重 100 千克，母猪体重为 115 千克。屠宰率 78.8%，腿臀比例达 26.22%，瘦肉率 56.18%，肌间脂肪 6.8%，pH 值 6.3。

乌金猪属放牧型猪种，体型结实，后腿发达，能适应高寒气候和粗放饲养，其肉质优良、肉味鲜美、口感细腻，既适合新鲜食用，又是享誉国内外云南火腿的优质材料。乌金猪耐粗粮、抗劣性强、抗病能力强，适宜放养。当地民谣曰："养猪不放，难得养壮。"一般仔猪出生 15 天即随母猪出圈游动，断奶后便随群出牧。放牧时以牧草、野菜、青料等为食，还喂给荞麦等。"吃的是中草药，喝的是矿泉水，长的是健美肉"，这是作为对乌金猪绿色原生态、肉质鲜美的形象评价。

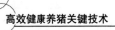

（六）高原型

主要分布于青藏高原。该类型猪的个体很小，形似野猪。头长，呈锥形，嘴尖，耳小直立。背腰窄，略有弓形。腹小紧凑，四肢细小有力，蹄小结实。善于奔跑。体躯上生有浓密的绒毛。毛色多为黑色或黑灰色。乳头5对左右。该类型抗逆力极好，放牧能力也极强，但是，该类型的猪生长速度慢、繁殖力低。

主要代表品种是藏猪。

藏猪主产于青藏高原，包括云南迪庆藏猪、四川阿坝及甘孜藏猪、甘肃的合作猪以及分布于西藏自治区山南、林芝、昌都等地的藏猪类群。藏猪是世界上少有的高原型猪种，是我国宝贵的地方品种资源，也是我国国家级重点保护品种中唯一的高原型猪种。藏猪长期生活于无污染、纯天然的高寒山区，具有适应高海拔恶劣气候环境、抗病、耐粗等特点，但缺点是繁殖力低，母猪乳头一般5～6对。

藏猪多为黑色，其次为黑毛兼"六白"不全，少部分猪为棕红色。冬季密生绒毛，夏季毛稀而短。棕毛特别发达。头稍长，额较窄，额纹不明显或有纵行浅纹，耳小，向两侧平伸或微竖，转动灵活，嘴筒长直尖，呈锥形，有1～3道箍。颈肩窄，略长，体躯较短，胸较狭窄，直膀单脊，背腰一般较平直，腹紧凑不下垂，后躯高于前躯，臀部倾斜，四肢结实，蹄质坚实，极少卧系。据产地农村调查，24月龄以上的成年母猪平均体重33.1千克，公猪多未成年即淘汰。

在放牧条件下，藏猪腿部肌肉发达，胴体瘦肉比率高。在较好饲料条件下舍饲，屠宰率有所提高，腹油、体脂比率明显增加。藏猪肌肉纤维特细，含脂肪多，肉质细嫩，香味浓，360日龄育肥猪背最长肌含水分71.4%、蛋白质18.9%、脂肪8.3%。

藏猪长期生活于无污染、纯天然的高寒山区，具有皮薄、胴体瘦肉率高、肌肉纤维特细、肉质细嫩、野味较浓、适口性极好等特点。可生产酱、卤、烤、烧等多种制品，其中烤乳猪是极受消费者青睐的高档产品。

二、引进健康生猪品种

（一）我国引入品种猪的特点

新中国成立以后，我国陆续有计划地从国外引入大约克夏猪、巴克夏猪、苏联白猪、科米洛夫猪、长白猪、杜洛克猪、汉普夏猪、皮特兰猪和迪卡猪等。这些猪品种引进后，在我国的条件下进行了风土驯化，逐渐适应了我国的饲养条件和管理条件，已经成为我国猪饲养业中不可分割的一部分。表现在胴体品质和日增重上优势比较大的引入品种有：杜洛克猪、汉普夏猪、皮特兰猪、比利时长白猪、挪威长白猪及德国长白猪等；表现在繁殖力、适应性和哺乳能力上优势比较大的引入品种有：大约克夏猪、丹麦系长白猪、英系长白猪、美系长白猪、法系长白猪、瑞士长白猪、威尔斯特猪及切斯特白猪等。

我国引入的国外品种猪主要是作为杂交用父本，其共同特点：一是生长速度快，在一般的饲养管理条件下，20～90千克阶段的日增重可达到550～700克；二是胴体瘦肉率高，在合理的饲养条件下，90千克时屠宰，其胴体瘦肉率可达到55%～62%；三是屠宰率高，体重达到90千克时屠宰，其屠宰率可达到70%～75%。

但在引入品种上也有一些明显的不足，具体表现为：繁殖性能低于我国地方品种，母猪的发情不明显，肌纤维较粗，出现PSE（颜色苍白、质地松软、向外渗水，这种劣质猪肉的pH值小于5.7，又称白肌肉）和DFD（肉猪率后肌肉pH值高达6.5以上，形成暗红色、质地坚硬、表面干燥的干硬肉，又称黑干肉）肉的比例高。

（二）我国引进的主要外国猪种

1. 波中猪

波中猪为猪的著名品种，原产于美国。由中国猪、俄国猪、英国猪等杂交而成。波中猪起源于巴克夏猪和汉普夏猪在内的大量不同猪种，很难分清波中猪到底起源于哪个或哪些猪。在美国俄亥俄州迈阿密谷的定居者来自不同的地方，也带来了大量不同的猪种。典型的波中猪为黑色，偶尔会有白斑。波中猪在美国每头母猪每年产肉量中排名第一。原属脂肪型，已培育为肉用型。全身黑色，有六白的特征。鼻面直，耳半下垂。体型大，成年公猪体重390～450千克，母猪300～400千克。早熟易肥，屠体品质优良；但繁殖力较弱，每胎生仔8头左右。

波中猪以肉质好、瘦肉率高而久闻盛名。猪肉自然丰满和肉质健壮是肉制品中最重要的性状。波中猪因其几乎可以适应任何环境，从放养到圈养，广为生猪养殖者所喜爱。由于其黑毛隐性基因被其他品种的显性基因所控制，许多养殖者在终端交配中选择波中猪作为父本。这样养殖者就可以给批发商想要的颜色和肉质。最大限度的杂交活力，肉质丰满和高瘦肉率这些综合因素，使现代波中猪成为今天养猪者的实用选择。

2. 长白猪

长白猪原产于丹麦，原名兰德瑞斯，是目前世界上分布最广的著名瘦肉型品种。因其体躯较长，全身被毛白色，故在我国称其为长白猪。

长白猪全身被毛全白，体躯呈流线形，头小而清秀，嘴尖，耳大下垂，背腰长而平直，四肢纤细，后躯丰满，被毛稀疏，乳头7对。我国饲养的长白猪，来自6个国家，体型外貌不尽一致。20世纪60年代引进的长白猪，经过多年的驯

化，体型也有些变化，由清秀趋向于疏松，体质由纤弱趋向于粗壮。初引进时，往往因蹄底磨损或滑跌而发生四肢外伤或不能站立。目前其蹄质较坚实，四肢病显著减少。

母猪初情期 170～200 日龄，适宜配种的日龄 230～250 天，体重 120 千克以上。母猪总产仔数，初产 9 头以上，经产 10 头以上；21 日龄窝重，初产 40 千克以上，经产 45 千克以上。达 100 千克体重日龄 180 天以下，饲料转化率 1：2.8 以下，100 千克体重时，活体背膘厚 15 毫米以下，眼肌面积 30 平方厘米以上。在国外三元杂交中长白猪常作为第一父本或母本。

长白猪具有生长快、饲料利用率高、瘦肉率高等特点，而且母猪产仔较多，奶水较足，断奶窝重较高。于 20 世纪 60 年代引入我国后，经过 30 年的驯化饲养，适应性有所提高，分布范围遍及全国。但体质较弱，抗逆性差，易发生繁殖障碍及裂蹄。在饲养条件较好的地区以长白猪作为杂交改良第一父本，与地方猪种和培育猪种杂交，效果较好。

长白猪与本地品种杂交，效果明显。但长白猪体质较弱，抗逆性较差，对饲料要求高。

3. 大约克夏猪

大约克夏猪于 18 世纪育成于英国，因其体格大、增重快，是世界上著名的肉用型品种之一。引入我国后，经过多年培育驯化，已有了较好的适应性，具有生长快、饲料利用率高、瘦肉率高、产仔较多等特点。大约克夏猪全身白毛，故又称大白猪。体格大，体型匀称，耳直立，鼻直，背腰微拱，四肢较长，头颈较长，脸微凹，体躯长。

成年公猪体重 250～300 千克，成年母猪体重 230～250 千克。增重速度快，省饲料，出生 6 月龄体重可达 100 千克左右。营养良好，自由采食的条件下，日增重可达 700 克以上，每千克增重消耗配合饲料 3 千克以下。体重 90 千克时屠宰率 71%～73%，胴体瘦肉率 60%～65%。经产母猪产仔数 11 头，乳头 7 对以上，8.5～10 月龄开始配种。在国外三元杂交中大约克夏猪常作为第一父本或母本。用大约克夏作父本与本地母猪杂交，杂种猪日增重、饲料利用率等方面杂种优势明显，在繁殖性能上也呈现一定优势。

大约克夏猪是世界上著名的肉用型品种之一。在我国分布较广，有较好的适应性，具有生长快、饲料利用率高、瘦肉率高、产仔较多等特点，但存在蹄质不坚实、多蹄腿病等缺点。

4. 杜洛克猪

杜洛克猪原产于美国，由产于新泽西州的泽西红猪和纽约州的杜洛克猪杂交选育而成。原属脂肪型，20 世纪 50 年代后被改造成为瘦肉型。其特征为颜面微凹，耳下垂或稍前倾，腿臀丰满，被毛淡金黄至暗棕红色。广泛分布于世界各国，并已成为中国杂交组合中的主要父本品种之一，用以生产商品瘦肉猪。

杜洛克种猪毛色棕红，体躯高大，结构匀称紧凑、四肢粗壮、胸宽而深，背腰略呈拱形，腹线平直，全身肌肉丰满平滑，后躯肌肉特别发达。头大小适中、较清秀，颜面稍凹陷、嘴短直，耳中等大小，向前倾，耳尖稍弯曲，蹄部呈黑色。成年公猪平均体重 340 ～ 450 千克，母猪 300 ～ 390 千克。每胎约产仔 10 头，母性强，性情温驯，生长快，肉质好，作为杂交父本或母本能显著提高后裔的生产性能。

杜洛克猪是生长发育最快的猪种，肥育猪25 ～ 90 千克阶段日增重为700 ～ 800 克，肉料比为 1∶（2.5 ～ 3.0）；在 170 天以内就可以达到 90 千克体重。90 千克屠宰时，屠宰率为 72% 以上，胴体瘦肉率达 61% ～ 64%。杜洛克猪具有体质结实，生长速度快，饲料转化率高，耐粗性能强等优点，是一个极富生命力的品种。

5. 皮特兰猪

原产于比利时的布拉帮特省，是由法国的贝叶杂交猪与英国的巴克夏猪进行回交，然后再与英国的大白猪杂交育成的，是欧洲比较流行的瘦肉型猪。主要特点是瘦肉率高，后躯和双肩肌肉丰满。

皮特兰猪毛色呈灰白色并带有不规则的深黑色斑点，偶尔出现少量棕色毛。头部清秀，颜面平直，嘴大且直，双耳略微向前，体躯呈圆柱形，腹部平行于背部，肩部肌肉丰满，背直而宽大，体长 1.5 ～ 1.6 米。在较好的饲养条件下，皮特兰猪生长迅速，6 月龄体重可达 90 ～ 100 千克。日增重 750 克左右，每千克增重消耗配合饲料 2.5 ～ 2.6 千克。屠宰率 76%，瘦肉率可高达 70%。

公猪一旦达到性成熟就有较强的性欲，采精调教一般一次就会成功，射精量250 ～ 300 毫升，精子数每毫升达 3 亿个。母猪母性不亚于我国地方品种。母猪的初情期一般在 190 日龄，发情周期 18 ～ 21 天，每胎产仔数 10 头左右，产活仔数 9 头左右，仔猪育成率在 92% ～ 98%。

第二节　猪的选种与选配技术

一、猪的选种

优良种猪是长期选择与培育的结果，种猪的性能只有通过不断选择才能巩固和提高。选种首先是从现有群体中筛选出最佳个体，然后通过这些个体的再繁

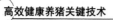

殖，获得一批超过原有群体水平的个体，如此逐代连续进行。其实质则是改变猪群固有的遗传平衡和选择最佳基因型。可见，选种是个群体概念，它不仅要考虑种猪本身性能的高低，同时还要看该种猪所在猪群的性能优劣，只有那些本身性能好而所在猪群性能也高的个体，才可能被认为是好的种猪。

（一）猪的性状

猪的重要经济性状大都属于数量性状。研究猪的数量性状，是育种工作的基本环节。

1. 繁殖性状

繁殖性状指的是与繁殖有关的一些性状。这些性状几乎都是低遗传力的性状，通过表型选择得到的遗传进展不会很大，需要进行家系选择或家系内选择才能有明显的选择效果。

（1）产仔数　一般是指母猪一窝的产仔总数（包括活的、死的、木乃伊等），而最为有意义的是产活仔数，即母猪一窝产的活仔猪数量。产仔数是一个低遗传力的指标，一般在 0.1 左右。其性状主要受环境因素的影响而变化。通过家系选择或家系内选择才能有明显的遗传进展。品种、类型、年龄、胎次、营养状况、配种时机、配种方法和公猪的精液品质等诸因素都能够影响到猪的产仔数。

（2）仔猪初生重　包括初生个体重和初生窝重两个方面。前者是指仔猪初生后 12 小时之内、未吃初乳前的质量，后者是指一窝仔猪各个体重的和。仔猪的初生重是一个低遗传力的指标，为 0.1 ~ 0.15。其性状也是主要受环境因素的影响而变化，通过家系选择或家系内选择才能有明显的遗传进展。品种、类型、杂交与否、营养状况、妊娠母猪后期的饲养管理水平和产仔数等诸因素都能够影响到猪的仔猪初生重。但初生窝重的遗传力较高，为 0.24 ~ 0.42。而且它与仔猪 56 日龄窝重呈强的正相关，因此，初生窝重作为选择指标，其价值比初生个体重更大，收效也快。从选种的意义上讲，仔猪初生窝重的价值高于仔猪的初生重价值。

（3）泌乳力　是反映母猪泌乳能力的一个指标，常用仔猪 20 日龄窝重表示。母猪的泌乳力也是一个低遗传力指标，其性状受环境因素的影响而变化，通过家系选择，才能有明显的遗传进展。品种、类型、杂交、营养、饲养管理水平和产仔数等诸因素，都能够影响到母猪的泌乳力。

（4）育成率　是指仔猪断乳时存活个数占初生时活仔猪数量的百分数。

育成率 %=（仔猪断乳时存活个数 ÷ 初生时活仔猪数量）× 100

育成率是母猪有效繁殖力的表现形式，是饲养管理水平的现实表现。

2. 生长肥育性状

生长肥育性状包括生长速度和饲料利用率两个指标。

（1）生长速度 常用平均日增重表示。平均日增重是指在一定的生长育肥期内，猪平均每日活重的增长量，一般用"克"表示。对肥育期的划分，常从 15 天开始到 90 千克体重时结束；或者从 20～25 千克体重开始到 90 千克体重时结束。在计算平均日增重时，必须掌握好这标准，否则会得出不准确乃至错误的结论。

（2）饲料利用率 是指生长肥育期单位增重所消耗的饲料量。需要强调的是，饲料量是指全部饲料，如喂有青绿饲料或粗饲料，应先按各种饲料分别计算，然后全部饲料统一折算为每千克增重所消耗的千克数。由于饲料消耗约占整个养猪业成本的 70% 或更多，所以饲料利用率应是猪遗传改良的主要性状之一。据测定，日增重的遗传力为 0.26～0.41，饲料利用率的遗传力 0.3～0.48，属于中等以上的遗传力，选择可获得明显进展。

3. 胴体性状

胴体是指活体猪经过宰杀放血，煺毛，去掉内脏（保留肾和板油），去掉头、蹄、尾余下的部分。胴体性状是指体现胴体价值的相关性状。这些性状属于中、高等遗传力范围，通过表型选择就可以获得遗传进展。一般由屠宰率、瘦肉率、眼肌面积、背膘厚、肉的颜色及风味等多个性状组成。

（1）屠宰率 是指胴体占宰前活重的百分数。

屠宰率% =（胴体重 ÷ 宰前活重）× 100

屠宰率的遗传力为 0.32，属于中等遗传力。不同的品种、类型对屠宰率的影响很大。同一品种在不同体重下屠宰，其屠宰率不同。养猪上要求在 90 千克体重下屠宰，用来比较不同猪的屠宰率。

（2）瘦肉率 是指瘦肉重占胴体重的百分数。

瘦肉率% =[瘦肉重 ÷（瘦肉重 + 脂肪重 + 骨重 + 皮重）]× 100

瘦肉率的遗传力属于中等偏上，为 0.46。不同的品种、类型对瘦肉率的影响很大。同一品种在不同体重下屠宰，其瘦肉率也有很大的不同。饲料中的能量、蛋白质含量、饲喂的方式也直接影响猪的瘦肉率。

（3）背膘厚度 背膘厚的遗传力为 0.5～0.7，属于高等遗传力。通过表型选择就能够获得大的遗传进展。向厚或薄选择，每代可以获得 1 毫米的进展量。背膘厚度与品种类型有关，和瘦肉率、饲料利用率呈负相关。实际测量时常用肩部最厚处、胸腰椎结合处和腰荐椎结合处 3 点的平均数表示。

（4）眼肌面积 胸腰椎结合处背最长肌的横断面积。可用多种方法求出，但最准确的还是用求积仪求得。

（5）肉的颜色 猪肉的颜色多呈红色或粉红色，一般要求为鲜红色。猪年龄大肉的颜色深，年龄小颜色浅。宰猪放血不全时，肉呈暗红色。当猪患有应激综

合征时，易出现 PSE 肉。

（6）肉的风味　风味是反映肉质好坏的综合指标，是嫩度、花纹等指标的综合体现。

（7）腿臀比例　在最后腰椎与荐椎结合处垂直切割下的后部分胴体为腿臀重，腿臀重占胴体重的百分率为腿臀比例，其遗传力为 0.4，表型选择有效。

（二）选种原则

种猪的选择首先是品种的选择，主要是经济性状的选择。应该指出，在品种选择时，还必须考虑父本和母本品种对经济性状的不同要求。父本品种选择着重于生长肥育性状和胴体性状，重点要求日增重快、瘦肉率高；而母本品种则着重要求繁殖力高、哺育性能好。当然，无论父本品种或母本品种都要求适合市场的需要，具有适应性强和容易饲养等优点。选种的原则有如下几个。

1. 根据市场要求选种

出口与内销的任务不同，出口的猪要求瘦肉率高，但瘦肉多的猪对饲料要求高，而内销的猪则要求肥瘦适中，容易饲养，生产成本低。在大城市，瘦肉率高的猪售价也越来越高。

2. 根据外在条件选种

华南地区要求猪种耐热、耐湿，而在东北地区则要求猪种耐寒性好。经济条件好的地区如珠江三角洲往往饲料条件较好，可以饲养生长快、瘦肉多、肉质好的猪种，而在饲料条件较差的地区，则要求猪种耐粗性能好。

3. 根据自身条件选种

猪场的饲料、猪舍、设备等具体条件对品种选择有直接的影响。工厂化养猪是在高设备条件下，采用"全进全出"的流水式的生产工艺流程进行设计的，要取得较高的经济效益，就要求猪种生长快、产仔多、肉质好。在采用封闭式限位栏饲养的种猪，则对四肢强健有更高的要求，而且要求体型大小一致。

4. 突出重点兼顾全面

种猪应健康无病，要特别注意体质结实，符合品种（或品质）的要求以及与生产性能有密切关系的特征和行为，适当注意毛色、头型等细节。但重点性状不能过多，一般为 2～3 项，以提高选择效果。如肥育性状重点选择日增重和膘厚，繁殖性状重点是活产仔数、断奶仔猪头数和断奶窝重，这些是既反映产品质量且容易测定的性状。

5. 突出核心群体标准

种猪的性能在平均值加一个标准差以上者，才能进入育种核心群，达平均值以上者才能进入繁殖群，其余的供一般生产之用。力争在同样的饲养管理条件下，对同龄（同胎次）或同季节的猪进行直接评比选择，以减少环境因素对选育性状的影响。

（三）选种方法

猪的主要选种方法可分为个体选择、同胞选择、系谱选择、后裔测定和合并选择等方法。不管哪种方法所取得的遗传进展，都决定于选择差（选择强度）的大小（猪群某性状的平均数与该猪群内为育种目的而选择出来的优秀个体某性状平均数之差），性状的遗传力（群体某一性状表型值的变异量中多少是由遗传原因造成的，遗传力高说明该性状由遗传所决定的比例较大，环境对该性状表现影响较小，反之亦然）及世代间隔（即双亲产生后代的平均年龄）3个主要因素。

1. 个体选择

根据种猪本身的一个或几个现在性状的表型值进行选择叫作个体选择，这是最普通的选择方法。应用这种方法对遗传力高的性状选择有良好效果，对遗传力低的性状选择效果较差。例如，通过个体表型选择来改进遗传力低的母猪繁殖力——产仔数，效果很差。我国的太湖猪、东北民猪和珠江三角洲的大花白猪有极高的繁殖力，我们应珍惜这些珍贵的遗产。

2. 同胞选择（同胞测验）

同胞选择就是根据全同胞或半同胞的某性状平均表型值进行选择。这种测验方法的特点就是能够在被选个体留作种用之前，即可根据其全同胞的肥育性能和胴体品质的测定材料作出判断，缩短了世代间隔，对于一些不能从公猪本身测得的性状，如产仔数、泌乳力等，可借助于全同胞或半同胞姐妹的成绩作为选种的依据。

3. 系谱选择

系谱选择是根据父本或母本、或双亲以及有亲缘关系的祖先的表型值进行选择。因此，这种选择方法必须持有祖先的系谱和性能记录。其准确度取决于以下几个因素：被选个体与祖先的亲缘关系越远，祖先对被选个体的影响就越小；选择的准确度随性状遗传力的增加而增加，性状遗传力越高，祖先的记录价值就越大；在不同时间、不同环境条件下所得的祖先的性能记录，对判断被选个体的育种值作用不大；在一般生产的情况下不易获得祖先系谱和祖先性能的详细记录，或缺乏同期群体平均值的比较资料，这就大大降低了系谱选择的作用。今后应加强系谱的登记工件，并在系谱中记录祖先的性能成绩与同期群体平均生产成绩相比较的材料，这样的系谱对判断被选个体的育种值就有较大的价值。

4. 后裔测验

在条件一致的环境下，按被测后裔的平均成绩来评价亲本的优势，此法称为后裔测验。该法起源于丹麦，有些指标沿用至今，我国在新中国成立后也开展了猪的后裔测验工作。在评比公猪时一般是以每头所配的20头母猪的全部后裔

（每窝 2 头去势公猪）的平均日增重及胴体品质作为评定的标准。

5. 合并选择

合并选择是根据个体本身的成绩并结合同胞测验的成绩进行选择，即对公猪进行个体测验的同时，对其他两头全同胞进行肥育测定。合并选择方法能有效地利用两种来源的信息，即来自个体表型值的信息与来自个体同胞的信息。应用这种方法，可以对公猪的种用价值尽早地作出评价，并可以达到与后裔测验相似的准确性。

二、猪场安全引种

新建的猪场进行生产经营，第一步首先要进行引种，引种是生产经营的前提。同样，一个规模化猪场，每年也都要淘汰一部分生产成绩不理想的种猪，引入部分种猪进行更新，通过品种改良来提高养猪效益。无论是从国外引种还是在国内引种，都要树立正确的引种理念。

（一）引种的目的

引种主要有从国外引进纯种祖代种猪，或从国内种猪场引进外来瘦肉型种猪以及中国地方品种种猪。目前国内的外来瘦肉型猪主要有：纯种猪、二元杂种猪及配套系猪等。引种时主要考虑本场的生产目的，即生产种猪还是商品猪，是新建场还是更新血缘，不同的目的引进的品种、数量各不相同。

如果猪场是以生产种猪为目的，不管从国外还是国内引进种猪，都需要引进纯种，如大白猪、长白猪、杜洛克猪，可生产销售纯种猪或生产二元杂种猪。

如果猪场以生产商品猪为目的，小型猪场可直接引进二元杂种母猪，配套杜洛克公猪或二元杂种公猪繁殖三元或四元商品猪；大规模养猪场可同时引入纯种猪及二元母猪。纯种猪用于杂交生产二元母猪，可补充二元母猪的更新需求，避免重复引种，二元杂种猪直接用于生产商品猪。也可直接引入纯种猪进行二元杂交，二元猪群扩繁后再生产商品猪。这种模式的优点：一是投资成本低，二是保证所有二元品种纯正，三是猪群整齐度高。缺点是见效慢，大批量生产周期长。

（二）制订引种计划

猪场应该结合自身的实际情况，根据种群更新计划，确定所需要品种和数量，有选择性地购进能提高本场种猪某生产性能、满足自身要求，并购买与自己的猪群健康状况相同的优良个体，如果是加入核心群进行育种的，则应购买经过生产性能测定的种公猪或种母猪，新建猪场应从新建猪场的规模、产品市场和猪场未来发展方向等方面进行计划，确定所引进种猪的品种、数量和级别，是外来品种还是地方品种，是原种、祖代还是父母代。根据引种计划，选择质量高、信誉好的大型种猪场引种。

（三）选择猪场引种时注意以下问题

1. 选择正规厂家进行引种，并尽量从一个猪场引种

选择适度规模、信誉度高、有《种畜禽生产经营许可证》的正规猪场。选择场家应把种猪的健康状况放在第一位，必要时在购种前进行采血化验，合格后再进行引种。应该尽量从一家猪场选购，否则会增加带病的可能性。选择场家应在间接了解或咨询后，再到场家与销售人员了解情况。值得注意的是，有人认为应该从多个猪场进行引种，这样种源多、血缘宽，有利于本场猪群生产性能的改善，但是每个猪场的病原谱差异较大，而且现在疾病多数都呈隐性感染，一旦不同猪场的猪混群后，某些疾病暴发的可能性很大，引种的猪场越多，带来的疫病风险越大。为了安全可靠，一些养猪场引进种猪时要进行实验室检测，要求场家提供免疫记录、免疫保健程序等，因为这样的工作技术性很强，一定要聘请有经验的专业人员把关，少走弯路而保证正确引种。从确保猪群健康的角度出发，引进的种猪必须进行一段时间的隔离饲养，一方面观察其健康状况，适时进行免疫接种，另一方面适应当地的饲养条件，容易获得成功。

2. 注意猪场的供种能力

规模猪场购买种猪，并不是一次全部购进，而是根据猪场规模和生产计划，进行多批次购进在标准上基本一致的种猪，这样有利于生产环节的安排。一般来说，如果大批量从一个种猪场购进种猪，要求猪场能够保证在 20 周内全部到场，所选猪均衡分布在 20 周龄段内。比如 200 头规模的猪场，算上后备母猪使用率 90%，实际需要 222 头，每周段内必须有 11 ~ 12 头猪。如果从 50 ~ 70 千克开始引种，即一般在小猪 13 周龄到 17 周龄引入。同时，在引种时出售种猪的猪场应该有更多的种猪以便进行挑选。

3. 种猪的系谱要清楚，并符合所要引进品种的外貌特征

引种的同时，对引进种猪进行编号，可以根据猪的耳号和产仔记录找出母亲和父亲，并进一步找出系谱亲缘关系。同时要保证耳号和种猪编号对应。

4. 种猪的生产性能要达标

通过猪场的真实生产记录反映其真实的生产性能，如可以查看猪场的配种报表、分娩报表、饲料报酬报表等，同时还要查看猪场整体的总产仔数、健仔数、死胎、木乃伊胎、初生重、断奶重、断奶数、首配月龄、发情率、流产率等。此外，还有公猪的精液量、活率、密度、畸形率情况。

标准：平均总产仔 10 头以上，健仔数 8 头以上，死胎、木乃伊、弱仔、畸形少于 1.5 头，初生均重大于 1.2 千克，28 日龄断奶重大于 7 千克，初配月龄不大于 9 月龄，发情率大于 90%。

5. 引种前的准备

（1）车辆的准备　一般国内购买种猪都是汽车运输，引种前所用汽车要先检查车况，并事先装好猪栏，如果一次引种数量较多，最好使用有分格的猪栏，以免猪多互相挤压，造成不必要的损失。同时要带上苦布以备不时之需。装车前首先要用消毒液对车辆进行彻底消毒，一般用过氧乙酸或者氢氧化钠喷洒，如果是经常用来运猪的车辆，应该在去种猪场前冲洗干净，并消毒备用。装车前，需要把一切手续办好，包括货款、检疫证明、车辆消毒证明、免疫卡、系谱、免疫程序、饲料配方、饲养手册等一切带齐，以备查验。如果路途较远，应该在装猪前，将途中猪只饮水系统配好，必要时安装上自动饮水器及大水桶，猪一两天不吃可以，如果不饮水的话，对猪只很不利。同时准备一些矿物质及多维素，加入饮水中，以防因长途运输给猪带来的负面影响。运输途中车最好走高速路，同时远离同样拉着牲畜的车辆，不要急刹车，起步要稳，过 3～4 小时下来看一看猪群情况，把每一头猪用棍赶起来。必要时在加油站给水，热天要冲水降温，冬天要透气。

（2）猪场内的准备工作　引种前准备好隔离饲养舍。种猪引进后先在隔离舍饲养一段时间。因此在引种前对隔离舍进行清扫、洗刷、消毒，然后晾干备用。引进的种猪要有活动场所，最好是土地面，因为猪天生喜欢拱地，有利于猪的运动，保证肢蹄的健壮。进猪前饮水器及主管道的存水应放干净，并且保证圈舍冬暖夏凉，夏天做好防暑降温工作，冬天要提前给猪舍升温，使舍内温度达到要求，猪舍内湿度控制在 65%～75%。准备一些口服补液盐、电解多维、药物及饲料，药物以抗生素为主，预防由于环境及运输应激引起的呼吸系统及消化系统疾病。最好从引种猪场购买一些全价料或预混料，保证有一周的过渡期，有条件的可准备一些青绿多汁饲料，如胡萝卜、南瓜、白菜等。

6. 引种后的注意事项

种猪引进后要单独饲养，不要与自己本场的猪放在一起，一般隔离 30 天左右。如果本场猪只健康状况不是很好，在隔离期间要对新引进的种猪打疫苗，或者将本场猪只的粪便放入新猪栏舍内一些，让其自然感染，以免进入生产群后给生产带来损失。隔离观察期间，要注意猪群的变化，如无异常再与原来猪只混群，转入后备猪舍。

三、猪的选配

（一）选配的意义

选配是指在选种的基础上，进一步有计划地为母猪选择适宜的交配公猪，其目的是使个体间获得更多更好的交配机会，促使有益基因结合起来，产生大量品质优良的后代，以巩固和加强选种的效果，不断提高猪群的品质。优秀公母猪交配，所生的后代不一定都是优良的，即使同一头公猪，与不同的母猪交配所生的后代也不相同。后代的优劣不仅与种猪本身的品质和遗传能力有关，而且受着公母猪个体间配对是否合适的影响。为了获得优良的后代，在选种的基础上，还需进行选配。所以，选配是选种的继续，选种是选配的基础，两者是互相联系、互相促进的。

（二）选配的方法

按选配时考虑的对象和依据，可以分为个体选配和种群选配两类。最常用的是个体选配。个体选配是以个体为对象、以个体的品质和亲缘关系为依据的选配。因此，又可分为品质选配和亲缘选配两种。

1. 品质选配

品质选配是根据双方个体品质的选配。个体品质是指猪的体型外貌、生长发育、生产性能及产品的品质等特征、特性的表现，所以也叫表型选配。个体品质的选配有以下两种形式。

（1）同质选配 即选择性状相同、性能表现一致的优秀公、母猪交配，如选择体长、生长快的公、母猪交配。同质选配的目的，是使亲本共同的优良性状稳定地遗传给后代，使优良性状得到巩固和发展，即所谓的"好的配好的，产生好的"。所以，一般为了保持和巩固品种固有的优良性状，或杂交育种到一定的阶段出现了理想型，为巩固理想型时，主要采用同质选配。

运用同质选配应注意两个问题：一是交配双方品质同质，但应该是优秀的而不是中等以下的交配；二是交配双方除要求其主要性状同质外，还应无其他共同的品质缺陷，以免加深这种缺陷。

（2）异质选配 即选择性状不同或同一性状而性能表现不一致的公、母猪交配。选择具有不同优良性状的公、母猪交配，其目的是将两个个体的优良性状结合在一起，取得兼有双亲不同优点的后代，从而使猪群在这两个性状上都得到提高；选择同一性状而性能表现优劣程度不同的公、母猪交配，其目的是使后代品质得到改进和提高，这是改进畜群品质时常用的选配方法。异质选配的主要作用在于综合公母猪双方的优良性状，丰富后代的遗传基础，创造新的类型，并提高后代的适应性和生活力。当猪群处于停滞状态或在品种选育初期，为了通过性状的重组以获得理想型个体时，采用异质选配。在使用异质选配时，应该严格选择制度，加强种猪选择，才能实现异质选配的目的。

同质选配和异质选配是个体选配中最常用的两种方法，有时两者并用，有时交替使用。在同一猪群中，一般在选育初期使用异质选配，其目的是通过异质选配将公、母猪不同的优点结合在一起，创造出新类型。当群内理想的新类型出现

后，则转为同质选配，用以固定理想型，实现选育目标。

需要指出的是，同质选配和异质选配是相对的，有时不能截然分开；同质选配和异质选配的效果与选种的准确性有关，因为表型相同的个体，基因型未必相同；在采用品质选配时，不允许有相同的缺点或相反缺点的公、母猪交配。

2. 亲缘选配

根据配对双方亲缘关系的远近和程度的高低进行的选配。凡有较近亲缘关系的公、母猪交配就叫近亲交配，简称近交；反之叫非亲缘交配。近交有害，因此无论是繁殖场还是生产性猪场，一般都应避免近交。但是近交又有其特定的用途，在育种工作中，有时为了达到某种目的，又往往需要这种选配方式。

在猪的选育过程中，近交也是一种选配的基本方法。采用近交可以纯化猪群的遗传结构，提高其同质性，使猪群的遗传性状趋于稳定。在猪的品系建立过程中使用近交，可使品系特征迅速固定，以加速品系建立。实行近交还可以在纯化遗传结构的基础上，使品种的性能得以恢复，从而复壮品种。此外，近交使有害基因纯化而提高暴露的机会，因而可以有目的地安排近交，用以暴露猪群的有害基因，从而达到淘汰携带有害基因的个体，降低猪群内有害基因频率的目的。

近交也具有不利的一面，即近交衰退。所谓近交衰退，是指近交后代出现繁殖性能、生活力、适应性下降，生长发育受到抑制，生产性能降低，猪群内遗传缺陷的个体数增加等一系列不良表现。为了充分发挥近交的有利作用，防止近交衰退现象的发生，在运用近交时，必须有明确的近交目的，反对无目的的近交，同时要灵活运用各种近交形式，掌握好近交的程度，不要一开始就用高度的近交。尤其是对未经系统选育、遗传品质和纯度均不高的猪群，更应慎重使用近交。在近交过程中进行严格的选择与淘汰，一方面不让品质恶劣、生产性能不高的个体参加近交；另一方面对近交后代仔细观察，密切注意有害或不良性状的出现，全部淘汰这些个体，可以防止这些不良影响的积累，避免近交衰退的发生。近交产生的后代，其种用价值可能较高，遗传性能比较稳定，但生活力较差，对饲养管理条件要求较高。因此，改善后代的饲养管理条件，就能够减轻遗传和环境的双重不良影响，使近交后代充分发挥出它们的遗传潜力。此外，为了防止不良性状的积累，在进行几个世代的近交后，可以从外地（或外群）引入一些同品种、同类型，且性状一致，但无亲缘关系的种公猪或种母猪，进行血缘更新。

四、杂交优势的利用

（一）杂交概念及生物学效应

杂交一般是指不同品系、品种个体间的交配。所谓杂交育种，就是运用两个或两个以上的品种相杂交，创造出新的变异类型，然后通过育种手段将它们固定下来，以培育出新品种或改进品种的个别缺点。其原理是不同品种具有不同的遗传基础，通过杂交时的基因重组，能将各亲本的优良基因集中在一起；同时还由于基因互作，有可能产生超越亲本品种性状的优良个体，然后通过选种、选配等手段，使有益的基因得到相对纯合，从而使它们具有相当稳定的遗传能力。目前，杂交育种是改良现有品种和创造新品种的一条途径。

杂交在养猪生产中有着十分重要的作用，即杂交育种和杂种优势的利用，后者习惯上称为经济杂交。生产实践证明，猪经杂交利用后，其后代的生长速度、饲料利用效率和胴体品质可分别提高 5% ～ 10%、13% 和 2%；杂种母猪的产仔数、哺育率和断奶窝重，分别提高 8% ～ 10%、25% ～ 40% 和 45%。因此，杂交利用已成为发展现代养猪生产的重要途径。

（二）杂种优势极其度量

杂种一代（F1）与纯和亲代均值间的差数，称为杂种优势值。生产中可以用杂种优势率来表示，即杂种优势值和纯和亲代均值的比值。

经过性能测定测得到的个体记录可能受到 3 种效应的作用。例如：母猪的窝产仔数受到 3 个效应的影响。父本效应：公猪配种能力以及精液的受精力；母本效应：母猪的排卵数及子宫内环境；子代效应：仔猪的抵抗力和生活力。父本效应直接作用到受精，母本效应对于评价繁殖力的各个指标都具有重要的意义，个体效应对于生长发育个体的一些性状的作用更为重要，如胴体性状。

对于杂种优势效应，根据不同动物的基因型可以进行相应类型的划分。

1. 父本杂种优势

父本杂种优势取决于公猪系的基因型，是指杂种代替纯种作父本时公猪性能所表现出的优势，表现出杂种公猪比纯种公猪性成熟早、睾丸较重、射精量较大、精液品质较好、受胎率高、年轻公猪的性欲强等特点。

2. 母本杂种优势

母本杂种优势取决于母猪系的基因型，是指杂种代替纯种作母本时母猪所表现出的优势，表现出杂种母猪产仔多、泌乳力强、体质健壮、易饲养、性成熟早、使用寿命长等特点。

3. 个体杂种优势

个体杂种优势也称子代杂种优势或直接杂种优势，取决于商品肉猪的基因型，指杂种仔猪本身所表现出的优势，主要表现在杂种仔猪的生活力提高、死亡率低、断奶窝重大、断奶后生长速度快等方面。

（三）杂种优势显现的一般规律

① 遗传力低的性状表现出强的杂种优势，如健壮性（抗应激能力、四肢强健程度等）和繁殖性能。

② 遗传力中等的性状表现出中等杂种优势，如生长速度快和饲料利用率高等。

③ 遗传力高的性状表现出弱的或不表现杂种优势，如胴体性状、背膘厚、胴体长、眼肌面积、肉的品质等改变不大。

需要说明的是，胴体瘦肉率没有杂种优势，杂种猪低于或等于双亲均值，但比母本（地方品种或培育的肉脂型品种）高，这对于我国目前开展猪经济杂交，提高瘦肉率有重要意义。

（四）杂交亲本的选择

所谓杂交亲本，即猪进行杂交时选用的父本和母本（公猪和母猪）。

1. 杂交父本的选择

实践证明，要想使猪的经济杂交取得显著的饲养效果，一个重要的条件父本必须是高产瘦肉型良种公猪。如近几年我国从国外引进的长白猪、大约克夏猪、杜洛克猪、汉普夏猪、迪卡配套系猪等高产瘦肉型种公猪等是目前最受欢迎的父本。它们的共同特点是生长快、饲料利用率高、胴体品质好，同时性成熟早、精液品质好，适应当地环境条件等。凡是通过杂交选留的公猪，其遗传性能很不稳定，要坚决淘汰，绝对不能留作种用。三元杂交或多元杂交时，选择最后一个杂交父本（终端父本）尤其重要。

2. 杂交母本的选择

作为杂交母本，一般应该具备下列条件：数量多，分布广，适应性强；繁殖力强，母性好，泌乳力高；体格不宜过大，以减少能量维持需要。我国绝大多数地方品种和培育品种猪都具有作为杂交母本品种的条件，如太湖猪、内江猪、北京黑猪、里岔黑猪或者其他杂交母猪。由于地方母猪适应性强、母性好、产仔率高、泌乳力强、耐粗饲、抗病力强等，所以，利用良种公猪和地方母猪杂交后产生的后代有以下优点：一是生长快，饲料报酬高；二是繁殖力强，产仔多而均匀，初生仔体重大，成活率高；三是生活力强，耐粗饲，抗病力强，胴体品质好。由此可知，亲本间的遗传差异是产生杂种优势的根本原因。不同经济类型（兼用型与瘦肉型）的猪杂交比同一经济类型的猪杂交效果好。因此，在选择和确定杂交组合时，应重视对亲本的选择。

（五）选择合理的杂交方式

根据实际饲养条件及模式，因地制宜，有计划地合理选择杂交方式，是养猪场（户）搞好猪经济杂交的前提。

1. 二元经济杂交

二元经济杂交又称简单经济杂交，是指两个纯种猪间的杂交。二元经济杂交的优点：简单易行，应用广泛；缺点：母系杂种优势得不到利用。简单经济杂交所产的杂种一代，一般全部用来育肥，这是目前养猪生产推广的"母猪本地化、公猪良种化、肥猪杂交一代化"，是应用最广泛、最简单的一种杂交方式。

2. 二元级进杂交

二元级进杂交模式。优点：可提高瘦肉率，在母猪瘦肉率太低时采用，还可以提高窝产仔数；缺点：杂种的生活力、健康水平有所下降，日增重和饲料利用率也较二元经济杂交的杂种商品猪为差。

3. 三元杂交

三元杂交是用甲品种母猪与乙品种公猪杂交的一代杂种猪群选育的母猪，再和丙品种公猪进行交配所产生的后代，全部育肥。这种杂交方式由于母本是二元杂种，能充分利用母本杂种优势。另外，三元杂交比二元杂交能更好地利用遗传互补性。因此，三元杂交在商品肉猪生产中已被逐步采用。

4. 轮回杂交

轮回杂交是用两个或两个以上不同品种猪进行杂交，以保持后代杂种优势。母本也可以从三元杂交猪群中直接选择，再和另一良种公猪进行杂交。采用轮回杂交方式，不仅能够保持杂种母猪的杂种优势，提供生产性能更高的杂种猪用来育肥，可以不从外地引进纯种母猪，以减少疫病传染的风险，而且由于猪场只养杂种母猪和少数不同品种良种公猪来轮回相配，在管理上和经济上都比二元杂交、三元杂交具有更多的优越性。这种杂交方式，不论养猪场还是养猪户都可采用，不用保留纯种母猪繁殖群，只要有计划地引用几个肥育性能好和胴体品质好，特别是瘦肉率高的良种公猪作父本，实行固定轮回杂交，其杂交效果和经济效益都十分显著。

5. 顶交

顶交指近交程度很高的公猪与没有亲缘关系的非近交母猪交配，可充分发挥特定近交系公猪的长处，又因母猪为非近交个体而避免了近交衰退。缺点是母猪间变异大，所以杂交后代不一致。

（六）杂交利用措施

1. 杂交亲本的选优和提纯

杂种优势的显现受到许多因素的限制，开展杂种优势利用是一项复杂而又细致的工作。首先应从亲本的选优和提纯入手，这是杂种优势利用的主要环节。选优就是通过选择，使亲本群原有的优良、高产基因的频率尽可能增大。提纯就是通过选择和近交，使亲本群在主要性状上纯合子的基因型频率尽可能增加，个体间的差异尽可能减小。提纯的重要性不亚于选优。亲本纯度越高，才能使亲本基因频率之差加大，配合力测定的误差也就越低，可得到更好的杂种优势效益，杂种群体才能整齐，接近规范。

重视亲本群选育，一定要在纯繁阶段把可以选择提高的性状尽量提高；否则，盲目进行杂交，不可能得到好的效果。

2. 配合力测定和最优杂交组合的筛选

配合力就是种群间的杂交效果。配合力测定的目的，是通过杂交试验，测定种群间的杂交效果，找出最优的杂交组合，以求最大限度提高肉猪的生产性能。

配合力分为一般配合力和特殊配合力。一般配合力是指一个种群与其他各种群杂交，所能获得的平均效果。例如，内江猪与地方品种猪杂交，都获得较好的效果，这就是内江猪的一般配合力好。特殊配合力则是两个特定种群之间的杂交所能获得的超过一般配合力的杂种优势。在杂种优势利用中，追求的是特殊配合力，它通过杂交组合的选择而获得。例如，用上海白猪与杜洛克、苏白猪、长白猪等品种进行配合力测定，四个组合的育肥性能都超过上海白猪，其中，杜洛克和上海白猪的组合超过其他三个组合，表明上海白猪与杜洛克猪之间特殊配合力好，是一个值得推广应用的杂交组合。

3. 建立健全杂交繁育体系

所谓繁育体系，就是为了协调整个地区猪的经济杂交工作而建立的一整套合理的组织机构和各种类型的猪场。

（1）原种场　主要是杂交所用的父本和母本品种进行选育和提高，为繁殖场或商品场提供优良的杂交父本、母本。对母本的选育重点应放在繁殖性能上，对父本的选育重点应放在生长速度、饲料利用率和胴体品质上。

（2）繁殖场　主要任务是扩大繁殖杂交用的父本、母本种猪，提供给商品场，尤其是母本品种。母本种猪包括纯种和杂种母猪。选育重点还应放在繁殖性能上。

（3）商品场　从繁殖场得到的母本，从原种场或繁殖场得到的父本，进行经济杂交，生产商品肥育猪。工作重点应立足于商场肥育猪的科学饲养管理方面。

4. 改善杂种的培育条件

通过配合力测定所确定的最优秀的杂交组合，奠定了杂交优势产生的遗传基础，这是获得高杂种优势率和高生产率的前提。但是，猪生产性能的表现是遗传基础和环境共同作用的结果，遗传潜力的发挥必须有相应的环境条件作保证。所以，对杂种饲养管理条件的好坏，直接影响杂种优势表现得程度。与以前农村散养户的养猪模式相比，当前规模猪场的饲养管理模式和生产条件有了很大的改善，但与先进国家相比还有很大的差距。为了更大地发挥我国杂交猪的生产潜能，提高猪场经济效益，必须采取科学的先进的生产和管理模式。

五、猪群品种结构的不断优化

规模化养猪必须做好两个猪群的调控工作，即种猪群和商品群（仔猪出生至出栏）。科学合理调控猪群品种结构，通过不同途径对规模化商品猪场的生产运行和经济效益产生决定性作用。

两个猪群包括了生产全过程组群，是控制生产和控制疾病的实体对象，这两个群体各有不同的生产目标和特点。但是这又是以种猪群为生产龙头而影响商品群的，所以规模化养猪要抓好生产管理，首先必须抓好种猪群的生产调控。

种猪群结构管理调控可分以下几个方面来落实。

（一）种猪群遗传品种结构

选择优秀性能的种猪和杂交模式，为商品猪生产奠定良好的遗传基础，将有可能生产出具有较高经济指数的上市肉猪。如果没有良好的遗传基础，使商品猪具有好的经济指数几乎不可能。因为：性状＝遗传＋环境。不同的性状表现不同的遗传力，繁殖性状属低遗传力，受环境因素的影响较大（如管理、饲养、疾病等），如产仔数、成活率等；生产性状属中等遗传力，20%～30%受遗传控制，如出栏日龄、日增重、料肉比等，这些性状的70%～80%受饲养管理控制；结构性状属高遗传力，40%～60%受遗传控制，如瘦肉率、背膘厚、乳头数等猪体结构。所以要获得上市猪较高的经济指数就必须选择优秀的品种和杂交模式，生产性状、结构性状属中高遗传力，容易通过品种进行改良。而繁殖性状则需通过良好的饲养管理来获得。目前较实用的杂交模式为"杜洛克 × 长白 ×大约克"，同一品种不同品系的性能也有差别，选择优秀的品种及杂交模式是获得较好经济效益的重要基础。

（二）种猪群猪群结构

种猪群饲养管理目标是以较低的成本保证种猪健康稳定的可持续均衡生产和提供更多的优秀断奶仔猪。

抓好种猪群猪群结构是保持种猪群持续高指标稳产的基础，主要体现在年龄结构、公母猪结构、均衡生产、疾病结构控制方面，是保持全场猪群结构恒定稳产的基础，是保证各项管理指标正常落实执行的基础，是保证资金正常运行的基础。

种猪群必须有一个科学的年龄结构。应保持的一般年龄结构为：母猪，初产母猪15%～17%，6胎以上13%～15%，2～6胎65%～70%。初产母猪和老龄母猪不但产仔数和哺乳能力差以外，而且仔猪质量也低于平均值，上市肉猪经济指数也下降，如生长速度、料肉比等，所以要提高种猪群的繁殖性能和断奶仔猪质量，第一步就要使母猪群有一个科学的年龄结构。这就要求要按母猪更新计划认真落实母猪群的更新工作。一般生产母猪在 200 ～ 300 头以下的猪场不宜自繁后备母猪，300 头以上的生产母猪群可由种猪场引入后备母猪，或自繁后备母猪，同时减少引入种猪也是减少疾病传入的重要方面。根据生产母猪群结构及更新计划组合纯种核心群，并制订严格的繁殖培育方案及计划，以保证更新计划的落实。公猪群的组群结构以公母比例为 1∶（20 ～ 25）为宜，老、中、青三结合，建议公猪使用年限不超过 2.5 年，个别性能和遗传特别好的个体可适当延长到 3 年。实践证明中青年公母猪的后代活力和经济性能高于群体平均值。

均衡性生产对猪场的管理、生产运行、资金运行具有重要意义。只有均衡生产才能保证诸如工资方案、猪群周转、疫病控制、栏舍使用、资金运行等计划和指标的有效落实。种猪群的均衡生产决定了全场的均衡生产，在生产实践中必须科学地制订生产计划，包括周、月、年生产计划，配准率、分娩率、产仔率等目标计划，达不到预定计划的要查找原因，及时解决，确保计划的完成率。

（三）疾病结构控制

每个猪场的疾病结构都存有差异，在生产中必须切实掌握住本场的疾病结构，疾病的控制必须从种猪群着手去控制，根据不同类型疾病的特点及在本场的特点制订疾病控制计划，包括繁殖系统、呼吸道系统、胃肠道系统、寄生虫病等四大系统疾病。控制疾病必须采取："提高猪群群体素质，减少病原的传入和繁殖"的原则进行制订落实控制计划。如营养、环境卫生、全进全出、消毒、疫苗注射、药物防治、疫病监视等措施，根据不同疾病的特点使之有机结合，才能达到预期的效果，单一的指标往往达不到预期的效果。

有了合理的种猪群计划，其商品群也有了生产计划的基础，为保证出栏计划的实现，就必须对这一群体进行科学的管理，使与之有关的指标逐步完成。

第三节　猪的人工授精技术

人工授精是采集公猪的精液，再将精液经稀释处理后，输入特定的生殖生理时期的母猪生殖道，达到使母猪怀孕的技术。随着养殖业的专业化、规模化，母猪的人工授精技术已越来越被广泛应用。其优点是提高了优秀种公猪的利用率，减少公猪的饲养头数，节省饲料成本，1 头优秀的公猪每年配种母猪可达 2 500 头左右，杜绝了疾病的传播，克服了公母体格差异和母猪患肢蹄病而造成的配种困难，方便散养户和偏僻山区的养殖户，对这些养殖户不需要驱赶公猪，只需携带几瓶精液和输精管进行人工授精即可。

一、采精室的条件

（一）采精室的温度控制

采精室的温度应控制在 10 ～ 28℃。采精室最好是一个安装有空调的房间，以使公猪的性欲表现和精液不受影响。周围环境要安静，没有什么大的噪声。再一个就是要干净卫生。

（二）物品传递应方便

采精室最好与处理精液的实验室只有一墙之隔，隔墙上安装一个两侧都能开启的壁橱，以便从实验室将采精用品传递到采精室和采集的精液能尽快传递到实验室进行处理。

（三）应有安全区

公猪是非常危险的动物，在采精时，工作人员不能掉以轻心，采精室设计应考虑到采精员的安全。在采精区距门口 80 ～ 100 厘米处，设一道安全栏，用直径 12 厘米的钢管埋入地下，使高出地面 70 ～ 75 厘米，净间距 28 厘米，并安装一个栅栏门。这样就形成里边的采精区和外边的安全区，栅栏门打开时，使采精室与外门形成一个通道，让公猪直接进入采精区，而不会进入安全区。当公猪进入采精区后，将栅栏门关闭，可防止公猪逃跑。一旦公猪进攻采精员，采精员可以迅速进入安全区。另外，采精室最好有一个赶猪板，防止公猪进攻人时，采精员可用赶猪板将猪与人隔开，避免受到攻击。

（四）地面

采精室地面要略有坡度，以便进行冲刷，水泥地面不要提浆打光，以保持地面粗糙，防止公猪摔倒。最好在假母台的前面铺上一张厚约 2 厘米的皮垫子，防止公猪滑倒，并且可以对公猪的后肢起到保护作用。

二、采精调教

公猪调教或采精，首先要制作一个假台猪。假台猪的大小应根据种公猪体躯的大小而定，一般采用杂木制作，要求木质坚实，不易腐烂，一般长 120 厘米，宽 30 厘米，高 50 厘米即可，现在市场上也有成型的假母台，但是有的需要提前在地面上打好螺丝，用的时候装好，最好在台体的两侧焊接一些钢管以固定假母台，这样会更结实。为了以后成年种公猪采精方便耐用，做成条凳或木架，可用破棉絮、麻袋片等物堆放在木板上，然后用麻袋片（或塑料编织袋）包好，反扣在木板的背面上，用压条钉紧即成为假猪背即可。

种公猪采精时间夏季宜在早晚进行，冬季寒冷，室温最好保持在 15 ～ 18℃。调教时间一般由专人在早饭后 8—10 点钟进行（夏季早一点，冬季晚一点）。将

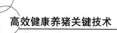

种公猪放出栏圈，赶进采精室。采精人员要有足够的耐性，不允许粗暴，要人性化善待公猪，并掌握一定的技巧。先用温肥皂水将种公猪包皮处洗净，擦干。如果是刚开始的种猪调教时，可以收集一些怀孕母猪的尿液泼洒在假母台的母猪皮上面，诱导种公猪爬架子，同时调教的专门人员一边用手轻轻敲打假母台，并且一边唤种公猪，尽量模仿发情母猪的叫声，以提高公猪的性欲。

性欲好的公猪，在放出栏后表现为嘴不停地张合，前肢爬地，尾根紧张，阴茎部有急尿表现，并频频排出少量尿液。这种性欲旺盛的公猪，一进采精室就有强烈的性欲要求，但又不会上架，乱咬采精架（假母猪）或用嘴把它拱起，对这类公猪要特别小心以防伤人。这时将采精架的一端提起，让爬跨的一端降低，使它便于公猪的爬跨，同时注意采精架的保定。一旦爬跨成功，要连续3天在同一地点进行调教采精，使公猪形成条件反射，巩固下来。每次调教完后，要认真清理采精室，搞好卫生，消好毒。对性欲不强的公猪的调教，可先让其与母猪交配1～2次，然后再调教。

对以往采用本交公猪的调教方法是先停配，后调教。对性欲好的公猪，暂停配种2～3天，待其表现不安时开始调教；对性欲不好的公猪要暂停配种一周后再调教；对性欲不强又过肥不爱动的公猪，要加强驱赶运动，待表现性欲后再调教。

三、采　精

经过训练的公猪，爬跨上假母猪并做交配动作时，采精员在假母猪的左侧，首先按摩公猪阴茎龟头，排出包皮尿液、积液，用右手掌按压阴茎部数分钟，等感到阴茎在阴鞘内来回抽动时，用手隔着皮肤握住阴茎来回滑动数下，公猪的阴茎即可伸出包皮外。这时应握住种公猪的阴茎龟头。公猪的龟头呈螺旋状，在它收缩的时候很容易从手中抽回，龟头最好顶在小拇指和无名指的中间部位，并且顺着阴茎伸出的方向，不能随意地更改阴茎的伸展方向，那样容易损害阴茎或者使公猪感觉不舒服。握住阴茎的时候用中指、食指和大拇指均匀地用力挤压，以便刺激公猪的性欲，感觉要射精的时候就不要挤压了，保持环境安静。刚开始的射精，精液有很多的死精、细菌、杂质等物质，这些不能收集，过3～4秒的时间，看到射出的精液呈白色就立刻收集。收集的杯子最好用保温杯，套上无菌袋子，在杯子口再套上一层纱布，以滤去精液中的胶状物。采精前，采精杯应置于35～37℃的恒温箱中保温，避免精子受到温差的打击。每头公猪的射精量和射精时间不一样。一般来说，公猪射完一次精后自己还会射一次，或者挤压刺激一下后又射一次，有的还能射3次、4次，但后来的精液几乎没有精子了，可以不收集，但是最好让公猪把精液全部射尽。公猪阴茎变软，这时候放手，公猪自己回缩阴茎，可以赶回圈舍。采精完毕后在采精杯外面贴上记录公猪编号和采精时间的标签，然后拿去化验，用显微镜观察，了解这头公猪精液的各方面质量，进行稀释。

四、精液的质量评估

（一）精液的容量

通常一头公猪的射精量为 150～250 毫升，但范围可在 50～500 毫升。一般建议用电子秤称量精液的重量，由于猪的精液比重为 1.03，接近于 1，所以，1 克精液的体积约等于 1 毫升。用称量的方法，可减少精液在测量容器中转移，减少污染和受温度应激的机会。用电子秤称量精液除皮也方便。

（二）气味

正常、纯净的精液无味或只有一点腥膻味。如果精液气味异常，如腺味很大可能是受到包皮液污染；如果有臭味，则可能是混有脓液。注意气味异常的精液不能使用，必须废弃。

（三）色泽

猪的精液呈乳白或灰白色，精液浓度密时呈乳白色，浓度稀时呈灰白色。如呈红褐色，可能混有血液，如呈黄绿色且有异味，则可能混有尿液或炎症分泌物，这些精液均应废弃。

（四）pH 值

正常精子呈中性或弱碱性，pH 值在 7.0～7.8。一般来说，精液 pH 值越低说明精子浓度越大。

（五）精子密度

指每毫升精液中所含的精子数。精子密度是确定稀释倍数的重要指标。目测误差较大，一般采用精子密度仪或精虫计数器来测定。

（六）精子活力

精子活力指精子的运动能力，用镜检视野中呈直线运动的精子数占精子总数的百分比来表示。检查方法是：取一滴精液在载玻片上，加盖盖玻片，然后放在显微镜下镜检，计算一个视野中呈直线运动的精子数目，来评定等级。一般分为 10 级，100% 的精子都是直线运动为 1.0 级，90% 为 0.9 级，80% 的为 0.8 级，依此类推，活力在 0.6 级以下的精液不宜使用。

（七）畸形精子率

正常精子形似蝌蚪，凡精子形态为卷尾、双尾、折尾、无尾、大头、小头、长头、双头、大颈、长颈等均为畸形精子。畸形精子的检查方法是：取原精液一滴，均匀涂在载玻片上，干燥 1～2 分钟后，用 95% 的酒精固定 2 分钟，用蒸馏水冲洗，再干燥片刻后，用甲基蓝或红蓝墨水染色 3 分钟，再用蒸馏水冲洗，干燥后即可镜检。镜检时，通常计算 500 个精子中的畸形精子数，求其百分率，一般猪的畸形精子率不能超过 18%。

公猪精液质量评定等级见表 1-1。

表 1-1　公猪精液质量等级评定标准

等级	采精量（毫升）	密度（亿个/毫升）	活力	畸形率	颜色、气味
优	≥ 250	≥ 3.0	≥ 0.8	≤ 5%	正常
良	≥ 150	≥ 2.0	≥ 0.7	≤ 10%	正常
合格	≥ 100	≥ 0.8	≥ 0.6	≤ 18%	正常
不合格	< 100	< 0.8	< 0.6	> 18%	不正常

合格以上的等级评定：各项条件均符合才能评为该等级；不合格的评定：只要有一项条件符合则评为该等级。

五、精液的稀释与保存

新采集的动物精液精子浓度高，而且温度较高，精子的代谢强度大，很快就产生大量的代谢产物，并使其自身的生命耗尽。即使在很短的时间内，都可能因精子的代谢产物对精子产生毒害，使精子保存时间缩短。而用合理的稀释液稀释精液，则可给精子提供营养、中和代谢产物，并且允许精液降温，从而大大延长精子的存活时间，并能保持精子的受精能力。所以，对人工授精来说，猪精液尽快进行稀释十分重要，这也是为什么要将实验室建在采精室隔壁的原因。另外，原精液的精子浓度大，而一次输精的总精子数仅几十亿，只相当于几毫升到十几毫升的原精，而母猪受精时需要的总精液量又不能低于 100 毫升，这也是必须稀释的另一个原因。

常用的猪精液稀释液种类有很多，有用奶粉配制的，也有用葡萄糖和柠檬酸钠配制的，如奶粉稀释液：奶粉 9 克，蒸馏水 100 毫升。葡柠稀释液：葡萄糖 5 克、柠檬酸钠 0.5 克、蒸馏水 100 毫升。稀释之前需确定稀释的倍数。稀释倍数根据精液内精子的密度和稀释后每毫升精液应含的精子数来确定。精液经稀释后，要求每毫升含 0.4 亿个精子。如果密度没有测定，稀释倍数国内地方品种一般为 1 ~ 2 倍，引入品种为 2 ~ 4 倍。

精液稀释应在精液采出后尽快进行，而且精液与稀释液的温度必须调整到一致，一般是将精液与稀释液置于同一温度（30℃）中进行稀释。精液与稀释液充分混合后，再用 100 毫升带尖头塑料瓶或无毒塑料袋分装，不同的品种精液用不同颜色的瓶盖加以区分，置于17℃恒温箱中保存，保存过程中要求至少10～12小时翻动1次，用普通稀释液稀释的精液可保存5～6天，但一般要求3天内用完，否则影响使用效果。

六、输　精

（一）输精管的选择

输精管分为多次性和一次性输精管两种，各有其优缺点。多次性输精管不易清洗、消毒，易变形，易引起疾病的交叉感染，但成本低，输精管顶端无螺旋状或膨大部，输精时子宫不易锁定，易出现精液倒流现象，现在用得较少。一次性输精管干净、卫生，可以防止疾病的传播，顶端有海绵头或螺旋头，使用方便，但成本稍高。

（二）输精前的准备

所有用具必须严格消毒，玻璃物品在每次使用后彻底洗涤冲洗，然后放入高温干燥箱内消毒，亦可蒸煮消毒，橡胶输精管要用纱布包好用蒸汽消毒或直接用酒精消毒。

（三）输精

输精前，首先将精液温度升高到35～38℃，如果精液温度过冷，会刺激母猪子宫、阴道强烈收缩，造成精液倒流，影响配种效果。输精前先用干净的毛巾将母猪阴唇、阴户周围擦拭干净，以精液或润滑液润滑输精管。插入输精管前温和地按摩母猪侧面以及对其背部或腰角施加压力来刺激母猪，引起母猪的快感。

当母猪呆立不动时，一手将母猪阴唇分开，将输精管轻轻插入母猪阴门，先倾斜45°向上推进约15厘米，然后平直地慢慢插入，边逆时针捻转边插入，输精管插入要求过子宫阴道结合部，子宫颈锁定输精管头部。插入深度为输精管的1/2～2/3，当感觉有阻力时，继续缓慢旋转，同时前后移动，直到感觉输精管前端有被锁紧的感觉，回拉时也会有一定的阻力，说明输精管已到达正确的部位，可以进行输精了。

将精液瓶打开，接到输精管的另一端，抬高精液瓶。使用精液瓶时，用针头在瓶底扎一个小孔，使子宫负压将精液吸纳，绝不允许将精液挤入母猪的生殖道内。

输精时输精员同时要对母猪阴蒂或肋部进行按摩，肋部的按摩更能增加母猪的性欲。输精员倒骑在母猪的背上，并进行按摩，效果也很理想。输精过程中，如果精液停止了流动，可来回轻轻移动输精管，同时保持被锁定在子宫颈。

整个输精过程5～10分钟完成，可以通过输精瓶的高低来调整精液流进母猪生殖道的速度，输精太快不利于精液的吸纳。为了防止精液的倒流，精液输完

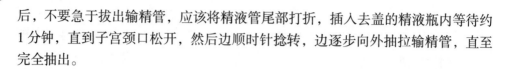
后，不要急于拔出输精管，应该将精液管尾部打折，插入去盖的精液瓶内等待约1分钟，直到子宫颈口松开，然后边顺时针捻转，边逐步向外抽拉输精管，直至完全抽出。

七、人工授精注意事项

猪人工授精过程中母猪接受性刺激，有利于精液很好进入子宫，因此在人工授精的过程中恰当给予母猪性刺激非常关键。

（一）模拟爬跨

猪在长期自然选择下，自行完善了一整套繁育生理，公猪爬跨可谓最好且最有效的刺激母猪"性敏感带"的措施。猪人工授精技术也应摒弃那种简单认为猪只是为了繁育而繁育的浅显认识。部分猪场采用了压背沙袋模拟公猪爬跨，能很好地使母猪持续站立不动，成功完成授精，效果很好。市场上出现的猪人工授精鞍在探索正确模拟公猪爬跨实施性刺激方面进行了有益尝试，将模拟爬跨与输精较好地结合在一起。一些经验丰富的配种员采用倒骑在母猪背上，抚摸母猪腹部，提拉腹股沟，实施按摩输精的方式，效果很理想。

（二）刺激母猪生殖道及相关部位

一般认为公猪阴茎及精液对母猪生殖道的直接刺激可能更加有效。给猪人工授精时，应当尽量选取模拟公猪阴茎形态的输精管及类似的插入方式进行刺激并输精。有报道称在配种前的一个情期采用冷冻后死亡的精干输精刺激可提高受胎率约20%，可见精液本身在生殖道综合刺激及调节方面有作用。另外，资料显示公猪射精能强烈刺激母猪子宫收缩，利于受孕。

（三）按摩刺激母猪乳房

发情期母猪乳房皮肤特别敏感，容易接受刺激。对发情母猪进行乳房按摩可以刺激利于受孕相关激素的分泌与活性，并降低对环境应激因子的敏感度。人工授精过程中，按摩乳房使母猪感受到特殊的性刺激，得到某种程度的性快感，从而使生殖内分泌功能更趋良性化。目前，工厂化猪场实施猪人工授精也都特别强调输精时要进行良好的乳房按摩。

（四）利用公猪进行嗅觉、听觉、视觉、触觉性刺激

发情母猪对公猪的气味、声音、身影等异常敏感，配种时对母猪进行嗅觉、听觉、视觉及触觉的刺激都能达到较好的效果。配种时，公猪的唾沫、精液或尿液等都对母猪嗅觉具有强烈刺激，公猪的叫声和身体接触都可迅速提高母猪性欲。引入性成熟的公猪或用公猪外激素喷洒母猪鼻腔，有利于母猪恢复发情及提高排卵率。存在于成熟公猪包皮鞘、腭下垂液腺及尿中的雄性固醇，分泌所散发出成熟公猪的特殊臭味，此异味也正好是刺激母猪性欲的雌激素。嗅觉、听觉、

视觉、触觉的全方位刺激对母猪配种有利。所以工厂化猪场实施猪人工授精时，一般都将试情公猪关锁在走廊内，且输精母猪与试情公猪口鼻部能够保持接触。

八、人工授精的一些错误认识

（一）本交（自然交配）比人工授精受胎率高，窝产仔数也多

如果人工授精时间和输精量恰当适宜，受胎率和窝产仔数不会比本交差，但要避免人工授精管理和操作细节上出现失误。

（二）人工授精容易导致母猪产弱仔和发生子宫炎

在人工授精和自然交配前均应对母猪阴户等部位进行消毒，先用干净的棉布蘸 0.1% 高锰酸钾溶液擦拭，再用消毒纸巾擦净。绝不要擦阴道内部，除非阴道内遭到污染。输精管也应清洗消毒。如果严格消毒，事实上人工授精的母猪子宫炎发生率比自然交配还要低，另外，精液的稀释液中加有抗生素，有利于预防子宫炎的发生。

（三）人工授精比本交麻烦

人工授精其实具有灵活、方便、适时、经济、有效的特点。

（四）温度混淆

从 17℃ 精液保存箱中取出的精液，无须升温至 37℃，摇匀后可直接输精；但检查精液活力时应该将玻片预热至 37℃，这样检查才准确。另外，精液在恒温箱内保存过程中，为防止精子沉淀凝聚死亡，应每隔一段时间（8～12 小时）进行 1 次倒置或轻轻地摇动。从恒温箱中取出精液后，应及时输送到母猪体内，最长不超过 2 小时。

（五）配种次数越多越好，人工输精量越大越好

殊不知，配种次数过多易增加母猪生殖道感染的机会，人工输精量大不仅浪费精液，而且增加成本。输精次数要适宜，间隔 8～12 小时后可以再输 1 次；每次输精量在 60～80 毫升，输精次数和输精量均视母猪品种而定。地方品种母猪，每情期输精 1～2 次，每次 60 毫升；50% 外血母猪，发情期输精 2～3 次，每次 80 毫升；洋二元母猪，每情期一般输精 3 次，每次 80 毫升。

（六）强行输精

母猪不接受压背，则不能强行输精。不能用注射器抽取精液通过输精管直接向母猪子宫内推注精液，而应通过仿生输精让母猪子宫收缩产生的负压自然将精液吸入子宫深处。输精前，可在消毒好的输精器前端涂抹菜油或豆油起润滑作用。输精器插入后，应在 4 厘米左右幅度内来回慢慢抽动输精器，全方位刺激母猪生殖器官，使子宫收缩，在子宫颈内口形成吸力。当发现精液瓶内冒气泡时，暂停抽动，让精液吸入。当精液开始吸入时，用手同时刺激母猪阴部。

（七）精液输完，立即拔出输精管

精液输完后应防母猪立即躺下，导致精液倒流，并通过按摩母猪乳房或按压母猪背部或抚摸母猪外阴部继续刺激母猪5分钟左右；精液输完后，输精管应滞留在生殖道内3～5分钟，让输精管慢慢滑落。输精后几小时内不要去打扰母猪休息，避免不利因素的出现产生应激。

（八）母猪喂料后马上进行输精操作

母猪吃料后，不愿走动，性欲降低，不易受孕。输精后，也不要马上给母猪喂料、饮水。

第二章 猪全价营养饲料的配制与使用

第一节 饲料的营养物质与常用饲料

一、猪必需的营养物质

为了保证正常的生长和繁殖，必须通过饲料给猪提供营养物质。猪维持生命、生长和繁殖所需的营养物质，可概括为蛋白质、能量、维生素、矿物质和水五大类。除水之外，所有养分都只能通过饲料提供。

（一）蛋白质

饲料中含氮物质的总称是粗蛋白。粗蛋白包括纯（真）蛋白质和氨化物两部分。蛋白质的基本结构单位是氨基酸。蛋白质对猪是头等重要而又不可替代的营养物质。猪的肌肉、神经、结缔组织、皮肤、内脏、被毛、蹄壳及血液等，都以蛋白质为基本构成成分。此外，猪的体液和激素的分泌，精子、卵子的生成，都离不开蛋白质。

纯（真）蛋白质是由氨基酸组成的。氨基酸是一种含有氨基的有机酸，是蛋白质的基本组成成分。如果按氨基酸对猪的营养需要来讲，可把氨基酸分为必需氨基酸和非必需氨基酸。

体内不能合成或合成的数量不能满足猪的生理需要，必须由饲料提供的氨基酸称必需氨基酸。研究证明，生长猪需 10 种必需氨基酸（赖氨酸、蛋氨酸、色氨酸、组氨酸、异亮氨酸、亮氨酸、苯丙氨酸、缬氨酸、苏氨酸和精氨酸），生长猪能合成机体所需 60% ~ 75% 的精氨酸，成年猪能合成足够需要的精氨酸，猪对蛋氨酸需要量 50% 可用胱氨酸代替，苯丙氨酸需要量的 30% 可用谷氨酸代替。所以，称胱氨酸和苯丙氨酸等为半必需氨基酸。但要注意胱氨酸和苯丙氨酸不能转化为蛋氨酸和谷氨酸。

非必需氨基酸在体内合成较多，不需要由饲料来提供，而是在猪体内可由其他的氨基酸或氮源合成体内所需的氨基酸。

由此可见，在饲料中提供足够的必需氨基酸和非蛋白氮合成非必需氨基酸的能力，决定了饲料蛋白质水平的合适程度，则实际猪对蛋白质的需要量就是猪对必需氨基酸和合成非必需氨基酸氮源的需要。

饲料蛋白的营养价值主要取决于饲料必须氨基酸的组成和含量。饲料中必需氨基酸含量和各氨基酸比例越接近猪对必需氨基酸的需要，其饲料蛋白的营养价值就越高。

不同饲料来源的饲料蛋白质品质不一。饲料蛋白中某一个或某些氨基酸的不足，就会限制其他氨基酸的利用，称该氨基酸为限制性氨基酸。在某一饲料或某一日粮中，某一氨基酸的含量与猪只所需的氨基酸之比最小一个为第一限制氨基酸、稍大一点为第二限制氨基酸，依此类推。猪饲料中常见的限制性氨基酸有赖氨酸、蛋氨酸、色氨酸、苏氨酸和异亮氨酸。猪日粮中第一限制性氨基酸往往为赖氨酸。由于饲料蛋白质中各种必须氨基酸的含量是有很大差别的，因此，在日粮中多种饲料搭配使用，可发挥蛋白质互补作用，提高饲料蛋白质利用率或蛋白质的生物学价值，添加合成的氨基酸可提高饲料蛋白的生物学价值。例如，玉米中赖氨酸含量较少，豆饼、鱼粉中含量较多，把玉米和豆饼、鱼粉混合在一起，即可取长补短，互相弥补，达到互补平衡的要求。

以植物蛋白为来源的日粮，一般易缺的氨基酸为赖氨酸，所以，猪日粮中要经常添加赖氨酸。

（二）能量物质

猪饲料的能量物质主要是碳水化合物。碳水化合物是玉米等植物性饲料的主要成分，分解后能供给猪体热能。碳水化合物进入猪体后，就像炉子里加了煤一样，被氧化后产生热能，用来作为呼吸、运动、循环、消化、吸收、分泌、细胞更新、神经传导以及维持体温等各种生命活动的能源。满足日常消耗的能量后，剩余的碳水化合物就转化成了脂肪。

饲料中的碳水化合物由无氮浸出物和粗纤维两部分组成。无氮浸出物的主要成分是淀粉，也有少量的简单糖类。无氮浸出物容易消化，是植物性饲料中产生热能的主要物质。粗纤维包括纤维素、半纤维素和木质素，总的来说难于消化，过多时还会影响饲料中其他养分的消化率，因此，猪饲料中粗纤维的含量不宜过高。当然，适量的粗纤维在猪的饲养中还是有必要的，因为它除了能提供一部分能量外，还能促进胃肠蠕动，有利于消化和排泄以及具有填充作用，使猪具有饱腹感。

脂肪同碳水化合物一样，在猪体内的主要功能是氧化供能。脂肪的能值很高，所提供的能量是同等重量碳水化合物的2倍以上。除供能外，多余部分可蓄积在猪的体内。此外，脂肪还是脂溶性维生素和某些激素的溶剂，饲料中含一定量的脂肪时，有助于这些物质的吸收和利用。同时，植物性饲料的脂肪中还含有仔猪生长所必需，但又不能由猪体执行合成的3种不饱和脂肪酸，即亚油酸、亚麻油酸和花生四烯酸，仔猪缺乏这些脂肪酸时，会出现生长停滞、尾部坏死和皮炎等症状。

除米糠、蚕蛹和部分油饼外，猪饲料通常含脂肪不多。

（三）维生素

维生素是饲料所含的一类微量营养物质，在猪体内既不参与组织和器官的构成，也不氧化供能，但它们却是机体代谢过程中不可或缺的物质。目前已发现的维生素有 30 多种，其化学性质各不相同，功能各异，日粮中缺乏某种维生素时，猪会表现出独特的缺乏症状，从而严重损害猪的健康、生长和繁殖，甚至引起死亡。

通常根据溶解性，将维生素分为脂溶性维生素和水溶性维生素。前者包括维生素 A、维生素 D、维生素 E、维生素 K，后者包括 B 族维生素和维生素 C。脂溶性维生素在猪体内可以有较多的储存，因此猪可以较长时间地耐受缺乏脂溶性维生素而不出现缺乏症；相比之下，水溶性维生素则在体组织中储存量不大，因此需要每天通过日粮摄取水溶性维生素，以补其不足。

1. 维生素 A

维生素 A 的主要功能是保护黏膜上皮健康，维持生殖功能，促进生长发育和防止夜盲症。猪缺乏维生素 A 时，表现食欲不佳、视力减退或夜盲。

维生素 A 与黄体素（黄体酮）的合成有关，当黄体素分泌不足，将导致妊娠终止。有研究表明，适当提高饲粮维生素 A 的添加量，可以提高母猪窝产仔数和断奶仔猪数。母猪缺乏维生素 A 时，受胎率下降，表现发情不正常、难产、流产、死胎、弱胎、畸形胎及胎衣不下。公猪饲料中添加维生素 A 能促进睾丸发育，提高精液质量。仔猪缺乏易瞎眼和四肢麻痹，容易患肺炎、下痢等。维生素 A 容易被氧化破坏，尤其是在高温高湿的环境下与微量元素及酸败脂肪接触时，维生素 A 会损失殆尽。

2. 维生素 D

维生素 D 又称抗佝偻病维生素，与猪体内钙、磷的吸收和代谢有关。缺乏时仔猪会患佝偻病（软骨病），成年猪产生骨质疏松症。

植物性饲料一般含有维生素 D 较少，但其所含的麦角固醇经阳光（紫外线）照射可以转变成维生素 D；此外，猪皮肤中的 7- 脱氢胆固醇经紫外线照射也可转变成维生素 D。因此，使猪多晒太阳和喂给晒干的草粉（如苜蓿、紫云英、豆叶粉等），都能改善猪的维生素 D 供给状况。

3. 维生素 E

维生素 E 又叫生育酚，与繁殖机能密切相关，能促进促甲状腺素（TH）和促肾上腺皮质激素（ACTH）以及促性腺激素的产生，增强卵巢机能，使卵泡增

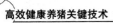

加黄体细胞。

日粮中缺乏维生素 E,公猪精液数量减少,精子活力降低,母猪则可能不孕。此外,还会发生白肌病、心肌萎缩,并有四肢麻痹等症状。青绿饲料和种子的胚芽中富含维生素 E。

在母猪日粮中补充维生素 E,不仅能提高受胎率,减少胎儿死亡,增加窝产仔数,还能增强仔猪的抗应激能力,减少断奶前仔猪死亡,缩短母猪断奶至发情间隔,提高公猪精液质量。

4. 维生素 K

维生素 K 与机体的凝血作用有关,缺乏时会导致凝血时间延长、全身性出血,严重时可出现死亡。猪的肝脏以及绿色植物中含维生素 K 较多,猪消化道内的微生物也有一定的合成维生素 K 的能力。

5. 猪需要的水溶性维生素

(1)维生素 B_1 又叫硫胺素、抗脚气病维生素、抗神经炎维生素等。能促进胃肠蠕动和胃液分泌,有助于消化,提高采食量,促进生长发育,增强抗病力;维持神经组织及心肌的正常功能。缺乏时,早期表现为食欲减退、消化不良、呕吐、腹泻,严重时出现心肌坏死和心包积液现象。

米糠、麸皮和酵母富含维生素 B_1,青饲料、优质干草中含量也多,猪一般不易缺乏。

(2)维生素 B_2(核黄素) 维生素 B_2 是酶系统的组成部分,参与能量代谢,具有促进生物氧化的作用。生长猪缺乏会出现食欲不振、消化不良、呕吐、生长缓慢、神经过敏;皮肤干燥易皱裂,被毛粗乱甚至脱毛,背部皮肤变厚,发生皮炎,产生皮屑;口腔黏膜和舌面易发炎溃疡,免疫功能下降。母猪表现食欲减退、不发情、早产或者生出死胎、弱胎或无毛仔猪,有时还发生胚胎被母体吸收的现象。

核黄素能由植物、酵母、真菌和其他微生物合成,但动物本身不能合成。脱脂乳、乳清和酵母中含有丰富维生素 B_2。动物性饲料及青绿饲料,尤其是豆科植物中含有维生素 B_2 较多,玉米和其他谷物中含量较少。

(3)维生素 B_3(泛酸) 泛酸是辅酶 A 的组成成分,参与碳水化合物、脂肪和蛋白质的代谢。与皮肤和黏膜的正常生理功能、毛发的色泽有很重要关系。泛酸还可以促进抗体的合成,从而增强机体抵抗病原体的能力。

缺乏泛酸时,猪表现为丧失食欲,生长速度缓慢,饲料转化率下降,胃肠功能紊乱,腹泻,粪便带血;皮肤发红,炎症主要位于肩部和耳后部,皮肤肮脏并呈鳞片状,眼周有棕褐色分泌物;运动失调,在发病初期,后肢行走僵硬,站立时轻微颤抖。当病情日趋严重时,病猪在前进中后肢提举过高,往往触及腹部,腿内弯，出现"鹅行步伐"。严重病猪将导致后肤瘫痪，呈一侧歪倒，后肢明显向两侧伸展，似犬坐式。母猪缺乏泛酸将导致死胎、化胎，弱仔产出后因不会吸奶而死亡。母猪还出现脂肪肝、肾上腺肥大、肌内出血、心脏扩张、卵巢核质减少及子宫发育异常等症状。

大部分饲料中富含泛酸，谷实和其加工副产品也是泛酸的来源。大麦、豆饼中泛酸利用率高，玉米和高粱的利用率低。以谷类尤其是玉米、豆粕为主的饲料，一般都需要添加泛酸。以植物蛋白为主未添加泛酸的饲料较易引起缺乏症。

（4）维生素 B_5（烟酸、尼克酸、维生素 PP） 泛酸对保持组织的完整性，特别是皮肤、胃肠道和神经系统的完整性具有重要意义。

猪缺乏维生素 B_5，会出现呕吐、下痢症状，因结肠和盲肠损害所致的坏死性肠炎，使粪便恶臭。生长猪日粮中缺乏维生素 B_5 表现为食欲减退，生长缓慢，皮肤干燥，皮炎和鳞片样皮肤脱落，被毛粗糙、脱毛和正常红细胞贫血；有些猪局部瘫痪、后肢肌肉痉挛、唇部和舌部溃烂。

几乎所有植物性饲料都含有不同量的泛酸，但某些饲料中泛酸以结合型存在，这种类型泛酸对仔猪大部分不能利用。玉米、小麦和高粱中利用率差，豆饼中利用率较高，鱼粉和肉骨粉含量较高。

（5）维生素 B_6（吡哆醇） 是猪体内氨基酸代谢和蛋白质合成所必需的一种维生素。猪缺乏维生素 B_6 表现为食欲下降，生长发育受阻，免疫反应减弱；皮下水肿、皮肤发炎和脱毛；后肢麻痹，外周神经发生进行性病变，导致运动失调；小细胞低色素性贫血，脂肪肝。仔猪在出生后 2 周内即可出现厌食症，伴随生长减慢、呕吐、腹泻等。

玉米－豆饼型日粮中不必添加维生素 B_6，因为饲料中含量丰富，其生物利用率为 40% ～ 60%。

（6）叶酸 叶酸对维持母猪的繁殖性能和促进胎儿早期发育有重要的作用。在保证种母猪的稳定繁殖机能方面，可提高窝产仔数；维持良好的泌乳力，防止泌乳紊乱。

叶酸分布于动、植物饲料中，青绿饲料、谷物、豆类和动物产品中叶酸含量丰富，所以，一般情况下猪不易引起缺乏。

（7）维生素 B_{12}（钴胺素） 维生素 B_{12} 参与许多物质代谢过程，在血液形成中起重要作用。缺乏时，猪食欲减退、生长迟缓，并可发生皮炎。严重缺乏时，发生恶性贫血。

（8）维生素 C（抗坏血酸） 在活细胞内的各种氧化还原反应中起重要作用，参与肾上腺皮质内固醇的合成，有助于缓解应激，并消除高温对精液质量的不利影响。公猪增喂维生素 C 后，精子质量有所提高；母猪受胎率提高。维生素 C

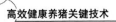
具有较强的抗应激作用，可以通过缓解应激，改善母猪繁殖性能和抵抗力。母乳是 1 周龄前仔猪维生素 C 的唯一来源。在怀孕期和哺乳期，给母猪补充维生素 C 可降低断奶前仔猪死亡率。

猪缺乏维生素 C 表现为食欲不振，生长缓慢，患病率增高，营养不良，体质虚弱，呼吸困难，齿龈肿胀、出血、溃疡；猪日增重、抗病力、生产力下降。

6. 饲料中维生素的保存

加工的主要目的是更好地保存和利用饲料，但由于各种维生素的性质不同，加工条件与方法不同，在饲料加工过程中维生素的损失情况也不尽相同。造成维生素损失的主要因素包括氧化、日照温度和时间、酸碱度、金属与酶的作用、光或电子辐射、水分含量等。

只有详细了解各种维生素的稳定性特点后，才能最大限度地避免损失，保持饲料的营养价值。为便于记忆，要掌握各种维生素保存条件歌。

AD 怕光怕氧酸，密封保存是为先。

VE 怕光怕氧碱，加热铜铁数量减。

VK 只怕光和碱，最稳要算烟酰胺。

要数 VC 最"小气"，光照氧酸碱脱水。

B_6 泛酸耐储藏，加工磨粉一半损。

（四）矿物质

猪日粮中至少需要 13 种无机元素：氯、钠、钙、磷、钾、铜、铁、锌、锰、碘、硒、镁、硫，可能还有铬。环境来源似乎能满足猪对这些元素（如果这些元素事实上是需要的话）的需要。实际猪日粮中添加的元素有盐（钠和氯）、钙、磷、铜、铁、锌、锰、碘和硒。

（1）钠和氯日粮中加盐是为了提供钠和氯，生长肥育猪日粮中正常的添加量为 0.25% ～ 0.35%。种猪盐的添加量：妊娠母猪为 0.4%，哺乳母猪为 0.5%。过量的盐有毒，尤其当供水不足时或溶解盐的浓度过高时，毒性更大。饲料中含盐量不应超过 2.5%。当给猪饲喂在加工生产过程中添加盐的一些副产品（如乳清和鱼粉）时，要特别当心盐中毒。

（2）钙与磷 是支持骨骼和组织生长的两种元素，需求量很大。它们还参与其他重要的生理过程，如肌肉收缩和能量转移。配制日粮时应注意：一是钙磷的需要量；二是所用饲料中这两种元素的生物学利用率；三是钙磷的比例。钙磷的可接受比例范围为（1.0 ～ 2.0）：1。

（3）铜 猪需要铜来合成血红蛋白和合成与激活正常代谢必要的一些氧化酶类。生物效价高的铜盐有硫酸铜、碳酸铜和氧化铜。缺铜导致铁的功用差，血细胞生成异常，角质化、胶原蛋白、弹性蛋白和骨髓合成变差。缺铜症状有贫血、腿弯曲、心血管异常等。饲料中铜超过250克/吨，饲喂几个月会引起中毒。降低日粮锌和铁水平或升高钙水平加重铜中毒。当饲喂100～200克/吨的铜，会促进猪的生长。

（4）铁　实际上，猪可以通过与环境的接触获得铁，特别是与土壤的接触；集约化养猪使铁的环境来源基本被切断。仔猪出生时，铁在体内的储备很低，随着体重增加，血量增加，合成血红蛋白需要铁，使体内储备的铁含量迅速降低，母乳的含铁量甚少，不能满足仔猪生长的需要。现已证明，母乳的低铁含量可有效地防止微生物繁殖和肠道病发生。哺乳仔猪补铁是必需的，首选的补铁法是给初生3天内的仔猪注射100～200毫克的葡聚糖苷铁（生血素）。仔猪出生几周后，通过采食含铁充足的仔猪料就能很容易满足铁的需要量。

（5）锌　植物性饲料中，锌的含量很低。给猪饲喂不加锌的日粮，猪易患皮肤角质化不全症。过去10年中，对锌的生化作用机制进行许多研究。现已了解到锌在免疫机制中能起作用，并能防止细胞受到氧化损害。最新有关锌的一项实际应用是，在断奶猪日粮中添加高水平氧化锌（锌量达3 000克/吨）能预防仔猪下痢。这种高水平的锌是有毒的，建议该水平的饲喂期不能超过两周。人们还需注意锌与钙的拮抗关系，日粮中过量的钙会引起锌的缺乏。

（6）锰　作为许多种与糖、脂和蛋白质代谢有关的酶的组成成分发挥作用。锰对硫酸软骨素的合成是必需的，硫酸软骨素是骨有机质黏多糖的组成成分。饲料锰的需要量非常低，生长肥育猪为4克/吨，种猪为40克/吨。

（7）碘　猪体内大部分碘存在于甲状腺中。在甲状腺，碘以一、二、三和四碘甲状腺氨酸（甲状腺素）的形式存在，这些激素对调节代谢率非常重要。碘化钾和碘酸钙是饲料中有效的补充形态，饲料中补充0.14克/吨的碘即可满足猪的需要。严重缺碘使猪生长停止、昏睡、甲状腺肿大。母猪缺碘产无毛弱仔或死胎。大剂量碘极少造成中毒。

（8）硒　其作用与维生素E有关。缺硒的临床症状是外观看来正常的仔猪突然死亡。日粮中的含硒量主要取决于种植谷物饲料的土壤。用来自世界上缺硒地区的饲料配制的日粮应补充硒。无机形式的硒如亚硒酸钠和硒酸钠已使用许多年。近年来有报道添加部分有机硒也有效。

硒的安全浓度和毒性浓度之间范围很窄，需要量在0.35克/吨范围内，而超过5.0克/吨则有毒。日粮中加硒时应特别小心。

（五）水

1. 水在动物体内的主要功能

（1）水是动物体的构成成分　猪体内的各种器官、组织及产品都含有一定量的水分，如血液中水分含量达80%以上，肌肉中为72%～78%，骨骼中约含

45%。

（2）水能使机体维持一定的形态　由于水具有调节渗透压和表面张力的作用，使细胞饱满而坚实，从而维持机体的正常形态。

（3）水是畜体的重要溶剂　饲料的消化及营养消化、吸收、运输和代谢，代谢物的排出，还有繁殖及泌乳等生理过程都必须有水参加。

（4）水对体温调节起着重要作用　动物不仅通过血液循环可以将代谢产生的热传送到机体各部位维持体温，而且可以通过饮水和排尿、排汗等来调节体温。

（5）水是一种润滑剂　如关节腔内润滑液能减少关节转动时的摩擦，唾液能使饲料易于吞咽。

（6）水参与动物体内各种生化反应　水不仅参与体内的水解反应，还参与氧化－还原反应、有机物质的合成以及细胞的新陈代谢。

水是最基本的，但又是经常被忽视的营养成分。缺水或饮水不足对机体危害极大，可以降低猪的生产性能，对猪泌乳、生长速度和饲料消耗量均有不良影响。体内水分减水 5% 猪就会感到不适，食欲减退，减少 10% 时导致生理失调，减少 20% 时会导致死亡。

猪对水的需要量因其生长发育阶段、生理状况、采食量及环境温度等条件的不同而异。一般猪每采食 1 千克干饲料水需 2～5 千克。冬季的适宜给水量为饲料量的 2～3 倍，春秋季约为 4 倍，夏季 5 倍。哺乳母猪和育肥前期的猪给水量还要增加，每头每天需水量育肥猪 20 千克左右，哺乳母猪为 50 千克左右。除水量外，对水质还有一定的要求。水的质量监测有总可溶性固形物浓度、pH 值、亚硝酸根离子浓度、硫酸根离子浓度、氯化钠浓度、总碱度，还有水中的微生物含量。水中总可溶固形物（盐分）的含量，一般每千克水中含盐分 1 500 毫克左右比较理想；高于 5 000 毫克仍可饮用，但不理想，可能出现腹泻等现象；高于 7 000 毫克则不宜饮用。因此，在养猪生产中，特别是在新建猪场时，必须重视水的来源，要保证有充足、清洁、质好的水源。

2. 影响猪对水需要量的因素

猪对水的需要量受环境因素的影响，更受机体损失水的影响。

猪体经过四个主要途径损失水：肺脏呼吸，皮肤蒸发，肠道排粪，肾脏泌尿等。1 千克、45 千克、90 千克的猪由肺脏和皮肤蒸发损失的水，每天分别为 86 克、1.3 千克和 2.1 千克。喂给水和料的比例为 2.75∶1，75 千克的猪损失的水每天为 1 千克。由于猪没有汗腺，猪主要以呼吸损失水，而不是蒸发损失水。

腹泻时，粪便中的水损失多，动物的需水量增加。盐和蛋白质的采食量增加引起的过度泌尿会显著增加需水量。奶虽然含水 80%，但也是导致机体缺水的高蛋白质和高矿物质食物。

引起水需要增加的其他条件是外周温度较高、发烧和哺乳。在任意温度下猪个体间饮水量差异很大，但在 7 ～ 22℃下生长猪的饮水量几乎没有差异。到 30℃和 33℃时饮水量增加很多，而且引起猪的行为变化：猪在整个猪圈的地面都排粪排尿，并且将水槽里的水弄得到处都是，以图体表凉爽。

水的最低需水量是指在生长或妊娠期间为平衡水损失、产奶、形成新组织所需的饮水量。水温也会影响饮水量，饮用低于体温的水时动物需要额外的能量来温暖水。

一般来说，饮水量与采食量、体重呈正相关。但每天采食量低于 3 千克 / 千克体重时，由于饥饿，生长猪会表现饮水过量的行为。

二、猪的常用饲料

（一）猪常用的能量饲料

在一些养猪户做自配料的时候，往往会对能量饲料的范围摸不清，给配料工作造成了很多的麻烦，因此，清晰地了解能量饲料有哪些，是正确高效配制饲料的前提。

能量饲料指的是在绝干物质中，粗纤维含量低于 18%，粗蛋白质含量低于 20%，天然含水量小于 45% 的谷实类、糠麸类等。这类饲料富含淀粉、糖类和纤维素，是猪饲料的主要组成部分，用量通常占日粮的 60% 左右。

1. 谷物类

玉米号称饲料之王。它在谷实类饲料中含可利用能量最高，玉米的颜色有黄、白之分，黄玉米含有少量胡萝卜素，有助于蛋黄和皮肤的着色。天气干旱导致的玉米价格突破历史高价的新闻在很多媒体都能看到，而饲料价格的高企在一些分析机构那里几成定局。

（1）玉米喂猪要注意的问题　玉米是最常用的能量饲料。喂猪时要注意以下"五要""两不要"。

① 要糖化后饲喂。玉米粉经糖化后，能使部分淀粉转化成糖，可使猪喜食快长。做法是：将玉米粉放入缸中，再倒入 2 倍的快开的热水充分搅拌成糊状，在其表面撒上 5 厘米厚的干粉，经过 3 ～ 4 小时即被糖化。

② 要添加饼类饲料。供给粗蛋白含量低且质差，不能完全满足猪的生长需要，可在日粮中加入 15% 豆饼或菜籽饼等。如仔猪应加入 5% 鱼粉。

③ 要添加微量元素。玉米中矿物质元素含量低，故应在日粮中添加骨粉、磷酸氢钙和硒、铁、铜、锌、锰等微量元素。

④ 要添加维生素。玉米中维生素含量低，饲喂时必须加喂青绿饲料，可添加多种畜禽维生素。

⑤ 要喂前浸泡。玉米经浸泡能吸收水分而膨胀变软，猪易咀嚼，易消化吸收。浸泡方法是在玉米粉中加 1 ～ 1.5 倍的水浸泡 2 小时。

⑥ 不要单纯饲喂。纯用玉米喂猪每增重 1 千克需消耗 6 千克玉米。而用配合饲料喂猪只需 2.5 ～ 3 千克。

⑦ 不要粉碎后长期储存。玉米应粉碎后饲喂，粉碎后的玉米面时间久了易变质。粉碎量以 15 天用完为宜，夏天以 10 天用完为宜。

（2）发霉的玉米不能喂猪　发霉的玉米中含有黄曲霉毒素，猪吃后会引起黄曲霉毒素中毒症，俗称"黄膘猪"。

仔猪和怀孕母猪较为敏感，中毒仔猪常呈急性发作，出现中枢神经症状，头弯向一侧，角弓反张，数天内死亡。大猪持续病程较长，精神不振，食欲减退或废绝，口渴喜饮；可视黏膜黄染或苍白，皮肤充血发红或有出血斑；四肢无力，步行蹒跚；粪便先干后稀，重者混有血丝甚至血痢；尿黄或茶黄色混浊。后期病猪出现间歇期抽搐、角弓反张等精神症状，多因衰竭而死亡。慢性中毒病猪体温基本正常，食欲减少或废绝，或只吃青饲料不吃饲料，可视黏膜轻度黄染或苍白，皮肤基本正常。但内脏已受毒素损伤，一遇刺激常使病情加重，甚至引起不明原因死亡。

在养猪实践中，霉玉米的危害不像猪瘟、蓝耳病等烈性传染病那样，猪群突然发病，出现大量死亡等。它的危害是潜在的，或者说是一点一滴积累起来的，外表可能一切正常，但受到外界应激的影响后，可能马上发病。比如：母猪的流产、发情配种率差，后备母猪和育肥猪表现外阴肿大等。最为可怕的是，它能造成猪的免疫力下降（我们所说的免疫抑制），导致疫苗免疫效果差、猪对各种疾病的敏感性增加等。

（3）霉玉米的识别

① 正常玉米籽粒多为黄白色，颗粒饱满，无损害，无虫咬、虫蛀和发霉变质现象。发霉玉米可见胚部有黄色或绿色、黑色的菌丝，质地疏松，有霉味。

② 发霉后的玉米皮特别容易分离。

③ 观察胚芽，玉米胚芽内部有较大的黑色或深灰色区域为发霉的玉米，在底部有一小点黑色为优质的玉米。

④ 在口感上，好玉米越吃越甜，霉玉米放在口中咀嚼味道很苦。

⑤ 在饱满度上，霉玉米比重低，籽粒不饱满，取一把放在水中有漂浮的颗粒。另外，还要警惕不法商贩用油抛光已经发霉的玉米并进行烘干的处理，还有一些不法分子将已经发芽的玉米用除草剂喷洒，再进行烘干销售。

⑥ 玉米粒发黑的，是长时间高湿高温造成的；胚芽外皮有绿的，是脱粒早，来不及晒造成的；胚芽皮内发绿或发黑的，是闷时间过长的原因。

2. 糠麸类

小麦麸粗纤维含量高，能量值低，质地疏松，可减缓母猪便秘，但仔猪喂多了易引起腹泻。小麦麸易氧化变质，不宜储存；米糠分为全脂米糠、脱脂米糠和粗糠，其纤维含量高，赖氨酸含量低，精氨酸含量高。米糠含胰蛋白酶抑制因子，须经加热除去。全脂米糠不饱和脂肪含量高，不耐储存，对猪适口性不好。脱脂米糠脂肪含量低，其他成分与全脂米糠基本相同，对猪的适口性好于全脂米糠。粗糠几乎没有利用价值，多用做填充物。

另外，在猪的常用能量饲料中，一些油脂也可以作为能量饲料来用，尤其是夏季，可喂食母猪油脂补充能量。

（二）猪常用的蛋白质饲料

蛋白质饲料指干物质中粗纤维含量低于18%、粗蛋白质含量高于20%的豆类、饼粕类及动物性饲料。蛋白质饲料可分为动物性蛋白饲料和植物性蛋白饲料。

1. 植物性蛋白饲料

（1）豆粕（饼）　以大豆为原料取油后的副产品。其过程为大豆压碎，在70～75℃下加热20～30秒，以滚筒压成薄片，而后在萃取机内用有机溶剂（一般为正己烷）萃取油脂，至大豆薄片含油脂量为1%为止，进入脱溶剂烘炉内110℃烘干，最后经滚筒干燥机冷却、破碎即得豆粕（饼）。通常将用浸提法或经预压后再浸提取油后的副产品称为大豆粕；将用压榨法或夯榨法取油后的副产品称为大豆饼。一般大豆的出粕率约为88%。由于原料、加工过程中温度、压力、水分及作用时间很难统一，因此，饼（粕）的质量也千差万别。如温度高、时间过长，赖氨酸会与碳水化合物发生美拉德（Maillard）反应，蛋白质发生变性，引起蛋白质的营养价值降低。反之，如果加温不足又难以消除大豆中的抗胰蛋白酶的活性，同样也影响大豆粕（饼）的蛋白质利用效率。

豆粕（饼）是很好的植物性蛋白饲料原料，在美国等发达国家，将其作为最重要的饲料蛋白来源。一般的豆粕（饼）粗蛋白含量在40%～45%，氨基酸的比例是常用饼粕原料中最好的，赖氨酸达2.5%～2.8%，且赖氨酸与精氨酸比例好，约为1：1.3。其他如组氨酸、苏氨酸、苯丙氨酸、缬氨酸等含量也都在畜禽营养需要量以上，所以大豆粕（饼）多年来一直作为平衡配合饲料氨基酸需要量的蛋白质饲料被广泛采用。经济发达国家将其作为配合饲料中蛋白质饲料的当家品种。但要注意豆粕（饼）中蛋氨酸含量较低。

现代榨油工艺上为了提高出油率，常在大豆榨油前将豆皮分离，这样生产出的豆粕为去皮豆粕。豆皮约占大豆的4%，所以去皮豆粕与普通豆粕相比，蛋白质及氨基酸含量有所提高。

（2）全脂大豆　全脂大豆中约含35%的粗蛋白质，17%～20%的粗脂肪，有效能值也较高，不仅是一种优质蛋白质饲料，同时在调配仔猪饲料时也可作为高能量饲料利用。根据国际饲料分类原则，大豆属蛋白质补充料，从氨基酸组成及消化率分析也属于上品。赖氨酸含量在豆类中居首位，约比蚕豆、豌豆含量高出70%。大豆中含钙较低，总磷含量中约1/3是植酸磷。因此在饲用时还应考虑磷的补充与钙、磷平衡问题。但是生大豆中存在数种抗营养因子，其中主要的是胰蛋白酶抑制因子。这些抗营养因子在加热处理时会被破坏。全脂大豆有数种加工方法，挤压膨化和焙烤是两种最常用的方法。挤压的方法是：将大豆进行预湿润，使用高压和蒸汽强制大豆通过压模或小孔。大豆进入挤压机后不到30秒的时间内就在150℃左右的温度下从挤压机内被压出。焙烤则是使大豆通过一个用火焰加热的小室。在这一过程中，大豆进入烤焙机后在110～125℃的温度下经过2～5分钟，从而破坏抗营养因子。

（3）菜籽粕（饼）　以油菜籽为原料取油后的副产品。用压榨法或土法夯榨取油后的副产品称为菜籽饼，用浸提法或经预压后再浸提取油后的副产品称为菜籽粕。油菜籽的出油率受品种、加工工艺的制约，一般出油率为30%～35%，平均出饼率约为68%（65%～70%）。随着脱毒技术的改进，饲料需求量的增加，菜籽粕用于肥料比例已逐年减少。

菜籽粕（饼）中含有较高的粗蛋白。菜籽饼含粗蛋白35%～36%，菜籽粕含37%～39%。有些菜籽粕（饼）的干物质中粗纤维含量高达18%以上，按照国际饲料分类原则应属于粗饲料。菜籽粕（饼）中粗纤维含量为12%～13%，属低能量蛋白质饲料。菜籽粕（饼）中含有较高的赖氨酸，约超出猪需要量的1倍，含硫氨基酸、色氨酸、苏氨酸等必需氨基酸也都能基本满足猪的营养需要量。但菜籽粕（饼）的营养价值低于豆粕（饼）。菜籽粕仁富含铁、锌、硒，但缺铜，在其总磷含量中约有60%以上是植酸磷，不利于矿物质、微量元素的吸收利用。菜籽粕（饼）中含有一些有毒物质，主要包括硫葡萄糖苷的4种降解产物、芥子碱、单宁、植酸等。其中硫葡萄糖苷的降解产物噁烷硫酮（OZT），有抗甲状腺作用，又被称为致甲状腺肿素，使甲状腺素分泌失调，猪生长缓慢。

其脱毒方法包括碱处理法、水浸法、发酵法、热喷法等，但根本途径还需从普及应用无毒或低毒品种着手。加拿大等国家培育成了各种"双低菜籽"新品种，即低硫葡萄糖苷、低芥酸菜籽品种。"双低"菜籽粕（饼）中的粗蛋白以及各种氨基酸含量均比普通菜籽粕（饼）中的含量稍高，是一种品质较好的蛋白质饲料资源。在肉猪日粮中可以用到18%，几乎可以代替约80%的豆饼。

（4）棉籽粕（饼）　以棉籽为原料经脱壳、去绒或部分脱壳、再取油后的副产品。在中国目前的加工条件下，每100千克棉籽可以产出棉籽粕（饼）（含壳、杂质、少量油）约50千克。

去壳的棉籽粕（饼）的蛋白质质量在饼粕类中属高档品质。棉籽粕（饼）蛋白质含量因榨油工艺不同而变化较大，范围在22%～44%，代谢能水平在6.28～10兆焦/千克。氨基酸组成特点是含有较丰富的蛋氨酸、胱氨酸，比菜籽粕（饼）中的含量高约1倍，与豆粕（饼）近似，但赖氨酸含量较低，仅为豆粕（饼）的一半。棉籽粕（饼）中含有较丰富的磷、铁及锌，但植酸磷的含量也较高，影响其他元素的吸收利用。棉籽粕（饼）含有多种抗营养物质，最主要的是游离棉酚（存在于棉籽色素腺体中的一种毒素）。猪对游离棉酚的耐受力较差，一般乳猪、仔猪料中不用棉籽粕（饼）。另外，由于棉酚是人类的避孕药，因此种猪避免使用。品质优良的棉籽粕（饼）在取代猪日粮中的部分豆粕（饼），但用量不宜超过10%，同时注意氨基酸的平衡。

（5）花生粕（饼）　以脱壳后的花生仁为原料，经取油后的副产品。一般将土法夯榨及机械压榨取油后的副产品称为花生饼，而以脱壳花生果为原料，经有机溶剂提取或预压浸提法提取油脂后的副产品，就是花生粕。花生仁出油率为35%（27%～43%），出饼率为65%（64%～70%）。

花生仁饼和花生仁粕中的粗蛋白含量分别约为45%和48%，高于豆粕（饼）中的含量3～5个百分点。但从氨基酸的含量及组成比例看则不如豆饼，如赖氨酸含量低，仅为豆粕（饼）的一半，其他必需氨基酸除精氨酸外均低于豆粕（饼）。不带壳的花生饼中粗纤维含量一般在4%～6%，目前许多花生原料中均或多或少带壳，而壳中含有将近60%的粗纤维，所以一般花生粕（饼）粗纤维均高于6%，这取决于榨油用的花生仁质量。用机榨法或用土法夯榨的花生饼中一般含4%～6%的粗脂肪，有的甚至高达11%～12%。注意高脂肪含量的花生粕（饼）易酸败变质，不利保存。对于脂肪含量少的花生粕（饼）一般可能经高温、高压处理，氨基酸可能与碳水化合物发生美拉德反应，影响蛋白质的利用率。相对其他粕（饼）类，花生仁粕（饼）中的钙、磷含量较低，总磷中的40%为植酸磷，难以被单胃动物吸收利用。花生粕（饼）的微量元素含量除铁外总的偏低，应注意补充。花生粕对猪的适口性很好，但赖氨酸含量低，其饲用价值低于豆粕；对于生长育肥猪花生粕用量不宜过高，否则会影响胴休品质。

按我国农业行业标准NY/T 133—1989《饲料用花生粕》规定，以粗蛋白、粗纤维、粗灰分为控制指标，花生粕可分为三级，低于三级者为等外品。

2. 动物性蛋白饲料

（1）鱼粉　以一种或多种鱼为原料，经去油、脱水、粉碎后的高蛋白质饲料。如按原料可分为全鱼粉、混合鱼粉及下杂鱼粉3种。高脂鱼粉的生产是用蒸煮或干热风加热的办法，使蛋白质凝固，并促使油脂分离。固接物由螺旋压榨法压榨，将固体部分烘干制鱼粉。榨出的汁液经酸化后，喷雾干燥或加热浓缩成鱼膏。

鱼粉蛋白质含量高，消化率一般在90%以上，而且所含氨基酸平衡，赖氨酸、色氨酸、蛋氨酸及胱氨酸丰富。鱼粉蛋白质含量因原料质量不同，变异较大。在美国按粗蛋白含量将鱼粉分为3档：55%～60%、60%～65%、65%以上。鱼粉含赖氨酸4%～6%、含硫氨基酸2%～3%、色氨酸0.6%～0.8%。鱼类脂肪中含较大比例的高度不饱和脂肪酸，且消化率好。鱼粉也是良好的钙磷、碘、硒等矿物质来源，磷以磷酸钙形式存在，利用率高。此外，鱼粉中B族维生素含量高，尤以维生素B_2及维生素B_{12}含量丰富。鱼粉是猪良好的蛋白质及必需氨基酸的来源，可促进生长，改善饲料利用率，特别在乳猪、仔猪阶段效果明显。生长育肥猪阶段鱼粉用量应适当控制，一者因为成本因素，再者猪后期鱼粉用量太高会使胴体变软及有鱼臭味。

新鲜的鱼粉有烤鱼香味，并稍带鱼油味，不可有酸败、氨臭等腐败味及过热之焦味。储藏不良时，鱼粉难以消化，难以消化。国产鱼粉与国外同类产品相比，粗蛋白含量相近，进口鱼粉中秘鲁鱼粉质量较好，粗蛋白含量可达60%以上，含硫氨基酸约比国产鱼粉高1倍，赖氨酸也明显高于国产鱼粉。

（2）肉骨粉　用动物屠宰后不宜食用的下脚料以及肉类罐头厂、肉品加工厂等的残余碎肉、内脏杂骨等为原料，经高温消毒、干燥粉碎成的粉状饲料。生产方法包括湿法生产和干法生产两种。

肉骨粉是品质变化相当大的饲料原料，因所用原料不同，质量差异较大。蛋白质含量较高，为20%～50%，但粗蛋白主要来自磷脂、无机氮、角蛋白、结缔组织蛋白、水解蛋白和肌肉蛋白。其中磷脂、无机氮、角蛋白利用价值很低，肌肉蛋白利用价值较高。氨基酸组成不理想，脯氨酸、甘氨酸含量较多，赖氨酸及色氨酸不足。肉骨粉是良好的钙、磷来源，维生素B_{12}、烟酸含量较高，但维生素A、维生素D不足。在生长育肥猪中可适量添加，但乳猪料中应尽量少用。

（3）喷雾干燥血浆蛋白粉　是将健康动物的新鲜血液经抗凝处理，分离血浆和血细胞，将血浆经瞬间的高温喷雾干燥后而获得的具有固有气味的粉末状产品。它作为一种新型的蛋白质饲料原料，在早期断奶乳猪料中得到广泛的使用。

喷雾干燥血浆蛋白粉营养全面，蛋白质含量72%以上，粗脂肪2%左右，灰分9%以下。它不仅氨基酸组成理想（赖氨酸、色氨酸和苏氨酸等必需氨基酸的含量较高），而且氨基酸的消化利用率高（除蛋氨酸外，其他各种氨基酸的回肠末端消化率在80%以上）。此外，它含丰富的免疫球蛋白，还含许多生物活性物质，如未知生长因子、生物活性肽、各种酶等。其消化能可达17.1兆焦/千克，是一种高能量物质。

喷雾干燥血浆蛋白粉由于不同的加工工艺，其品质差异较大，且由于价格昂贵，常有掺假的产品，以下几点供采购时参考。

外观颜色：生产血浆蛋白粉在分离血浆和血细胞时，如果分离不彻底则血浆蛋白粉的颜色呈微红色，由于血细胞混在血浆蛋白粉中，血浆蛋白粉的蛋白质含量虽然提高，但是其价值大大降低，因为蛋白质消化率降低。同时也可使用水溶试验鉴别，混有血细胞蛋白的产品其溶液呈现红色，并且有不溶于水的物质存在。真正的高品质纯血浆蛋白粉，水溶后外观应该是澄清的、淡黄色完全性溶液。

水溶性分析：高品质血浆蛋白粉是纯血浆喷雾干燥而成的，因此它应该是100%的可溶于水，且水溶速度快，溶液外观呈淡黄色、完全澄清性溶液。劣质血浆蛋白粉（掺入大豆分离蛋白或蛋白精，或血浆中的血细胞分离不彻底等）蛋白质含量虽高，但其水溶性变差、水溶速度非常慢，并可见水溶后有过多的不溶物漂浮上面或沉积在底部。

营养成分分析：高品质的血浆蛋白粉由于其生产工艺中添加了去灰分过程和逆渗透浓缩等特殊工艺，从而提高了蛋白质含量（含量达到76%～82%），因而回收率更低，相对品质更好、价值更高。没有此道工艺的血浆蛋白粉的蛋白含量多低于72%，灰分含量超过14%以上。

蛋白质的变性分析：加工工艺中的高温不但会导致蛋白质变性，还会使特殊活性蛋白丧失，如免疫球蛋白的活性。如何鉴别血浆蛋白粉的蛋白是否加热过度，可取样品加适量的水放置在恒温箱中100℃，10～15分钟取出，品质高的血浆蛋白粉应该是凝固状态，且凝固体颜色一直无任何杂质污点。

（4）羽毛粉　是将家禽羽毛净化消毒，再经蒸煮、酶解或水解、粉碎或膨化成粉状，可供作动物性蛋白质补充饲料。羽毛粉的加工方法有蒸煮法、酶解法、膨化法等。

羽毛蛋白质主要成分为含双硫键的角蛋白，加热水解可提高其利用价值，关键取决于水解程度，如果水解过度，则会破坏氨基酸；水解不足，则双硫键未被解开，蛋白质利用率不良。羽毛粉中含粗蛋白80%～85%，含硫氨基酸最高，其中胱氨酸含量可达4%，此外缬氨酸、亮氨酸、异亮氨酸的含量也很高。宜与缺乏异亮氨酸的原料如血粉配合使用效果较好。

（三）猪常用的青绿多汁饲料

青绿多汁饲料主要指天然水分含量高于或等于60%的饲料，以富含叶绿素而得名。主要包括天然牧草、栽培牧草、青饲作物、水生植物、菜叶瓜藤类、非淀粉质根茎瓜类等。这类饲料来源广、成本低、采集方便、营养丰富，对促进动物生长发育、提高畜产品品质和产量等具有重要作用。我国养猪在利用青绿多汁饲料方面积累了很丰富的经验，特别在母猪的空怀及妊娠前期、肉猪的生长期及青年母猪都大量利用这类饲料。如何更好地利用这类饲料，对缺粮的我国，在发展猪业方面有重要的意义。青绿多汁饲料可以鲜喂，制成干草饲喂，也可制成青贮饲喂。人工制的豆科干草是一种非常好的饲料，有专制喂猪的干草粉及颗粒。

1. 青绿多汁饲料的营养特点

（1）水分含量高　一般青绿多汁饲料的水分含量在 60% ～ 90%，水生植物甚至可高达 90% ～ 95%。因其水分含量高，干物质少，所以能值较低，对于杂食性单胃动物不能以青绿饲料作为主食。

（2）蛋白质含量高，品质优良　一般禾本科牧草和叶菜类青绿多汁饲料的粗蛋白含量在 1.5% ～ 3%，豆科牧草在 3.2% ～ 4.4%，折合成干物质计算，两者的粗蛋白含量分别在 13% ～ 15%、18% ～ 24%。例如，苜蓿干草中粗蛋白含量为 20% 左右，相当于玉米籽实中粗蛋白含量的 2.5 倍，约为大豆饼的一半。不仅如此，由于青绿多汁饲料都是植物体的营养器官，其中所含的氨基酸组成也优于禾本科籽实，尤其是赖氨酸、色氨酸等含量更高。

（3）维生素含量丰富　青绿多汁饲料富含多种维生素，包括 B 族维生素以及维生素 C、维生素 E、维生素 K 等，特别是胡萝卜素，每千克青饲料中含有 50 ～ 80 毫克胡萝卜素。青苜蓿中含硫胺素为 1.5 毫克 / 千克、核黄素 4.6 毫克 / 千克、烟酸 18 毫克 / 千克，是各种维生素廉价的来源。

（4）矿物质元素含量丰富　一般青绿多汁饲料中钙为 0.25% ～ 0.5%，磷为 0.20% ～ 0.35%，比例较为适宜，尤其以豆科牧草钙的含量较高。此外，青绿多汁饲料中含有丰富的铁、锰、锌、铜等微量矿物质元素。

2. 使用青绿多汁饲料注意事项

（1）要合理搭配使用，防止过量　青绿多汁饲料蛋白质、维生素及矿物质元素含量丰富，是一类良好的饲料，但由于其水分含量高，营养不全面，单位重量的能值低，不能长期单独饲喂，只能作搭配饲用。用青绿多汁饲料饲喂生长育肥猪，一般可替代精饲料的 10% ～ 15%（以干物质计算）；用青绿多汁饲料饲喂母猪效果较好，可替代精料 20% ～ 25%。

（2）勿将青绿多汁饲料煮熟喂猪　我国农村为了将青绿多汁饲料的体积减小，尽量多利用青绿饲料，一般煮熟了再喂猪，实际这样做的结果不仅降低了原有营养的含量，还容易引起亚硝酸盐中毒。正确方法是将青绿多汁饲料洗净、切碎、打浆或发酵后与适量的全价料混匀直接喂猪，这样既可相对减小青绿多汁饲料的体积，又可保持其营养。怀孕母猪可将其切碎直接饲喂，但需注意不要过量饲喂。

（3）预防感染寄生虫病　水葫芦等水生饲料或在池塘边生长的草，由于与淡水螺等水生动物接触，很容易成为某些寄生虫的附着物，如果喂猪不注意方法，就易造成寄生虫病的传播与蔓延。在喂养过程中，须及早进行预防投药，防止寄生虫病的传染。

（4）防止中毒　主要考虑两方面：一是农药中毒。对于刚施用过农药的田地上青绿多汁饲料不宜立即喂猪，一般要经 15 天后方可收割利用。二是氢氰酸中毒。青绿多汁饲料一般不含氢氰酸，但有的青绿多汁饲料，尤其是玉米苗、高粱苗含有氰苷配糖体，如果经过堆放好氧发酵或霜冻枯萎，或是在烧煮过程中缺氧或不煮熟透，在植物体内特殊酶的作用下，氰苷被水解后便形成氢氰酸而有毒。如喂猪，会发生氢氰酸中毒，这在农村中经常发生。将青绿多汁饲料制作成青贮料就可避免发生这类情况。

3. 养猪上常用的青绿多汁饲料

（1）紫花苜蓿　属豆科多年生草本植物，特点是适应性强、产量高、品质好，一般亩产 2 000 ～ 4 000 千克，被冠以"牧草之王"。紫花苜蓿的营养成分较丰富，按干物质计算，每千克初花期的紫花苜蓿含粗蛋白 20% ～ 22%，粗脂肪 3.1%，无氮浸出物 41.3%，且富含维生素 A 及 B 族维生素。

目前一般中小养猪场夏季将苜蓿草切成 5 ～ 10 厘米的小段直接饲喂，种猪每天饲喂 1 ～ 2 千克，妊娠前期适当多喂一些，因为适口性好，又由于纤维含量高，在怀孕母猪限喂阶段可适量多喂些，以增加母猪的饱感，利于胚胎着床。冬季将苜蓿脱水或晒干制成苜蓿粉或颗粒在配合饲料中使用。全价饲料中的添加比例一般为 5% ～ 15%。

（2）紫云英　又称红花草。特点是产量较高，鲜嫩多汁，适口性好，猪只特别喜欢采食。其营养价值在现蕾期最高，按干物质计算，粗蛋白含量 31.76%、粗脂肪 4.14%、粗纤维 11.82%、无氮浸出物 44.46%、粗灰分 7.82%。

（3）象草　又称紫狼尾草。象草具有产量高、管理粗放、利用期长等特点，已成为南方青绿多汁饲料的重要来源。象草营养价值较高，茎叶干物质中含粗蛋白 10.58%、粗脂肪 1.97%、粗纤维 33.14%、无氮浸出物 44.70%、粗灰分 9.61%。在广东、福建利用美洲狼尾草和非洲象草培育的杂交狼尾草用于养猪取得较好的效果。该杂交狼尾草在株高 120 厘米时测定，鲜草含干物质 15.2%，干草含粗蛋白 9.95%、粗脂肪 3.47%。而且该品种杂交狼尾草产量高，一般每公顷可产鲜草 15 万千克以上，6 个月生长期每公顷的产量可达 22.5 万千克。将杂交狼尾草切碎、打浆与饲料按 1∶1 拌匀，饲喂生长育肥猪可提高日增重，降低饲料成本。

（4）菜叶类　包括瓜果、豆类叶子及一般蔬菜副产品。其中的豆类叶子营养价值大，能量高，蛋白质含量也较丰富。作物的藤蔓和幼苗，一般粗纤维含量较高，可作猪饲料。白菜、甘蓝和菠菜，也可用于饲料。

（5）南瓜　南瓜营养丰富，无氮浸出物含量高，且其中多为淀粉和糖类。南瓜脆嫩多汁，能刺激食欲，有机物质消化率高，对改善日粮的营养成分、提高消化率有重要作用。此外，南瓜耐储藏，运输方便，是猪的好饲料，尤其适合用于育肥阶段的猪。

（6）水生植物类　包括水浮莲、水葫芦、水花生、绿萍、水芹菜和水竹叶等。这类青饲料具有生长快、产量高、适应性强、管理方便、不占耕地等特点。水生饲料茎叶柔软，细嫩多汁，水分含量可达 90%～95%，干物质含量很低。此外，水生饲料最易带来寄生虫，如猪蛔虫、姜片虫、肝片吸虫等，最好将水生饲料青贮发酵或煮熟后饲喂。熟喂时宜现煮现喂，不宜过夜，以防产生亚硝酸盐。

（7）松叶　主要是指马尾松、黄山松、油松以及桧、云杉等树的针叶。据分析，马尾松针叶干物质为 53.1%～53.4%、总能 9.66～10.37 兆焦 / 千克、粗蛋白 6.5%～9.6%、粗纤维 14.6%～17.6%、钙 0.45%～0.62%、磷 0.02%～0.04%，且富含维生素、微量元素、氨基酸、激素和抗生素等，对猪具有抗病、促生长之效。饲喂时应坚持由少到多的原则。猪料中松叶用量以 5%～8% 为宜。

（四）猪常用的矿物质饲料

1. 食盐

盐的主要化学成分氯化钠在食盐中的含量高达 99% 之多，而钠和氯都是动物所需的重要无机物。因此食盐成为补充钠、氯的最简单、价廉的有效物质。食盐的生理作用是刺激唾液分泌，促进其他消化酶的作用，同时可改善饲料的味道，促进食欲，保持体内细胞的正常渗透压，氯还是胃液的组成成分，对蛋白质的消化具有重要作用。

2. 钙

钙约占动物体内所含无机物的 70%，是动物的齿、骨骼、蛋壳的重要组成元素。钙对动物的生长发育和生产水平至关重要。一般配合饲料中规定的钙磷比例，猪为（1.5～1）：1。石粉、贝壳粉、蛋壳粉则是饲料中常用到的补充钙源的矿物质饲料。其中，石粉称为天然的碳酸钙，含钙在 35% 以上。贝壳粉是所有贝类外壳粉碎后制得的产物总称，主要成分为碳酸钙。蛋壳粉是蛋加工厂的废弃物，包括了蛋壳、蛋膜、蛋白等混合物经干燥灭菌粉碎而得，优质蛋壳粉含钙可达 34% 以上。一般来说，碳酸钙颗粒越细，吸收率越好。目前还有相当一部分厂家用石粉作微量元素载体，其特点是松散性好、不吸水、成本低。

3. 磷

磷几乎存在于所有细胞中，为细胞生长和分化所必需。磷的生理功能在于参加骨的组成，且与能量代谢有关，调节血液酸碱度。磷还决定蛋壳的弹性和韧性。缺乏磷时，禽会出现运动障碍，骨变形，羽毛无光，异嗜，消化紊乱，蛋鸡产软壳蛋。

在饲料中常用到的含磷补充物有磷酸二氢钠、磷酸氢二钠。其中，磷酸二氢钠为白色粉末，含两个结晶水或无结晶水，含磷在 26% 以上。磷酸二氢钠水溶性好，生物利用率高，既含磷又含钠，适用于所有饲料，特别适用于液体饲料或鱼虾饲料。磷酸氢二钠为白色细粒状，无水磷酸氢二钠含磷为 21.82%。

另外，需要注意的是猪日粮中磷含量过高，会导致纤维性骨营养不良症。

（五）猪常用的饲料添加剂

饲料添加剂是指那些在常用饲料之外，为补充满足动物生长、繁殖、生产各方面营养需要或为某种特殊目的而加入配合饲料中的少量或微量的物质。其目的在于强化日粮的营养价值或满足养殖生产的特殊需要，如保健、促生长、增食欲、防饲料变质、保存饲料中某些物质活性、破坏饲料中的毒性成分、改善饲料及畜产品品质、改善养殖环境等。广义的饲料添加剂包括营养性和非营养性添加剂两大类。

1. 营养性饲料添加剂

（1）氨基酸添加剂　猪饲料主要是植物性饲料，最缺乏的必需氨基酸是赖氨酸和蛋氨酸。因此，猪用氨基酸添加剂主要有赖氨酸添加剂和蛋氨酸添加剂。这两种氨基酸添加剂都有 L 型和 D 型之分，猪只能利用 L 型赖氨酸，但 D 型和 L 型蛋氨酸却均能利用。在具体使用时应注意 3 个问题。第一，适量添加。添加合成氨基酸降低饲粮中的粗蛋白质水平，应有一定的限度。一般生长前期（60 千克前）粗蛋白质水平不低于 14%，后期不低于 12%。第二，应经济划算。如添加合成氨基酸后饲粮价格过高，经济不划算，也没有实际意义。第三，人工合成的氨基酸大都是以盐的形式出售，如 L 型赖氨酸盐酸盐，其纯度为 98.5%，而其中 L 型赖氨酸的量只占 78.8%。添加时应注意效价换算。例如，饲料中拟添加 0.1% 的赖氨酸，则每吨饲料中 L 型赖氨酸盐酸盐的添加量为 $1 \div 0.985 \div 0.788 = 1.288$ 千克（1228 克）。

（2）维生素添加剂　随着集约化养猪的发展，长年不断而又大量地供给青绿饲料越来越受到了限制，因此，在饲粮中添加维生素添加剂，得到日益广泛的应用。现常用的维生素添加剂有维生素 A、维生素 D_3、维生素 E、维生素 K_3、B 族维生素（氯化胆碱、烟酸、泛酸、生物素）等。生产中多采用复合添加剂形式配制，把多种维生素配合加入饲粮中，其添加量仔猪为 0.2%～0.3%，肥育猪为 0.1% ～ 0.2%。配制复合维生素时应注意维生素间的相互作用。

（3）微量元素添加剂　微量元素添加剂为常用添加剂，从化工商店买饲料级即可（不一定非要分析纯或化学纯）。目前我国养猪生产中添加的微量元素主要有铁、铜、锰、锌、钴、硒、碘等。饲料中的微量元素，是用矿物质盐类，只是对某元素（例如铁）的需要量，而不是对矿物质盐（硫酸亚铁）的需要量。作为添加剂使用时，必须注意以下两点。第一，充分粉碎，均匀混合。加入全价料中须先经石灰石粉等先稀释，后混合。第二，实际含量。不同产品，化学式不同，杂质含量各异，应注意该元素在产品中的实际含量。部分元素在不同化学结构中的含量是有差异的，要根据矿物质盐中所含元素量计算出所需用该盐类的数量。

2. 非营养性饲料添加剂

非营养性饲料添加剂虽不是饲料中的固有营养成分，本身也没有营养价值，但有着特殊的、明显的维护机体健康、促进生长和提高饲料利用率等作用。

目前，属于这类添加剂品种繁多，在实践中应用也不一致。对这种添加剂不应理解为配合饲料所必需的，但为了取得某种特定效果，它却是重要手段。

（1）抑菌促生长剂　属于抑菌促生长的添加剂有抗生素类、抑菌药物、砷制剂、高铜制剂等。这类物质的作用主要是抑制猪消化道内有害微生物的繁殖，促进消化道的吸收能力，提高猪对营养物质的作用，或影响猪体内代谢速度，从而促进生长。

（2）驱虫保健剂　主要用于预防和治疗猪寄生虫病。寄生于猪体的寄生虫，不仅大量消耗营养物质，而且使猪的健康和生产受到严重的危害。驱虫药一般需多次投药。第一次只能杀灭成虫或驱成虫，其后杀灭或驱赶卵中孵出的幼虫。在驱虫期间，畜舍要勤打扫，以防排出体外的虫与虫卵再次进入猪体内。以饲料添加剂的形式用药为连续用药，有较好的驱虫效果，是在大群体、高密度饲养管理条件下，预防和控制寄生虫方便而有效的方法。

目前我国批准使用的猪用驱虫性抗生素只有两个品种，即越霉素 A 和潮霉素 B。

此外，近年研制开发的阿维菌素、伊维菌素也是一些高效安全的体内外驱虫抗生素，但目前我国尚未批准作为饲料添加剂使用。

（3）微生态制剂　又名活菌制剂、生菌剂、益生素。即动物食入后，能在消化道中生长、发育或繁殖，并起有益作用的活体微生物饲料添加剂。这是自1970 年以来为替代抗生素饲料添加剂开发的一类具有防治消化道疾病，降低幼畜死亡率，提高饲料利用效率，促进动物生长等作用，天然无毒，安全无残留，副作用少的饲料添加剂。这类产品在国外已开始应用。可选作活菌制剂的微生物种类很多，主要的菌种有乳酸杆菌属、链球菌属、双歧杆菌属、某些芽孢杆菌、酵母菌、无毒的肠道杆菌和肠球菌等，多来自土壤、腌制品和发酵食品、动物消化道、动物粪便的无毒菌株。在生产和选取用这类产品时，绝对不能引入有毒、有害菌株；产品必须稳定存活且对消化道环境和饲料加工、储存等因素有较强的抵抗能力。使用活菌制剂获得理想效果的关键是猪食入活菌的数量，一般认为每克日粮中活菌（或孢子）数以 200 000～2 000 000 为佳。此外，与活菌制剂的菌种、动物所处的环境条件有关。当动物处于因断奶、饲料改变、运输等引起的应激状态或其消化道中存在着抑制动物生长的菌群时，使用活菌制剂效果才比较明显。

研究证明，在动物的消化道内存在的正常微生物群落对宿主具有营养、免疫、生长刺激和生物拮抗等作用，是维持动物良好健康状况和发挥正常生产性能所必需的条件。近年来，已开始采用寡糖等通过化学益生作用调控动物消化道微生物群落组成。这些寡糖包括果寡糖、甘露寡糖、麦芽寡糖、异麦芽寡糖、半乳糖寡糖等。大量研究表明，在饲料中适量添加寡糖，可提高猪生长速度，改善其健康状况，提高饲料利用率和免疫力，减少粪便及粪便中氨等腐败物质含量。

（4）酶制剂　猪对饲料养分的消化能力取决于消化道内消化酶种类和活力。研究和实践证明，适合猪消化道内环境的外源酶能起到内源酶同样的消化作用。饲料中添加外源酶可以辅助猪消化，提高猪的消化力，能够改善饲料利用率，扩大对饲料物质的利用，扩大饲料资源，消除饲料抗营养因子和毒素的有害作用，全面促进饲粮养分的消化、吸引和利用，提高猪的生产性能和增进健康，减少粪便中的氮和磷等排出量，保护和改善生态环境等。

作为饲料添加剂的酶制剂多是帮助消化的酶类，主要有蛋白酶类、淀粉酶类、纤维素分解酶类、植酸酶等。

目前多从发酵培养物中提取酶，制成饲料添加剂，也有连同培养物直接制成添加剂的。由于酶活性受许多因素的影响，其作用具有高度的特异性，为了适应底物的多样性、复杂性和动物消化道内 pH 值环境的变化，根据使用对象和使用目的的要求，选用不同来源、不同 pH 值适应性的酶配制成的多酶系复合酶制剂，适应范围广，作用能力强，在饲料中的添加效果好，是较理想的酶添加剂产品。

（5）调味、增香、诱食剂　这种添加剂是为了增进动物食欲，或掩盖某些饲料组分的不良气味，或增加动物喜爱的某种气味，改善饲料适口性，增加饲料采食量。作为调味剂的基本要求是：第一，加入饲料后的味道或气味更适合猪的口味，从而刺激猪食欲，提高采食量；第二，调味剂的味道或气味必须具有稳定性，在正常的加工储存条件下，味道或气味既不被挥发掉，又不致变成另一种不被动物喜爱的味道或气味。

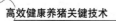

调味剂有天然的和合成的两种，主要活性成分包括：香草醛、肉桂醛、茴香醛、丁香醛、果酯及其他物质。商品调味剂除含有提供特殊气味和滋味的活性物外，一般还含有如助溶剂、表面活性剂、稳定剂、载体或稀释剂、抗黏结剂等非活性的辅助剂。

饲料调味剂产品有固体和液体两种形式。液体形式的饲料调味剂为多种不同浓度的溶液，其溶剂的种类取决于活性物质的可溶性，一般有油、脂肪酸、水、丙二醇或它们的混合物。其添加方法通常是以喷雾法直接喷附在颗粒饲料表面或其饲料中，但这种添加方法对于饲料中香料的香气不能持久，故多用于浆状或液体饲料中。固体调味剂通常是以稻壳粉、玉米芯粉、麦麸粉以蛭石等作为载体的粉状混合物。有的香料调味剂制成胶囊，可提高稳定性，延长香气持续时间。干燥固体调味剂较液体调味剂具有稳定性好，使用方便，不需喷雾设备，且易装运、储存等优点。但液体调味剂一般较便宜、经济，添加于颗粒饲料方便，效果好。实际应用需根据需要选用。

调味剂主要用于人工乳、代乳料、补乳料和仔猪开食料，使仔猪不知不觉地脱离母乳，促进采食，防止断奶期间生产性能下降。添加的香料主要为乳香型、水果香型，此外还有草香、谷实香等。常加的除牛人工乳中的香源外，还有柑橘油、香兰素因有类似烧土豆、谷物类的香味都是猪所喜爱的。一般断奶前先在母猪料中添加，使仔猪记住香味，再加入人工乳中。开始以乳香型为主，随着日龄的增加，逐渐增加柑橘等果香味香料，后期逐渐转为炒谷物、炒黄豆等，使其逐渐转为开食料。

（6）其他非营养性生长促进剂 包括铜制剂、有机砷制剂等。如每吨日粮添加 150～250 克铜，可提高日增重 8% 左右，提高饲料利用率 5% 左右。

第二节 猪饲料常用的加工调制方法

一、粉 碎

猪饲料种类不同，可采用相应的加工处理技术。现代化养猪多以干粉料为主，所以，饲料粉碎就是最常用的加工方法。

在多种猪饲料原料的冷加工工艺中，锤片机粉碎处理也许是应用最广泛的。多数常规的原料，如大麦、玉米、小麦、高粱和燕麦在生产中几乎都是利用锤片式粉碎机进行加工。但如果将小麦粉碎得过细，饲料黏性就会增加，采食过程中极易引起翻嘴现象，从而导致适口性降低；如果粉碎得过粗，小麦的利用率就会变得很低，但用对辊式粉碎处理可有效解决上述问题。对于燕麦的粉碎，资料表明，较小的粉碎粒度对于提高其利用率是必要的。粉碎燕麦时，筛孔直径小于5.25毫米，不会对其利用效率造成明显的影响；但当筛孔直径等于或大于9毫米时，就会降低燕麦的利用效率。对燕麦进行对辊式粉碎处理，如加工得很均匀且很扁时，其利用效率与用筛孔直径小于5.25毫米的其他任何粉碎方式的利用效率相同。另外，不同粉碎工艺对玉米和高粱利用率的影响与燕麦相似。

二、压　片

压片是指谷物在对辊式粉碎处理之前所进行的加热或润湿的过程。压片玉米在进入蒸气仓前首先需进行破碎处理，之后将其浸泡1～2小时，使玉米水分含量达到约20%。然后将蒸煮后的玉米通过重型对辊式粉碎机进行加工，使最终的水分含量降至约14%。这种加工过程对玉米的调制主要包括：去除玉米胚芽，仅留下无胚芽的部分进行压片处理；在蒸汽仓内，使玉米水分增加，同时进行蒸煮加工。日粮中压片玉米的比例较低时，其适口性很好。但当压片玉米比例很高（如达到85%），特别是在湿料饲喂或玉米没有粉碎即饲喂的情况下，适口性变得非常差。

三、膨化处理

膨化处理是一种干热形式的加工工艺，是将谷物在加热或加压的情况下突然减压而使其膨胀的加工方法。据报道，膨化处理可在一定程度上提高饲料的营养价值。

四、微爆化处理

微爆化处理是用混合气体将陶瓷体加热到一定温度后，使谷物通过这些陶瓷体，将谷物进行对辊式粉碎和冷却处理。与膨化温度（280℃）相比，微爆化加工过程的温度通常控制在140～180℃。但微爆化处理在这个温度下的暴露时间为20～70秒，比膨化处理的时间（5～6秒）长。谷物在加工前应进行预浸泡处理，使水分含量达到21%。

五、制　粒

在制粒工艺中，饲料组分在压力作用下被挤出制粒机的环模。制粒过程本身就可对饲料进行摩擦加热。大多数的饲料企业在制粒之前已对饲料进行了蒸气加热处理，但也有一些企业并不采用蒸气加热处理，即冷制粒，仅是依靠制粒机的压力使饲料挤出环模。因此，制粒工艺包括干制粒或湿制粒过程。

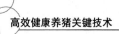

制粒过程对饲料物理和化学特性的改变，是提高猪生产性能的真正原因。制粒过程可降低饲料中的水分和粗纤维含量，增加干物质含量，提高能量消化率，并且改善氨基酸和磷的利用率。干制粒处理的饲料中有机物的消化率和饲料转化率较高。

第三节　全价营养饲料配方的设计

一、全价营养饲料配方的设计原则

（一）必须以猪的饲养标准中的各项营养指标规定为基础

饲养标准是通过实验总结出来而制定的，标准规定的各项指标需要量可作为配合日粮的基础。

（二）必须适应猪的消化生理特点

不同年龄的肥育猪其消化器官的发育有所不同，特别是单胃动物，对粗纤维消化力很低，应选择粗纤维含量低的饲料。幼猪代谢旺盛，消化器官又不发达，所以需要更精一点的饲料和添加酶来促进消化。

（三）必须考虑日粮体积和猪的食量

一般每 100 千克体重，每日需干物质 2.5 ～ 4 千克，所以配合日粮应注意干物质含量。

（四）注意日粮适口性

饲料的适口性与猪的采食量有直接关系。日粮适口性好，可增进猪的食欲，提高采食量；相反，日粮适口性不好，猪食欲不振，采食量减少，不利于生长，达不到应有的增重效果。因此，对一些适口性较差的饲料加入调味剂，可使适口性得到改善。同时，不要使用发霉变质、有毒、有异味的饲料原料。

（五）注意日龄的经济性

饲料原料成本在饲料企业和畜牧业生产中均占有很大的比重，一般在保证高质量的同时，常会付出成本上的代价。所以应注意与实际相结合确定营养参数；因地制宜和因时制宜选用当地廉价的饲料原料；合理安排饲料工艺流程，节省劳动力；不断提高日粮产品的设计质量，降低成本；设计配方时需要明确产品的定位；注意同类竞争产品的特点。

（六）注意日粮的多样性

日粮的多样性即饲料的多样搭配，包括青、粗、精饲料的合理搭配，碳水化合物、蛋白质、矿物质和维生素饲料的合理搭配，以及同类饲料的多种搭配 3 个方面。总之，饲料中所含原料的品种越多，搭配得越合理，喂猪的效果越好。

（七）注意精、粗饲料合理比例

小猪的粗纤维含量不超过 7%，中、大猪不大于 12%。

（八）注意日粮中能量和粗蛋白质的含量

肥育猪日粮中每千克应含能量 2.8 ～ 3.00 兆卡（1 卡 ≈ 4.18 焦），粗蛋白质为 12% ～ 16%。三元杂交猪则应该为 3.10 兆卡 / 千克左右，粗蛋白质应该为 14% ～ 18%，都是幼猪取大值，大猪取小值。

二、全价营养饲料配方设计中应注意的问题

配方设计是饲料生产的核心技术，也是动物营养学与饲养有机结合的结晶与媒介。饲料配方的设计水平不仅关系到企业的效益和形象，甚至关系到一个地区乃至整个国家饲料资源的合理利用与畜牧业生产的可持续发展。设计科学合理的饲料配方，不仅需要在微观、谨慎考虑养殖动物的营养需要、安全卫生，而且从宏观上还要考虑该地区乃至国家整体的饲料资源耗竭与不可逆转性的预防等生态效益问题。因此，只有把饲料配方的目标放在经济效益、社会效益与生态效益的结合点上，充分考虑品种、性别、日龄、体重、饲喂条件、饲喂方式等影响饲粮配制效果的因素，才能设计出具有合理利用同种饲料资源、提高产品质量、降低饲养成本的高质量饲料配方。

（一）注意灵活应用饲养标准，科学确定饲料配方的营养标准

饲养标准是指一定品种的健康畜禽在适宜的条件下，达到最优生产性能时，营养的最低需要量。它是对一定时期动物营养科研成果和畜牧业发展水平的总结，是配方设计的主要依据。但由于试验畜禽的品种、供试饲料品质、试验环境条件等因素的制约，导致饲养标准存在着明显的时间滞后性、静态性、地区性和最佳生产性能而非最佳经济效益的不足，加之由于各国和各地的饲养环境、条件、动物的品种、生产水平的差异，决定着饲养标准也只能是相对合理。如 1987 年我国瘦肉型猪营养标准规定仔猪赖氨酸 / 消化能的比 0.5，1998 年美国 NRC 为 0.81。以赖氨酸为 100%，中国和美国标准分别为：蛋氨酸＋胱氨酸 65%、57%，苏氨酸 98%、65%，色氨酸 25%、18%，两个标准相差很大。同时，配方中营养指标的质量要求也在不断更新，如蛋白质指标从粗蛋白质含量演变为可消化蛋白质、氨基酸、可利用氨基酸等深层次的内在质量。在矿物质微量元素方面，不仅要满足安全用量，还要充分调配不同元素之间的拮抗规律；对一些含有有毒有害物质或抗营养因子的原料，还必须考虑其加工工艺对营养物质的破坏、毒素的残留等因素。因此，在饲料配方设计时不能生搬硬套饲养标准，要在国家标准允许的范围内，根据不同的饲喂对象，以动物实验的结果为依据，从

以下四个方面灵活应用饲养标准。

1. 不同的品种（基因型）选用不同的营养水平

猪的遗传基础，饲粮的养分含量和各养分之间的比例关系以及猪与饲粮因素的互作效应，都会对饲粮营养物质的利用产生影响。脂肪型、瘦肉型与兼用型猪之间对饲粮的干物质、能量和蛋白质消化率方面存在的显著差异已是不争的事实。一般认为，在相同的条件下，瘦肉型猪较肉脂型猪需要更多的蛋白质，三元杂交瘦肉型比二元杂交瘦肉型猪又需要更多的蛋白质。因此，配制猪的饲粮时，不仅要根据不同经济类型猪的饲养标准和所提供的饲料养分，而且要根据不同品种特有的生物特点、生产方向及生产性能，并参考形成该品种所提供的营养条件的历史，综合考虑不同品种的特性和饲粮原料的组成情况，对猪体和饲粮之间营养物质转化的数量关系，以及可能发生的变化作出估计后，科学地设计配方中养分的含量，使饲料所含养分得以更加充分利用。

2. 不同生产阶段选用不同的营养水平

猪在不同的生理阶段，对养分的需要量各有差异。虽然猪的饲养标准中已规定出各种猪的营养需要量，是配方设计的依据，但在配方设计时，既要在充分考虑到不同生理阶段的特殊养分需要，进行科学的阶段性配方，又一定要注意配合后饲料的适口性、体积和消化率等因素，以达到既提高饲料的利用率，又充分发挥猪的生产性能的效果。如早期断奶仔猪具有代谢旺盛、生长发育迅速、饲料利用率高的生理特点，但也处于消化器官容积小、消化机能不健全等特点，在配方设计时，既要考虑其营养需要，又要注意饲料的消化率、适口性、体积等因素。

3. 不同性别采用不同的营养水平

据美国 NRC-41 猪营养委员会进行的一项包括九个试验站的综合研究阉公猪和小母猪的蛋白质需要量的结果表明，日粮中蛋白质含量从 13% 提高到 16%，并不影响公猪增重和饲料利用率，胴体成分也未变化；而小母猪日粮中蛋白质含量从 13% 提高到 16%，增重和饲料利用率都有所提高，眼肌面积和瘦肉率呈线性下降。他们得出结论认为，当饲料中蛋白质含量最小为 16%，小母猪的各期生产性能达到最佳水平，而阉公猪日粮中蛋白质含量为 13%～14% 时，即可达最佳水平。

4. 不同的季节选用不同的营养水平

据报道，高温可以引起摄食中枢兴奋性降低，从而致使猪采食量下降，气温每升高 1℃，猪采食量下降约 40 克，若环境温度超出最佳温度 5～10℃，则每天采食量将下降 200～400 克。由于采食量的减少，导致营养不良，改变生化作用，使酶的活性和代谢过程发生紊乱，而影响了生产性能的表现。为此，不同的季节，应配制营养浓度不同的日粮，以满足其生理需要。对于炎热的夏季，为保证猪的营养需要，应注意调整饲料配方，增加营养浓度，特别是提高日粮中油脂、氨基酸、维生素和微量元素的含量，降低饲料的单位体积，并适当添加氯化钾、小苏打等电解质，以保证养分的供给，减缓其生产性能的下降。

（二）注意饲料原料的质量和可利用性

饲料产品质量的优劣，除决定于配制技术外，还决定于饲料原料的质量。为此，要设计配制高质量的饲料配方。在选用饲料原料时要注意下列问题。

1. 原料的营养含量

我国幅员辽阔，地形复杂，土壤类型繁多，气候差异较大，即使是同一种饲料，由于产地、品种、加工方法和质量等级不同，其营养成分含量也有差异。如同是玉米，产地、品种、等级不同，它们中的粗蛋白、粗纤维、粗脂肪的含量也千差万别。要选用效价高、稳定性好、剂型符合配合饲料生产要求的产品使用，因此，配方设计时一定注意原料养分含量的取值，尽量让原料的营养含量取值相对合理或接近，使配制的饲料达到既能充分满足猪的生理需要，又能生产出符合产品质量标准，同时也不浪费饲料原料的要求。

2. 饲料原料的消化率与体积

由于饲料原料种类、来源、加工方法等属性不同，总营养成分中能被动物消化利用的程度差异较大。同时，日粮的体积也要合适，过大不仅使消化道负担加重，影响饲料的消化吸收，而且由于体积过大，导致猪食后的营养不足，影响生长发育。尤其是在选用低成本的原料进行营养替代时，更要注意不同营养物质的适宜比例与消化率等因素，不能只顾营养物质含量的平衡而进行替代，而忽视了替代物的体积与消化率。因此，选用原料设计配方时，要注意饲料的消化率和体积，做到配方营养平衡、消化率高和体积又适中，以使所配饲料能达到预期效果。

3. 原料的适口性

猪采食量的多少，主要受猪的体重、性别和健康状态、环境温度、饲料品质与养分浓度等因素的影响。而对于健康猪群，饲料的适口性则是决定猪采食量多少的主因。因此，在考虑饲料的营养价值、消化率、价格因素的基础上，要尽量选用适口性好的饲料原料，以保证所配饲料能使猪足量采食。

4. 原料营养成分之间适宜配比

营养物质之间的相互关系，可以归纳为协同作用和拮抗作用两个方面。具有协同作用就能使饲料营养的利用率提高，改善饲料报酬，降低饲养成本。不合理的配比或具有拮抗作用，就会降低使用效果，甚至产生副作用。有条件的企业最好能进行试验研究或根据积累的饲养经验修订配方设计标准。

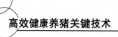

5. 饲料原料的可利用性

配方设计应从经济、实用的原则出发，尽可能考虑利用当地便于采购的饲料原料，找出最佳替代原料，实现有限资源的最佳分配和多种物质的互补作用。

（三）注意正确限制配方中养分的最低限量与最小超量

按照饲养标准中规定的猪营养需要量平均值的最低需要量设计配方，由于原料的质量差异和加工方面的因素，产品中的某些养分指标不一定能够满足猪的实际需要量和配合饲料质量标准中规定的营养指标最低保证值，必须超量添加一部分来满足猪的实际营养需要和饲料质量标准中规定的要求，这个超量称为最小超量。它是根据原料的质量情况和加工因素，是产品营养指标的实测值与饲料质量标准中营养指标的最低保证值之差。因此，正确限制配方中养分的最低含量和最小超量，是有效控制和降低配方成本的有效措施，也是保证饲料产品合格的重要措施。

（四）注意饲料的安全性和合法性

饲料是动物的粮食，也是人类的间接食品，同时还是影响生态环境的重要因素。因而饲料安全问题不仅会产生经济问题，也会引发严肃的政治问题，是影响一个地区和国家经济发展、人民健康和社会稳定的大事。因此，配方设计必须遵循国家的《中华人民共和国产品质量法》《饲料和饲料添加剂管理条例》《兽药管理条例》《饲料标签（GB 10648—2013）》《饲料卫生标准（GB 13078—2017）》《饲料药物添加剂使用规范》《禁止在饲料和动物饮水中使用的药物品种目录》等有关饲料生产的法律法规，决不违禁违规使用药物添加剂，不超量使用微量元素和有毒有害原料，正确使用允许使用的饲料原料和添加剂，确保饲料产品的安全性和合法性。

三、猪饲料的配合方法

现举例说明猪饲料的配合方法。

（一）一般方法

1. 方块法

方块法又称对角线法、交叉法或四角法，此法简单易行，适用于饲料原料品种少、营养指标单一的配方计算。

例如：运用含粗蛋白质 8.2% 的能量混合料（玉米 50%，甘薯干粉 25%，米糠 25%）与含粗蛋白质 33% 的浓缩饲料，给体重 120 千克的哺乳母猪设计满足粗蛋白质需要的饲料配方。

第一步：查猪的饲养标准，体重 120 千克的哺乳母猪饲料中要求粗蛋白质含量为 14%。

第二步：画一方块，在左边的上下两角，分别列出能量饲料与浓缩饲料的粗蛋白质含量（%）8.2、14、33。

第三步：按对角线计算，将左侧两角与中心的数字差值的绝对值，分别列于右侧两角，此即为能量饲料与浓缩饲料的份数，即：33－14＝19，8.2－14＝5.8。

第四步：将上述相对份数，换算成百分比，能量饲料：19÷（19+5.8）＝0.766196 ≈ 76.6%，浓缩饲料＝5.8÷（19+5.8）＝0.2339 ≈ 23.4%。

第五步：计算体重120千克哺乳母猪含粗蛋白质14%的饲料配方。玉米：50%×76.6%＝38.3%；甘薯干粉：25%×76.6%＝19.15%；米糠：25%×76.6%＝19.15%。体重120千克哺乳母猪饲料配方为：玉米38.3%，甘薯干粉19.15%，米糠19.15%，浓缩饲料23.4%。配合饲料中含粗蛋白质14%。

2．试差法

某养猪户现有玉米粉、麦麸、木薯粉、统糠、鱼粉、花生饼、骨粉、钙粉、食盐等，拟配合一个60～70千克二元杂交肥育猪日粮。

第一步：查表60～90千克二元杂交肥育猪的饲料标准为消化能2 900千卡/千克，粗蛋白质为13.6%、钙0.4%、磷0.35%、食盐0.5%、粗纤维8%（三元杂交猪要求更高）。

第二步：从饲料营养成分（表2-1）中查出各营养成分。

表2-1　现有饲料原料中的营养成分

饲料	数量（千克）	消化能（千卡）	粗蛋白（%）	粗纤维（%）	钙（%）	磷（%）
玉米粉	1				0.04	0.21
木薯粉	1	3 500	8.5	2.00	0.07	0.05
麦麸	1	3 440	3.7	2.40	0.22	1.05
统糠	1	2 627	13.7	6.8	0.12	0.44
花生饼	1	1 040	5.8	30.9	0.32	0.59
鱼粉	1	3 412	43.8	5.8	3.91	2.9
骨粉	1	3 310	65.0	0	48.79	4.06
石粉	1				37.0	0.02

第三步：按能量或饲料比例分配营养进行初步搭配，一般分配营养原则，其中能量料占50%～60%，蛋白质料占15%～30%，糠麸类占15%～25%，这是经验，这个经验一定要牢记，进行试配是大有好处的。当然，试配首先考虑的先是粗蛋白质含量和能量的含量，其他以后再考虑。试配日粮见表2-2。

表 2-2　按配方比例进行试配

饲料	配方比例（%）	消化能（千卡）	粗蛋白质（%）	钙（%）	磷（%）
玉米	45	3 500×45%=1575	8.5×45%=3.82	0.04×45%=0.018	0.21×45%=0.094 5
木薯粉	10	3 440×10%=344	3.7×10%=0.37	0.07×10%=0.007	0.05×10%=0.000 5
花生饼	10	3 412×10%=341	43.8×10%=4.38	0.32×10%=0.032	0.59×10%=0.059
统糠	20	1 014×20%=208	5.8×20%=1.16	0.12×20%=0.024	0.44×20%=0.088
麦麸	10	2 627×10%=263	13.7×10%=1.37	0.22×10%=0.022	1.05×10%=0.105
鱼粉	5	3 310×5%=166	65×5%=3.25	3.91×5%=0.196	2.9×5%=0.145
合计	100	2 897	14.34%	0.299	0.492

　　另外算得试配日粮的粗纤维为：8.4%，赖氨酸含量：0.55%。

　　第四步：试配日粮成分与标准进行比较，见表 2-3。

表 2-3　试配日粮成分与标准比较

	消化能（千卡）	粗蛋白质（%）	钙（%）	磷（%）	粗纤维（%）	赖氨酸（%）	食盐（%）
标准	2 900	13.6	0.44	0.35	8	0.59	0.5
试配日粮	2 897	14.34	0.299	0.492（有效磷只有0.325%）	8.4	0.55	未加
+－	－3	＋0.74	－0.141	＋0.142	＋0.40	－0.04	－0.5

　　通过比较发现试配日粮消化能少 3 千卡，粗蛋白质多 0.74%，均不超过 5% 范围，一般不需要进一步调整。但是钙少 0.141%，磷多 0.142%，钙磷比例极不合理，所以，需要补充一些钙制剂。同时，由于磷含量在上述饲料原料中的植物原料中有一半以上是以植酸态磷形式存在，不能被动物消化吸收，所以，实际上只能算一半（这是个估计原则，即植物饲料中的磷含量一般只能算一半），所以，除去鱼粉中的磷含量可以吸收（为 0.145%），其他的 0.347% 只能算一半为 0.18%，加起来有效磷只有 0.325%。

　　补充钙可以使用磷酸氢钙 0.8% 左右，即可以满足钙和磷的需要和比例合理等要求。一般如果是无鱼粉配方，一般需要添加磷酸氢钙 1%～1.2%。

　　另外，赖氨酸的缺少超过了 5%，所以，最好补充赖氨酸 0.05% 左右。

　　食盐则考虑到原料中已含有部分钠和氯，所以，只需要添加 0.35% 左右。

　　另外，再补充维生素和微量元素预混料，这里建议使用金赛维和百日出栏。

　　所以，最后的配方是：玉米粉 43%、麦麸 10%、木薯粉 10%、统糠 20%、鱼粉 5%、花生饼 10%、磷酸氢钙粉 0.8%、食盐 0.35%、复合维生素适量，百日出栏适量，后两者按说明书用量使用。

确定日粮喂量的方法。

① 每天喂量（千克）＝ 每天每头采食能量总量（兆卡）/ 每千克混合料含能量（兆卡）。

② 按猪的体重计算喂量 ＝ 实际体重 × 系数，系数为小猪 0.06 ～ 0.07，中猪 0.04 ～ 0.05，大猪 0.03 ～ 0.04，这套系数也要牢记住，即猪的采食量系数（表2-4）。

表 2-4　按猪的体重计算喂料量

体重（千克）	系数	喂量（千克）
15 ～ 20	0.07	1.05 ～ 1.40
21 ～ 30	0.06	1.26 ～ 1.80
31 ～ 45	0.05	1.55 ～ 2.25
46 ～ 60	0.04	1.84 ～ 2.40
61 ～ 75	0.035	2.14 ～ 2.63
76 ～ 100	0.03	2.28 ～ 3.0

（二）以一个标准猪饲料配方为参照配方的设计方法

以一个最为常用的标准的猪饲料配方作为参照物，再应用于使用其他饲料原料时的设计方案，即用其他饲料原料来考虑替代标准配方中的某些原料的方法。

标准猪饲料配方以最常用的玉米－豆粕－鱼粉－糠麸型日粮配方为准，如下。

小猪（10 ～ 20 千克）配方：玉米粉 57%、豆粕 20%、鱼粉 5%、米糠或麦麸 15%、磷酸氢钙 1%、贝壳粉 0.5%、食盐 0.35%、预混料（含微量元素、维生素、非营养性添加剂等）1%。此配方粗蛋白质 18.4%，消化能 3 230 千卡 / 千克，粗纤维 3.5%，钙 0.73%、磷 0.682%，赖氨酸 0.92%，各项指标均满足小猪的日粮营养需要，而且并不偏太高，是比较标准的小猪饲料营养配方。

中猪（20 ～ 60 千克）配方：玉米粉 62%、豆粕 20%、米糠或麦麸 15%、磷酸氢钙 1.2%、贝壳粉 0.8%、食盐 0.35%、预混料（含微量元素、维生素、非营养性添加剂等）1%。此配方粗蛋白质 16%，消化能 3 180 千卡 / 千克，粗纤维 3.8%，钙 0.656%、磷 0.577%，赖氨酸 0.74%，各项指标均能满足中猪的日粮营养需要，而且并不偏太高，是比较标准的中猪饲料营养配方。但由于去掉了鱼粉后，赖氨酸含量下降比较多，比饲养标准要求的 0.75% 少了 0.01%，但相关不大，可以忽略。

　　大猪（60～90千克及以上）配方：玉米粉70%、豆粕15%、米糠或麦麸12%、磷酸氢钙1.0%、贝壳粉0.8%、食盐0.35%、预混料（含微量元素、维生素、非营养性添加剂等）1%。此配方粗蛋白质14%，消化能3 240千卡/千克，粗纤维3.7%，钙0.60%、磷0.535%，赖氨酸0.65%，各项指标均能满足大猪的日粮营养需要，而且并不偏太高，是比较标准的大猪饲料营养配方。但赖氨酸与饲养标准的0.63%只多0.02%。

　　以上是标准经典配方，如果自有的饲料原料不是上述原料，可以进行对比参照，加减和补充添加剂的方法来调整设计，需要注意以下几点。

　　① 上述标准配方中，大猪配方的赖氨酸已到了饲养标准的边缘，如果用赖氨酸含量更低的原料来代替上述配方中的原料，则需要补充赖氨酸，如使用30%的发酵豆渣来代替上述配方中15%的豆粕和15%的玉米粉，则由于豆渣中的赖氨酸只有1.6%，比豆粕中的2.5%少了1.9%，比玉米粉中的0.3%又多了1.3%，最后算出赖氨酸少了0.18%，所以，需要补充赖氨酸0.15。而对于上述小猪标准配方来说，由于上面的配方中的赖氨酸已经比饲养标准多了0.14%，则不存在这个问题。

　　② 发酵饲料中添加了磷酸氢钙的，则在使用这种发酵饲料时，需要在上述标准配方中减少相应的磷酸氢钙用量。

　　③ 特别注意玉米粉中的钙含量为0.03%左右，基本上可以忽略，磷为0.25%，赖氨酸含量为0.25%左右，消化能为3 450千卡/千克，粗蛋白8.5%。因为玉米粉在配方中用量最大，所以，在以上面配方为参照时，要心中牢记玉米粉的这几个参数。

　　④ 上述配方中的能量都比较高，较饲养标准高许多，特别是大猪配方高了140千卡/千克，所以，可以适当用一些低能量的饲料代替一部分玉米粉，如上面举例的发酵豆渣代替了15%玉米粉，仍然符合饲养标准。

　　⑤ 如果您自己的原料实在营养价值太低，也不要紧，只要记住能量蛋白比就可以，能量蛋白比的概念是每千克饲料中含有的消化能（千卡）与每千克饲料中蛋白质克数的比值，如小猪饲料标准中要求的消化能是3 310千卡/千克，要求的日粮蛋白质含量为190克/千克（19%），所以，能量蛋白比要求为17.4，取18整数。相应地，中猪能量蛋白比应为19，大猪能量蛋白比为22，越大的猪由于基础代谢旺盛，体重增多，长肥肉比例增加，所以，需要的能量越多，能量蛋白比越高。举例说明，您的饲料原料为木薯渣和统糠粉混合物，配制中猪饲料，只能配制到能量2 500千卡/千克，则相应地蛋白质含量也配制到2 500÷19=132克/千克就可以，即13.2%，不必像饲养标准那样达到16%。猪在采食时会根据能量需要适当增加采食量，以满足日粮营养需要。反之，如果饲

料达到了饲养标准那么高的能量（中猪是 3 100 千卡 / 千克），则蛋白质含量也要达到 16%，猪也不会采食那么多了。公式：饲料能量蛋白比 = 饲料消化能（千卡或千卡 / 千克）÷ 蛋白质含量（克 / 千克），注意蛋白含量单位不是（%），而是（克 / 千克）。

⑥ 有时，尽管能量蛋白比符合要求，但营养也不能太低。举例说明，如果自己的饲料原料大多为秸秆发酵料，用量用到 30% 以上，则可能消化能只有 2 000 千卡，尽管能量蛋白比合理，中猪的蛋白质也配制到了 2000÷19=105 克 / 千克（10% 含量），但根据猪的采食量要求，采食量 = 猪每日需要摄入的消化能总值 ÷ 饲料中的能量含量，从饲养标准中查得 40 千克的中猪每日需要摄入能量为 5 610 千卡，则需要采食这种饲料为 2.85 千克，但是 40 千克的中猪是很难吃下近 3 千克饲料的，肚子撑很大，但影响消化，体形形成草腹。所以，饲料中最低能量值应不小于 2 500 千卡 / 千克。

上述标准配方中，还可以采用菜粕、棉粕、花生饼、芝麻饼、豆渣发酵料及其他蛋白质原料来代替其中的部分豆粕，还可以采用薯干粉、大小麦粉、高粱粉、啤酒糟发酵料、木薯渣发酵料等其他能量饲料来代替部分其中的玉米粉，麦麸米糠等能量饲料等，注意根据不同原料的特点，进行赖氨酸、钙磷含量和比例、能量蛋白比等的调整。

四、生猪饲料配方技术的最新进展

生猪饲料配方技术所取得的最新进展付诸生产实践，将能够在不影响饲料质量或生长性能的情况下，大幅降低饲料成本。

养猪业正在经历一个长期的困难时期。饲料价格昂贵，难以获得银行信贷，涉及的法规条款不断增多，需要不断投资新设备和管理设施。艰难时期需要非比寻常的严格措施，现在是对每个猪场的营养方案重新进行精确评估以节约成本的最佳时机。

这意味着要对猪饲料配方的原则重新加以考量。仅有一个计算机配方程序和程序操作员是不够的。对于这些非常关键的因素，应对比正确选择的参数值，以确保制定出真正的最低成本配方。而且，这些参数的确定还需要依靠经验丰富的营养学专业人员。

（一）最佳的能量管理体系

在世界大多数地区，猪饲料的配方是采用代谢能（ME）系统。但是，例如在英国消化能系统仍然受到青睐，而在丹麦采用的则是经验性的本地饲料单位系统。这些都是很完美的能量管理体系，问题在于，一旦饲料配方离开常见的谷物（玉米）以及众所周知的植物蛋白源（大豆），就可能产生严重影响。原因是这些系统没有正确评估富含纤维或蛋白质的副产品。这个问题已经通过净能（NE）系统解决了，并且净能系统也已为行业广泛了解，只是实际应用的仍然很少（表2-5）。

表 2-5　常用饲料原料的能值

饲料原料	代谢能（兆焦 / 千克）	净能（千焦 / 千克）	代谢能 / 净能（％）
玉米	13.9	11.1	125
小麦	13.4	10.5	128
豌豆	13.2	9.7	136
菜籽粕	10.6	6.3	168
麦麸	8.8	6.3	140

来源：法国农业科学研究院（INRA）

让我们来看看表2-5中的数据。很明显，对于玉米和小麦这样的常规原料，将其ME转化为NE时，数值之间差异不大，因此基于这些原料制定饲料配方时，不管采用哪种系统，差异都是很小的。然而，当使用非常规原料时，差异就会非常显著。油菜籽是最明显的例子，就能量而言它还不如麦麸。NE系统的另一个优点是对于生长猪和育种猪（母猪和公猪）可以分别采用不同能量值。ME系统忽略了大肠中发酵产生的能量，如果饲料原料确定用于育种动物，NE系统能够确定更加准确的NE（净能）值。换句话说，基于NE系统制定的母猪饲料配方更经济。

（二）最经济的蛋白源

蛋白质，也就是氨基酸，是猪饲料中成本第二高的营养成分，仅次于能量。因此，在制定最低成本饲料配方时，用正确的形式描述其在饲料中的存在至关重要。如果采用氨基酸总量的方式，那就需要一个粗蛋白浓度的最小值以确保饲料中含有足够的氨基酸总量。然而，采用可消化氨基酸（强烈推荐标准化的真实消化率），即不再需要保证最低蛋白值，因为配方已经覆盖了所有必须氨基酸。这样就可以在最低成本的基础上进行饲料配制，有效利用更廉价的蛋白源，更多使用合成氨基酸。

这里要强调的是，公开发表的数据中有各种可消化氨基酸的参考值，其中一些是推导值，而另一些则是基于科学实验。应注意选择正确的数据图表来应用，一个方向性的轻微偏差就有可能抵消这一措施所产生的效益。

（三）乳糖替代品

乳糖在仔猪料中非常重要，但也并非不可或缺。可以使用其他具有同等效用的单糖替代乳糖。因此必须使用术语"乳糖等价物"。含有单糖的原料现在可以满足乳糖等价物的需求，并且成本往往还能降低。这些原料包括蔗糖（食糖）、果糖、高果糖玉米糖浆、葡萄糖和麦芽糖糊精。谷物经处理有可能也可以部分满足这一需要，这有待进一步研究。

（四）可消化磷 > 总磷

这是第三种最昂贵的营养成分。用总磷来描述饲料中的磷浓度非常不准确，容易导致添加过量。

例如，猪只仅能利用谷物中总磷的 1/3，却能够利用动物蛋白中高达 2/3 的总磷。相对标准来源（磷酸钠）来说，用有效磷来描述某原料的含磷量更准确，这一术语在家禽营养学上的应用已经非常广泛。不过，这一概念已经被更为精确的可消化磷超越了，原因无须进一步解释。对于养殖动物所能够获得的磷的量值，可消化磷提供了清晰的描述。当然，我们可以将概念更进一步升级为代谢净磷，但对于当前的行业尚没有这个必要。

（五）维生素和微量矿物质

微小的变化即能大幅降低饲料成本，这是营养学的重要研究课题。在这一点上，重要的不是营养成分的描述形式，而是其实际浓度，换言之，猪只需要多少单位的维生素。而当使用有机微量矿物质时，因其利用率更高，可以降低总体饲料的配方水平。

不同来源维生素的利用率差异是很大的，在制订预混料配方时应将这点考虑在内。例如，猪是完全不能吸收氧化铜的，但是在低成本的维生素和微量元素预混料中可能仍然含有氧化铜，因为它是铜的最便宜的来源。自然，实际生产中猪只并不常缺乏铜元素，因为天然原料（玉米、小麦、豆粕等）中的铜含量通常都很充足，甚至经常超出要求，但是如果采用非常规原料，情况就可能不同了。

（六）待开发的纤维素

纤维素在大多数的饲料配方中都是不受欢迎的，因为它降低了能量浓度和饲料消化率。然而，某些纤维素具有改善动物胃肠道健康的有益功能。对于如何准确描述饲料中的纤维素，目前还没有一致的结论。因此，在实际生产中，粗纤维仍然是评估猪饲料原料的基础。

还存在其他复杂的形式，但是许多猪饲料原料的价值还有待确定。最重要的是，纤维素在猪饲料配方中的配比规格（最大值和最小值），除了粗纤维之外，目前还难以找到可靠的参考值。考虑到实际生产情况，这意味着粗纤维仍是当下最好的选择。涉及功能性纤维素，目前可靠信息还很匮乏。

（七）营养标准

对于以上营养成分，通常是依据政府机构制定的标准来设定目标值。尽管这些范例提供了一个很好的基准点，但仍需根据猪只的实际情况进行必要调整。因

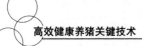

为这些在通常情况下所得出的图表数值，并不是任何情况都适用。制定最终饲料配方时，应将猪只的实际生产性能作为首要考虑因素。这样可以确保最低的饲料成本和最佳的动物生产性能。

这一目标可以通过以下方式来实现，包括：试错试验、营养挑战试验，或应用生长猪模型。价格便宜的饲料并不一定意味着品质低劣。因此，在制定猪饲料配方时应使用正确的工具（参数和数值），在保证动物生产性能的同时降低饲料成本。饲料生产商应通过营养学专业人员了解最新、最先进的配方决策技术，在当前饲料成本占总生产成本 60% ～ 80% 的现实情况下，配方技术的微小突破就可能带来显著效益。

第四节　猪饲料的正确选择

一、配合饲料的种类

按照营养成分和用途不同，饲料可分为单一饲料、混合饲料、配合饲料、浓缩饲料和预混合饲料。如果按饲料形状分，可分为粉状饲料和颗粒饲料。

（一）全价配合饲料

该饲料能满足动物所需的全部营养，主要包括蛋白质、能量、矿物质、微量元素、维生素等物质。其产品可直接饲喂动物，无须再添加其他单体饲料。目前集约化饲养的蛋鸡、肉鸡、猪等畜禽及鱼、虾、鳗等水产动物，均是直接饲喂全价饲料。

（二）浓缩饲料

浓缩饲料又称蛋白质补充饲料，是由蛋白质饲料（鱼粉、豆粕、血粉等）、矿物质饲料（骨粉、石粉等）及添加剂预混料配制而成的配合饲料半成品。这种浓缩饲料再掺入一定比例的能量饲料（玉米、高粱、大麦等）就成为满足动物营养需要的全价饲料。

（三）添加剂预混饲料

添加剂预混饲料是指用一种或多种微量的添加剂原料，与载体及稀释剂一起搅拌均匀的混合物。预混饲料便于使微量的原料均匀分散在大量的配合饲料中。添加剂预混料是配合饲料的半成品，可供配合饲料厂生产全价配合饲料或蛋白质补充饲料用，也可以单独出售，但不能直接饲喂动物。

（四）超浓缩饲料

超浓缩饲料又称精料，是介于浓缩饲料与添加剂预混合料之间的一种饲料类型。其基本成分及组成是添加剂预混料，在此基础上又补充一些高蛋白饲料及具有特殊功能的一些饲料作为补充和稀释，一般在配合饲料中添加量为5%～10%。

（五）混合饲料

混合饲料又称初级配合饲料，是向全价配合饲料过渡的一种饲料类型。混合饲料是由几种单一饲料经过简单加工粉碎，混合在一起的饲料。其配比只考虑能量、蛋白质等几项主要营养指标，产品质量较差，营养不完善，但比单一饲料有很大改进。

（六）自配饲料和成品饲料

规模化猪场自配饲料是一种切实可行的办法。但在配制时，要充分考虑各种营养以及营养的平衡。规模化猪场饲养的外三元杂交猪是公认的瘦肉型猪，其日粮的粗纤维水平不可过高，一般生长育肥猪为3%～4%，能量饲料主要以玉米、麦麸，蛋白质饲料主要以豆粕、鱼粉等粗纤维含量低的原料配制日粮。不可过多地利用米糠、稻谷等粗纤维含量高的原料。纯外三元杂交猪的瘦肉率一般都在60%以上，瘦肉组织中的蛋白质比例高。要充分发挥瘦肉型猪合成肌肉组织的遗传潜能，在营养上，就必须通过日粮提供足够的粗蛋白质。瘦肉型猪在15～30千克体重阶段日粮蛋白质水平为17.5%，30～60千克体重阶段为16.5%，60千克体重至出栏为15%。日粮蛋白质的营养实际上是氨基酸的营养，在瘦肉型猪日粮中氨基酸的平衡与供给量尤为重要，实际饲料配制往往需在日粮中额外添加赖氨酸0.1%～0.15%，蛋氨酸0.05%～0.08%。

规模化猪场猪群密度高，且离土饲养（通常为水泥地面），缺乏日光照射和青饲料供应，又以高蛋白和高能量营养水平的日粮喂养，加之瘦肉型猪生长速度快，日增重高达0.8千克以上，故日粮中维生素、矿物质及微量元素的浓度需要相应提高。否则，因日粮营养水平的不平衡可导致饲料中某些养分的浪费或相对缺乏。现在众多的规模化猪场已从生产实践中认识到使用浓缩料、预混料的诸多益处。值得指出的是，一些用量甚微，过量即引起中毒的药物，如亚硒酸钠、喹乙醇等，自行配料依靠人工拌入饲料是难以达到均匀的，而饲料生产厂家即可做到这一点。

因此，要根据自身情况决定是自配饲料，还是购买饲料。并着重从是否具备相关设备、如何保证饲料品质等方面考虑。同时，还要考虑饲料成本问题。自己配制可以采用一些适合自身条件的饲料原料，如农副产品，同时部分节省加工费用，可有效降低养殖成本，也是自己配制饲料的优势所在。对于大型的养殖场户来说，根据自己的饲料资源特色，充分发挥自身优势，降低养殖成本，自己配制饲料是切实可行的。而对于小型养殖场户老说，则可以采取两者结合的办法，一

方面利用饲料生产商的规模效应，采用价廉物美的成品全价配合饲料，另一方面则利用自己的农副产品，适当地减少对全价配合饲料的购买，降低成本。

二、全价配合饲料的选择使用

（一）全价配合饲料的使用

中小规模化猪场，饲料成本占 65% 以上，是养殖能否获得高效益的一个关键。现今的养殖场饲料来源主要分为两种：一种是从配合饲料厂直接购买全价配合颗粒饲料，另一种是购买预混料，然后自己加上玉米粉、豆粕、麸皮等原料配制成配合粉料。很多养殖户都有个疑惑，究竟哪一种料能够给自己带来最好的经济效益？

1. 从价值方面分析

一般饲料厂每吨全价颗粒料的利润为 20 ～ 30 元；预混料厂每吨预混料的利润为 800 元左右，按 4% 的用量计算，每吨预混料可配出 25 吨粉料。而 25 吨全价粒料的利润为 500 ～ 750 元。两组数据一对比，粒料成品和利润还比不上粉料的其中一种成分预混料的利润。其次，饲料厂采购大宗原料如玉米、豆粕等都是几百吨、几千吨的量，而一般自配料户的采购量都是几吨、十几吨地进货，价格方面应该比饲料厂要贵。单从配方成本方面分析，全价料比粉料要低。

2. 从质量方面分析

饲料厂每进一种原料都要经过肉眼和化验室的严格化验，要每个指标均合格才能进厂使用，而一般的养猪户大部分都是凭感观或批发商提供的指标去进货，并无准确的化验数据。某公司曾经在市场抽取过几种豆粕样板，经化验室测试结果只有 30% 的蛋白质，未测前就连很有经验的采购员和仓管员都认为豆粕品质很好，结果大跌眼镜，更何况是一般的饲料店老板和普通养殖户？甚至有极少数原料供应商，有意或无意挑选一些超水分或发霉变质的玉米打粉或掺低价值的原料，如麸皮掺石粉、沸石粉、统糠等，而养猪户根本无法分辨。很多养猪户有这样的经历：用同一预混料，猪养得时好时坏，多数人都怀疑预混料不稳定，其实原因很大程度是出在所选的原料上。相反，绝大多数成熟的饲料厂和预混料厂都不会采用此类短期行为。

3. 从加工工艺及过程分析

养猪户自行配料时通常在猪舍旁的料仓进行，设备简陋及卫生条件差，场地及设备都极少清洁消毒，水分难以检测及控制，再加上基本都不添加防霉剂、脱霉剂等，极易引起变质，从而影响粉料质量，而全价料在保质方面比粉料要稳定得多。有些中小猪场的粉碎机、混合机等饲料生产设备比较落后，达不到饲料质量要求，甚至一些养猪户用粉料都有是用手工搅拌，这样相比大型饲料厂的生产设备在粉碎粒度、混合均匀度上要差一些。用自配料的养猪户通常自己随意调整配方，在营养平衡方面肯定比不上专业配方师的水准，再加上原料来源不固定，经常出现缺少某种原料而被迫改用其他原料代替现象，如无麸皮改用米糠等，因此质量经常出现波动。另外全价颗粒料经过高温熟化，一般的细菌都被杀死，对疾病方面的控制应比粉料好，吸收利用率也会比粉料要高；而粉料粉尘较大，易引起猪的呼吸道疾病，未经熟化杀菌又易引起肠道疾病。用粉料的养猪户通常会认为用预混料，再通过自己采购原料，成本肯定要比购买全价料低，从以上几方面分析，其实养殖成本要比全价料高，用自配料可说是平买贵用。

（二）全价配合饲料的选择

目前国内全价配合饲料厂家非常多，在选择厂家时要考虑以下几个方面。

1. 看质量

养殖户在选择哪个品牌的饲料时，首先会考虑其产品质量。配合饲料厂家众多，产品质量也良莠不齐，首先应该考虑规模较大的配合饲料厂，大型配合饲料厂一般生产设备和生产工艺比较先进，产品质量从硬件上能够得到基本的保证。同时，大型饲料厂信誉度高，有着专业品控队伍，对质量要求比较严格，产品品质较好。

2. 看距离

因为全价配合饲料使用量大，因此饲料厂的生产量和销售量也大，这就存在一个生产及时且送货方便的问题，所以应该尽量选择在当地设厂的公司。如果饲料厂离养殖场距离太远，会造成运输成本增加，导致产品价格提高，或者同等价钱的饲料其质量要相对差一些，遇到紧急情况送货可能也不够及时。

3. 比价格和质量

养殖户一般都要求在保证产品质量的同时，价格越低越好，即要求饲料质优价廉，这其实存在一定的隐患，价格要求越低，其质量可能就得不到保证，因此不能过分注重价格，更不能只使用最便宜的饲料，俗话说"一分钱，一分货"，一定要综合判断，在价格和质量上有所取舍。

4. 比服务

现在饲料厂不仅是在卖产品，更是在卖服务，因为在猪的饲养过程中，养殖户会遇到一些饲养技术问题或猪发病现象，因此一定要考虑饲料厂家的售后技术服务。饲料厂的专业技术服务是饲料产品最重要和最实用的一项附加值，好的服务就等于给养殖买了一份保险。选择饲料售后服务好、技术强的厂家，可以让饲料产品发挥最佳效果的同时，还能带来先进的生产理念和养殖技术，提高猪场的养殖技术水平，消除猪场对疾病的担忧，从而降低养殖风险和综合成本。因为饲料厂的销售人员一般对猪的价格都比较关注，他们交往的人员和联系的业务也较

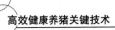

广，与饲料厂人员多沟通，也可以拓宽猪的销售渠道，让猪卖个好价钱，实现猪场效益最大化。

总之，选择哪个饲料厂家，最终看的是总体养殖效益，猪场可以对各个厂家的饲料进行饲养试验，在使用过程中留心观察猪的生长情况和发病情况，通过试验结果进行比较，最终选择性价比最高的厂家。

三、浓缩料的选择和使用

（一）浓缩饲料的选择

目前，我国生产的浓缩饲料品种不少，质量也有差别，有的甚至是不合格的伪劣产品。因此，一定要选购产品质量可靠的厂家生产的浓缩饲料。同时应根据猪的品种、用途、生长阶段等选购相应的产品，不能把其他动物用的浓缩饲料用于猪，也不能把种猪的浓缩饲料用于生长育肥猪。

根据国家对饲料产品质量监督管理的要求，凡质量可靠的合格浓缩饲料，必须要有产品标签、说明书、合格证和注册商标。只有掌握这些基本知识，才不会上当受骗。此外，一次购买的数量不宜过多，以保证其新鲜度和适口性。

（二）浓缩饲料不能直接饲喂

浓缩饲料是由蛋白质饲料、矿物质饲料、微量元素、维生素、氨基酸和非营养性添加剂按一定比例配制而成的均匀混合物，再与一定比例的能量饲料配合，即成为营养基本平衡的配合饲料。猪用浓缩饲料，一般粗蛋白质含量在35%以上，矿物质和维生素含量也高于猪需要量的3倍以上。因此不能直接饲喂，而必须按一定比例与能量饲料相互配合后才可饲喂。配合时不需要再添加任何添加剂，饲喂时要与粉碎后的能量饲料混合均匀，采用生干粉或用冷水拌湿饲喂，并供足清洁的饮水。

（三）浓缩饲料与饲料原料配比计算方法

浓缩饲料与养猪户自产的饲料原料的配合比例一定要合理，才能达到营养平衡。通常在浓缩饲料产品说明书中，也推荐有与常用饲料原料配合的比例，可以参照使用。但往往所推荐的常用饲料原料与养殖户自产饲料原料不相符，这就需要自己能够计算配合比例。通常都采用简单且易掌握的对角线法。现以 20～60 千克体重的生长育肥猪为例，说明这种计算方法。

例如：养殖户已购入含粗蛋白质 38% 的猪用浓缩饲料，并有自产的玉米、小麦麸、糠饼 3 种饲料原料，这 3 种饲料原料配合比例计算方法和步骤是：第一步，确定配合饲料营养水平，生长肥猪营养需要为，消化能 12.9 兆焦 / 千克饲料，粗蛋白质 15%；第二步，列出自有饲料原料营养成分含量；第三步，根据当地饲料原料和以往经验，初步确定浓缩饲料的大概配比，大约为 20%，然后计算出要配的能量饲料的消化能。

四、预混料的选择和使用

预混料中含有猪生长发育所必需的维生素、微量元素、氨基酸等营养成分及药物等功能性添加剂，规格大多为 1% ～ 5%。养殖户购回后，只需按照推荐配方，选用优质原料，经过粉碎、混合，即成为全价饲料。只要将其合理使用，预混料自配料就可保证饲料质量，同时降低生产成本，取得良好的效果。

（一）营养标准的选择

规模养殖场在使用预混料时，可以根据标签的推荐配方进行配制饲料，但这样配制的饲料配方成本一般较高，因此可以让预混料厂家技术人员根据猪场情况和当地原料来源设计符合本猪场的饲料配方。如果猪场自己有专业配方人员，可以自己制作配方，制作饲料配方的第一步就是选择猪的营养标准。根据所养猪的品种选择相应的营养标准。目前在养猪生产实际中常采用的营养标准有美国 NRC、英国 ARC 猪的营养需要和饲养标准及中国地方品种猪标准等。猪场应该根据所养猪的品种进行选择，也可以根据猪的体况或季节进行细微的调整。

（二）配料过程控制

1. 严把原料质量关

禁止使用发霉变质原料；不要使用水分超标的玉米；严禁使用过期浓缩料或预混料。

2. 原料称量要准确

采用人工称量配料，称量是配料的关键，是执行配方的首要环节。称量的准确与否，对饲料产品的质量起至关重要的作用。要求操作人员一定要有很强的责任心和质量意识，否则人为误差很可能造成严重的质量问题。在称量过程中，第一要求磅秤合格有效。要求每周由技术管理人员对磅秤进行一次校准和保养，每年至少一次由标准计量部门进行检验；第二每次称量必须把磅秤周围打扫干净，称量后将散落在磅秤上的物料全部倒入下料坑中，以保证原料数据准确；第三切忌用估计值来作为投料数量。每种物料因为添加比例不同，其称量精确度要求也不一样，大致要求称量误差在 4% 以内。

3. 原料粉碎粒度要合适

粉碎机是饲料加工过程中减小原料粒度的加工设备。应定期检查粉碎机锤片是否磨损，筛网有无漏洞、漏缝、错位等。粉碎机对产品质量的影响非常明显，它直接影响饲料的最终质地和外观的形状。操作人员应经常注意观察粉碎机的粉碎能力和粉碎机排出的物料粒度。该项技术的关键是将各种饲料原料粉碎至最适合动物利用的粒度，使配合饲料产品能获得最大饲料饲养效率和效益。要达到此

目的，必须深入研究掌握不同动物及动物的不同阶段对不同饲料原料的最佳利用粒度。大料粉碎粒度要合乎要求，例如玉米粉碎时筛片的孔径选择一般为：教槽料0.6毫米、保育料1.5毫米、中小猪料2.0毫米、大猪料2.5毫米、公母猪料4.0毫米等。

4. 原料添加顺序要合理

首先加入量大的原料，量越小的原料应在后面添加，如维生素、矿物质和药物添加剂，这些原料在总的配料过程中用量很小，所以，不能把它们直接添加到空的搅拌机内。如果在空的搅拌机内先添加这些微量成分，它们就可能落到缝隙或搅拌机的死角处，不能与其他原料充分混合。这不仅造成了经济价值较高的微量成分损失，而且使饲料的营养成分不能达到配方的水平，还会对下一批饲料造成污染。所以，量大的原料应首先加入搅拌机中，混合一段时间后再加入微量成分。有的饲料中需要加入油等液体原料，在液体原料添加前，所有的干原料一定要混合均匀。然后再加入液体原料，再次进行混合搅拌。含有液体原料的饲料需要延长搅拌时间，目的是保证液体原料在饲料中均匀分布，并将可能形成的饲料团都搅碎。有时在饲料中需加入潮湿原料，应在最后添加，这是因为加入潮湿原料可能使饲料结块，使混合更不易均匀，从而增加搅拌时间。

5. 混合时间要合适

混合均匀度指搅拌机搅拌饲料能达到的均匀程度，一般用变异系数来表示。饲料的变异系数越小，说明饲料搅拌越均匀；反之，越不均匀。生产成品饲料时，变异系数不大于10%。搅拌时间应以搅拌均匀为限。确定最佳搅拌时间是十分必要的。搅拌时间不够，饲料搅拌不均匀，影响饲料质量；搅拌时间过长，不仅浪费时间和能源，对搅拌均匀度也无益处。卧式搅拌机的搅拌时间为3～7分钟。

6. 防止交叉污染

饲料发生交叉污染的场所主要有：储存过程中的撒漏混杂；运输设备中残留导致不同产品之间的交叉污染；料仓、缓冲斗中的残留导致的交叉污染；加工设备中的残留导致的交叉污染；由有害微生物、昆虫导致的交叉污染等。因此需要采用无残留的运输设备、料仓、加工设备和正确的清理、排序、冲洗等技术和独立的生产线等来满足日益高涨的饲料安全卫生要求。

7. 成品包装要准确

成品包装准确，首先要所用包装袋的包装型号要与饲料相匹配，不要出现错装或混装。其次包装重量要准确，这样方便饲养员的取用，利于饲养员饲喂量的控制。

（三）使用过程中的注意事项

在实际生产使用中，由于养殖户对其认知不够，仍存在着诸多问题，影响了预混料的使用效果，打击了养殖户使用预混料的积极性。

1. 慎重选料

目前预混料的品牌繁多，质量不一，预混料中的药物添加剂的种类和质量也相差甚大，所以选择预混料不能只看价格，更重要的是看质量，要选择信誉度高、加工设备好、技术力量强、产品质量稳定的厂家和品牌。

2. 妥善保管

预混料中维生素、酶制剂等成分在储存不当或储存时间过长时，效价会降低，因此应放在遮光、低温、干燥的地方储藏，且应在保质期内尽快使用。

3. 严格按规定剂量使用

预混料的添加量是预混料厂按猪不同生长发育阶段精心设计配制的，特别是含钙、磷、食盐及动物蛋白在内的大比例预混料，使用时必须按规定的比例添加。有的养殖户将预混料当作调料使用，添加量不足；有的养殖户将预混料当成了万能药，盲目增加添加量；有的将不同厂家的产品混合使用。不按规定量添加，就会造成猪的营养不平衡，不仅增加了饲养成本，还会影响猪的生长发育，甚至出现中毒现象。

4. 合理使用推荐配方

养殖户所购买的预混料，其饲料标签或产品包装袋上都有一个推荐配方，这个配方是一个通用配方，能备齐推荐配方中的各种原料的养殖户，可按推荐配方配料。也可充分利用当地原料优势，请预混料生产厂家的技术人员现场指导，不要自己随意调整配方，否则会使配出的全价饲料营养失衡，影响使用效果。

5. 把握饲料原料的质量

预混料的添加量仅有 $1\% \sim 5\%$，而 $95\% \sim 99\%$ 的大部分成分是饲料原料，因此原料质量至关重要。目前，农村市场饲料原料的质量差异很大。因此，应尽量选择知名度高、信誉好的厂家的原料。

6. 注意原料的粉碎粒度

粒度较大的原料，如玉米、豆粕，使用前必须粉碎，猪饲料粒度为 $500 \sim 600$ 微米为宜，饲喂的饲料混合均匀度变异系数通常不得大于 10%。

7. 正确饲喂

预混料不能单独饲喂，必须按配方混合后方可饲喂，不能用水冲或蒸煮后饲喂。更换料时要循序渐进，一星期左右完成换料，尽量减少换料引起的采食减少、生长下降等应激。

第三章　猪场生物安全体系的建立

第一节　猪场选址与布局规划

一、健康养猪的猪场选址

（一）不同环境因素对养猪生产的影响

1. 光照

（1）仔猪　光照显著影响猪（特别是仔猪）的免疫功能和机体物质代谢。延长光照时间或提高光照强度，提高免疫力，增强仔猪消化机能，促进食欲，提高仔猪增重速度与成活率。

（2）生长肥育猪　光照有一定影响，适当提高光照强度，可增进猪的健康，提高猪的抵抗力；但提高光照强度也增加猪的活动时间，减少休息睡眠时间。

猪性成熟的影响：较长光照时间可促进性腺系统发育，性成熟较早；短光照，特别是持续黑暗，抑制性系统发育，性成熟延迟；光照强度的变化对猪性成熟的影响也十分显著，并且要达到一定的阈值；而在开放猪舍饲养的猪性成熟显著早于封闭舍内饲养的猪。由此推测是因封闭舍光照强度不足的缘故。建议后备猪的光照时间不应少于12小时。

（3）母猪　在配种前及妊娠期延长光照时间，能促进母猪雌二醇及孕酮的分泌，增强卵巢和子宫机能，有利于受胎和胚胎发育，提高受胎率，减少妊娠期胚胎死亡，增加产仔数；光照强度对母猪繁殖性能也有明显影响。

饲养在黑暗和光线不足条件下的母猪，卵巢重量降低，受胎率明显下降；光照时间的变化对母猪的繁殖机能也有着重要影响。

2. 猪舍温度

气温是影响猪健康和生产力的主要因素。它通常与气湿、气流、辐射等共同作用于猪体，产生综合作用。

3. 猪舍中的有害气体

主要指氨、硫化氢、一氧化碳、二氧化碳、粪臭素等。氨浓度高，可导致猪的结膜炎、支气管炎、肺炎、肺水肿；氨还可通过肺泡进入血液，引起呼吸和血管中枢兴奋；氨浓度高时可直接刺激机体组织，使组织溶解、坏死；还能引起中枢神经系统麻痹、中毒性肝病和心肌损伤等。硫化氢易溶解在猪呼吸道黏膜和眼结膜上，并与钠离子结合成硫化钠，对黏膜产生强烈刺激，使黏膜充血、水肿，引起结膜炎、支气管炎、肺炎、肺水肿，表现流泪、角膜混浊、畏光、咳嗽等症状；硫化氢还可通过肺泡进入血液，氧化成硫酸盐等而影响细胞内代谢。

4. 猪舍空气中的灰尘

猪舍内空气中的微粒主要包括尘土、皮屑、饲料、垫草及粪便、粉粒等。

此外，猪舍气流、猪舍空气中的微生物等均会影响养猪健康生产。

（二）猪场选址的原则

① 节约用地，并为进一步发展留有余地。

② 禁止在旅游区、自然保护区、古建保护区、水源保护区、畜禽疫病多发区和环境公害污染严重地区建场。

③ 场址用地应符合当地城镇发展建设规划和土地利用规划要求和相关法规。

④ 场址应选择在城镇居民区常年主导风向的下风向或侧风向，避免气味、废水及粪肥堆置而影响居民区。

⑤ 应尽量靠近饲料供应和商品销售地区，并且交通便利、水电供应可靠。

⑥ 选址还应注意各地小气候特点，趋利避害。

⑦ 无公害畜产品生产基地应避开城市、厂矿、医院、交通要道等污染源。

⑧ 不得在基地及基地水源附近倾倒、堆放、处理固体废弃物和排放工业废水、城镇生活污水、有毒废液、含病原体废水。

⑨ 无公害畜产品产地应当建立在无废气、废水、固体废弃物污染的地点。

⑩ 产地环境必须经具有资质的检测机构检测，灌溉水（畜禽饮用、加工用水）、土壤、大气等符合国家无公害养殖产地环境质量标准，产地周围 3 ～ 10 千米没有污染企业。

（三）猪场选址要求

场址选择应根据猪场的性质、规模和任务，考虑场地的地形、地势、水源、土壤、当地气候等自然条件，同时应考虑饲料及能源供应、交通运输、产品销售，与周围工厂、居民点及其他畜牧场的距离、当地农业生产、猪场粪污处理等社会条件，进行全面调查，综合分析后再做决定。

1. 猪场地形要求

开阔整齐，地势较高、干燥、平坦、背风向阳、有缓坡（但坡度以不大于25° 为宜），有足够面积。猪场生产区面积一般可按繁殖母猪每头 45 ～ 50 米^{2}或上市商品育肥猪每头 3 ～ 4 米^{2}考虑，猪场生活区、行政管理区、隔离区另行考虑，并须留有发展余地。建场土地面积视猪场的任务、性质、规模和场地的

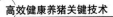

具体情况而定，一般一年出栏万头育肥猪的大型商品猪场，占地面积 30 000 米^2 为宜。

2. 水源要求

水量充足，水质良好，便于取用和进行卫生防护，并易于净化和消毒。

3. 猪场土壤要求

透气性好，易渗水，热容量大，这样可抑制微生物、寄生虫和蚊蝇的滋生，并可使场区昼夜温差较小。

4. 其他要求

交通方便，供电稳定，有利于防疫。与居民点间的距离，一般猪场应不少于 300～500 米，大型猪场（如万头猪场）则应不少于 1 000 米。猪场应处在居民点的下风向和地势较低处。与其他畜禽场间距离，一般畜禽场应不少于 150～300 米，大型畜禽场间应不少于 1 000～1 500 米。此外，还应考虑电力和其他能源的供应。

二、猪场规划与布局

（一）场区规划与布局

1. 生产区

生产区包括各类猪舍和生产设施，这是猪场中的主要建筑区，一般建筑面积占全场总建筑面积的 70%～80%。种猪舍要求与其他猪舍隔开，形成种猪区。种猪区应设在人流较少和猪场的上风向，种公猪在种猪区的上风向，防止母猪的气味对公猪形成不良刺激，同时可利用公猪的气味刺激母猪发情。分娩舍既要靠近妊娠舍，又要接近培育猪舍。育肥猪舍应设在下风向，且离出猪台较近。在设计时，使猪舍方向与当地夏季主导风向成 30°～60° 角，使每排猪舍在夏季得到最佳的通风条件。应根据当地的自然条件，充分利用有利因素，从而在布局上做到对生产最为有利。在生产区的入口处，应设专门的消毒间或消毒池，以便进入生产区的人员和车辆进行严格的消毒。

根据生物安全的理论，生产区可按照"二点式"和"三点式"来设计。"二点式"是指将配种舍、分娩舍和保育舍安排在一个地点，生长舍和育肥舍安排在另一个地点。"三点式"是指将配种舍、分娩舍安排在一个地点，保育舍安排在一个地点，生长舍、育肥舍安排在一个地点。

2. 饲养管理区

饲养管理区包括猪场生产管理必须的附属建筑物，如饲料加工车间、饲料仓库、修理车间、变电所、锅炉房、水泵房等。它们和日常的饲养工作有密切的关系，所以这个区应该与生产区毗邻建立。

3. 病猪隔离间及粪便堆存处

病猪隔离间及粪便堆存处这些建筑物应远离生产区，设在下风向、地势较低的地方，以免影响生产猪群。

4. 兽医室

应设在生产区内，只对区内开门，为便于病猪处理，通常设在下风方向。

5. 生活区

包括办公室、接待室、财务室、食堂、宿舍等，这是管理人员和家属日常生活的地方，应单独设立。一般设在生产区的上风向，或与风向平行的一侧。此外猪场周围应建围墙或设防疫沟，以防兽害和避免闲杂人员进入场区。

6. 道路

道路对生产活动正常进行，对卫生防疫及提高工作效率起着重要的作用。场内道路应净、污分道，互不交叉，出入口分开。净道的功能是人行和饲料、产品的运输，污道为运输粪便、病猪和废弃设备的专用道。

7. 水塔

自设水塔是清洁饮水正常供应的保证，位置选择要与水源条件相适应，且应安排在猪场最高处。

8. 绿化区

绿化不仅美化环境，净化空气，也可以防暑、防寒，改善猪场的小气候，同时还可以减弱噪声，促进安全生产，从而提高经济效益。养猪场各区之间要设置隔离带，种植花卉、草坪或低矮的灌木进行绿化，场内的空地上可以种植饲料作物、粮食作物或蔬菜、花卉，但不提倡种植高大的树木，以避免雨季出现雷击事件，防止飞鸟栖息排泄带入病原菌。养猪场外围要设置防护墙、防护网或防疫沟，防止家畜、家禽、宠物和野生小动物进入场区。

标准化养殖生产规定，养猪场外围 500 米以内，属于缓冲区，在实际生产中，用好这个缓冲区十分重要，可以有效避免外来污染。除了建好防疫隔离带以外，还可以在养猪场周围种植防护林带。据研究，养猪场区外种植 5～10 米宽的防护林，能有效调节风速和气温，还可使场内有毒、有害气体减少 25%，使场内臭气减少 50%，尘埃减少 30%～50%，空气中细菌的数量减少 20%～80%。实践证明，场外的防护林，可以构成养猪场的安全屏障。

9. 发酵池

养猪场粪便发酵池应建在院墙外，底部防渗性能好，避免粪便污水污染地下水源，猪场周围最好有农田、果园，以便于就地消耗全部粪便和污水，决不能将粪便和污水随便导入河流、湖泊、池塘、水库等地表水域。为防止滋生蚊蝇，场内不要留大水池，地势尽量保持平整，排污沟要加盖水泥盖板或使用密闭的管道

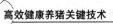

系统。

（二）猪舍规划与布局

养猪工厂的生产管理特点是"全进全出"、一环扣一环的流水式作业。所以，猪舍需根据生产管理工艺流程来规划。猪舍总体规划的步骤是：首先根据生产管理工艺确定各类猪栏数量，然后计算各类猪舍栋数，最后完成各类猪舍的布局安排。

1. 各类猪栏所需数量的计算

生产管理工艺不同，各类猪栏数就不同。以 100 头母猪的猪场所需各种猪栏数计算，首先确定 10 条工艺原则和指标。

① 母猪每年产 2 窝，每窝断奶育活 10 头仔猪。

② 母猪由断奶到再发情为 21 天。

③ 母猪妊娠期 114 天，分娩前 4 天移往分娩哺乳栏，所以母猪妊娠只有 110 天养在妊娠母猪栏。

④ 母猪妊娠期最后 4 天在分娩哺乳栏。

⑤ 仔猪 28 天断奶，即母猪这 28 天在分娩哺乳栏。

⑥ 保育期猪由 28 天养到 56 天，也需 28 天。

⑦ 保育猪离开保育舍，体重假设为 14 千克。

⑧ 肉猪出售体重假设为 95 千克。

⑨ 每一批猪离开某一阶段猪栏到下一批猪进同一猪栏，中间相隔 5 天以供清洗消毒之用。

⑩ 每一阶段猪栏都较计算数多 10%，亦即所得数乘以 1.1 倍。

2. 各类猪舍栋数

求得各类猪栏的数量后，再根据各类猪栏的规格及排粪沟、走道、饲养员值班室的规格，即可计算出各类猪舍的建筑尺寸和需要的栋数。

3. 各类猪舍布局

根据生产工艺流程，将各类猪舍在生产区内做出平面布局安排。为管理方便，缩短转群距离，应以分娩舍为中心，保育舍靠近分娩舍，幼猪舍靠近保育舍，肥猪舍再挨着幼猪舍，妊娠（配种）舍也应靠近分娩舍。猪舍之间的间距，没有规定标准，需考虑防火、走车、通风的需要，结合具体场地确定（10～20 米）。

4. 猪舍内部规划

猪舍内部规划需根据生产工艺流程决定。建设一个大型工厂化养猪场是很复杂的，猪舍内部布置和设备，牵涉的细节很多，需要多考察几个厂家，取长补短，综合分析比较，再做出详细设计要求。

第二节　猪舍建筑与设备

一、猪舍建筑要求

1. 猪舍的形式

（1）按屋顶形式分　猪舍有单坡式、双坡式等。单坡式一般跨度小，结构简单，造价低，光照和通风好，适合小规模猪场。双坡式一般跨度大，双列猪舍和多列猪舍常用该形式，其保温效果好，但投资较多。

（2）按墙体结构分　猪舍有开放式、半开放式和封闭式。开放式是三面有墙一面无墙，通风透光好，不保温，造价低。半开放式是三面有墙一面半截墙，保温稍优于开放式。封闭式是四面有墙，又可分为有窗和无窗两种。

（3）按猪栏排列分　猪舍有单列式、双列式和多列式。

2. 猪舍的基本结构

一列完整的猪舍，主要由墙壁、屋顶、地面、门、窗、粪尿沟、隔栏等部分构成。

（1）墙壁　要求坚固、耐用，保温性好。比较理想的墙壁为砖砌墙，要求水泥勾缝，离地 0.8～1.0 米水泥抹面。

（2）屋顶　比较理想的屋顶为水泥预制板平板式，并加 15～20 厘米厚的土以利保温、防暑。北京瑞普有限公司的新技术产品，其屋顶采用进口新型材料，做成钢架结构支撑系统、瓦楞钢房顶板，并夹有玻璃纤维保温棉，保温效果良好。

（3）地板　地板要求坚固、耐用，渗水良好。比较理想的地板是水泥勾缝平砖式；其次为夯实的三合土地板，三合土要混合均匀，湿度适中，切实夯实。

（4）粪尿沟　开放式猪舍要求设在前墙外面；全封闭、半封闭（冬天扣塑棚）猪舍可设在距南墙 40 厘米处，并加盖漏缝地板。粪尿沟的宽度应根据舍内面积设计，至少有 30 厘米宽。漏缝地板的缝隙宽度要求不得大于 1.5 厘米。

（5）门窗　开放式猪舍运动场前墙应设有门，高 0.8～1.0 米，宽 0.6 米，要求特别结实，尤其是种猪舍；半封闭猪舍则与运动场的隔墙上开门，高 0.8 米，宽 0.6 米；全封闭猪舍仅在饲喂通道侧设门，门高 0.8～1.0 米，宽 0.6 米。通道的门高 1.8 米，宽 1.0 米。无论哪种猪舍都应设后窗。开放式、半封闭式猪舍的后窗长与高皆为 40 厘米，上框距墙顶 40 厘米；半封闭式中隔墙窗户及全封闭猪舍的前窗要尽量大，下框距地应为 1.1 米；全封闭猪舍的后墙窗户可大可小，若条件允许，可装双层玻璃。

（6）隔栏　除通栏猪舍外，在一般密闭猪舍内均需建隔栏。隔栏材料基本上是两种，砖砌墙水泥抹面及钢栅栏。纵隔栏应为固定栅栏，横隔栏可为活动栅栏，以便进行舍内面积的调节。

3. 猪舍的类型

猪舍的设计与建筑，首先要符合养猪生产工艺流程，其次要考虑各自的实际情况。南方地区以防潮隔热和防暑降温为主，北方地区以防寒保温和防潮防湿为重点。

（1）公猪舍　公猪舍一般为单列半开放式，舍内温度要求 15～20℃，风速为 0.2 米/秒，内设走廊，外有小运动场，以增加种公猪的运动量，一圈一头。

（2）空怀、妊娠母猪舍　空怀、妊娠母猪最常用的一种饲养方式是分组大栏群饲，一般每栏饲养空怀母猪 4～5 头、妊娠母猪 2～4 头。圈栏的结构有实体式、栏栅式、综合式三种，猪圈布置多为单走道双列式。猪圈面积一般为 7～9 米^2，地面坡降不要大于 1/45，地表不要太光滑，以防母猪跌倒。也有用单圈饲养，一圈一头。舍温要求 15～20℃，风速为 0.2 米/秒。

（3）分娩哺育舍　舍内设有分娩栏，布置多为两列或三列式。舍内温度要求 15～20℃，风速为 0.2 米/秒。分娩栏位结构也因条件而异。

①地面分娩栏：采用单体栏，中间部分是母猪限位架，两侧是仔猪采食、饮水、取暖等活动的地方。母猪限位架的前方是前门，前门上设有食槽和饮水器，供母猪采食、饮水，限位架后部有后门，供母猪进入及清粪操作。可在栏位后部设漏缝地板，以排出栏内的粪便和污物。

②网上分娩栏：由分娩栏、仔猪围栏、钢筋编织的漏缝地板网、保温箱、支腿等组成。

（4）仔猪保育舍　舍内温度要求 26～30℃，风速为 0.2 米/秒。可采用网上保育栏，1～2 窝一栏网上饲养，用自动落料食槽，自由采食。网上培育，减少了仔猪疾病的发生，有利于仔猪健康，提高了仔猪成活率。仔猪保育栏主要由钢筋编织的漏缝地板网、围栏、自动落食槽、连接卡等组成。

（5）生长、育肥舍和后备母猪　这 3 种猪舍均采用大栏地面群养方式，自由采食，其结构形式基本相同，只是在外形尺寸上因饲养头数和猪体大小的不同而有所变化。

现代化大型猪场应修建封闭式猪舍，按照防疫卫生要求，在舍内设计安装除粪系统、排污系统、排气系统、供暖系统，有的还要设置自动喂料系统和自动饮水系统。舍内地面应有一定的倾斜度，材料不能渗水，避免粪尿潴留腐败分解。使用漏缝地板，地板下设粪坑，粪坑要便于冲刷，漏缝地板的缝隙宽度要求不得大于 1.5 厘米，粪尿沟设在距南墙根 40 厘米处，最好埋设密闭管道系统进行排污。猪舍之间的距离不要太小，一般为猪舍屋檐高度的 3 ～ 5 倍。猪舍要有足够大的进风口和排风口，风口设计均匀，以利于形成穿堂风，保证猪舍内不留死角。设计安装天窗和地脚窗，以利于增加通风排气量。若猪舍跨度较大，应在两侧山墙上安装动力排气系统，大直径、低速度、小功率的通风机比较适合于猪场应用。光照可采用自然光或人工光，人工光照时间应与自然光照时间大致相同，一般维持在上午 9 时至下午 5 时。

中小型养猪场可以根据自身条件建筑猪舍，但起码要保证建筑材料对猪无害，石棉成分容易伤害猪的皮肤，最好不要采用。圈舍墙壁要严实，没有缝隙，表面光滑，有利于冲刷、消毒，地面既要有利于清扫粪便，又要具备防滑功能。老鼠最容易在养猪场内泛滥，不但糟蹋粮食，还能机械传播多种疫病，地面硬化是防止老鼠的有效方法，同时也要采取必要的措施进行捕杀。猪舍窗口应安装铁丝网，防止鸟类栖息带来安全隐患。哺乳猪舍要有防压设备，种猪舍圈墙要适当加高，圈内不留高台样结构，以避免公猪爬跨自淫。

二、养猪设备

（一）养猪场设备

选择与猪场饲养规模和工艺相适应的先进的经济的设备是提高生产水平和经济效益的重要措施。

1. 猪栏设备

（1）公猪栏、空怀母猪栏、配种栏　这几种猪栏一般都位于同一栋舍内，因此，面积一般都相等，栏高一般为 1.2 ～ 1.4 米，面积 7 ～ 9 米²。

（2）妊娠猪栏有两种　一种是单体栏；另一种是小群栏。单体栏由金属材料焊接而成，一般栏长 2 米，栏宽 0.65 米，栏高 1 米。小群栏的结构可以是混凝土实体结构、栏栅式或综合式结构，不同的是妊娠栏栏高一般 1 ～ 1.2 米，由于采用限制饲喂，因此，不设食槽而采用地面喂食。面积根据每栏饲养头数而定，一般为 7 ～ 15 米²。

（3）分娩栏　分娩栏的尺寸与选用的母猪品种有关，长度一般为 2 ～ 2.2 米，宽度为 1.7 ～ 2.0 米；母猪限位栏的宽度一般为 0.6 ～ 0.65 米，高 1.0 米。仔猪活动围栏每侧的宽度一般为 0.6 ～ 0.7 米，高 0.5 米左右，栏栅间距 5 厘米。

传统分娩母猪采用高床饲养。母猪和仔猪都生活在漏缝地板上，与低温潮湿的地面脱离。粪便通过漏缝地板很快落入粪沟，使仔猪减少了与粪尿接触的机会，保持了床面的清洁、卫生和干燥。但母猪上床比较困难。钢管隔栏不能做到仔猪隔离，增加了仔猪相互感染的机会。保温箱为封闭的装置，大多设置在限位

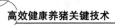

架一角，远离母猪躺卧位置，尤其距母猪乳房部位较远，不利于仔猪出生后寻找保温箱和从保温箱出来后迅速到乳房跟前。

现代化分娩栏地板一般与地面持平，围栏用PVC隔板，仔猪加热区不完全封闭，母猪围栏长宽和大小都可以调节，有防压杆和调节杆。为仔猪群提供一个最佳的生长环境的同时，提高了成活率。分娩栏和地面平齐，减少母猪上床应激。母猪产仔猪圈的宽度和长度可以根据个别要求进行调节，可以提供母猪最好的产仔和哺乳条件。调节杆有利于母猪起卧，调整母猪活动空间，同时起到了传统护仔耙的作用，有效保证母猪躺卧时不压到仔猪。根据母猪保持经常性视觉联系要求，母猪躺卧区设置在保温箱对面，保温箱不封闭，仔猪随时能从保温箱出来，母猪本能地注视到仔猪，有利于仔猪迅速到母猪跟前哺乳。

（4）仔猪培育栏　一般采用金属编织网漏粪地板或金属编织镀塑漏粪地板，后者的饲养效果一般好于前者。大、中型猪场多采用高床网上培育栏，它是由金属编织网漏粪地板、围栏和自动食槽组成，漏粪地板通过支架设在粪沟上或实体水泥地面上，相邻两栏共用一个自动食槽，每栏设一个自动饮水器。这种保育栏能保持床面干燥清洁，减少仔猪的发病率，是一种较理想的保育猪栏。仔猪保育栏的栏高一般为0.6米，栏栅间距5～8厘米，面积因饲养头数不同而不同。小型猪场断奶仔猪也可采用地面饲养的方式，但寒冷季节应在仔猪卧息处铺干净软草或将卧息处设火炕。

传统保育栏的一般地板用钢丝网，围栏用栏片。最大的问题在于仔猪找不到一个没有风的小环境，造成死亡率升高，其次是料槽的设计不合理，浪费饲料，再次是料槽与猪栏不配套，造成料槽或猪栏浪费。现代化保育栏围栏采用PVC板或栏杆，但地板一般是塑料地板，料槽与面积配套，且分加热区、活动采食区和排泄区。不但有一个很好的温度环境，而且各种活动分开，提高了卫生条件和成活率。

（5）育成、育肥栏　育成育肥栏有多种形式，其地板多为混凝土结实地面或水泥漏缝地板条，也有采用1/3漏缝地板条，2/3混凝土结实地面。混凝土结实地面一般有3%的坡度。育成育肥栏的栏高一般为1～1.2米，采用栏栅式结构时，栏栅间距8～10厘米。

2. 饮水设备

猪用自动饮水器的种类很多，有鸭嘴式、杯式、乳头式等。由于乳头式和杯式自动饮水器的结构和性能不如鸭嘴式饮水器，目前普遍采用的是鸭嘴式自动饮水器。鸭嘴式猪用自动饮水器的结构主要由阀体、阀芯、密封圈、回位弹簧、塞和滤网组成。

3．饲喂设备

（1）间隙添料饲槽　条件较差的一般猪场采用，分为固定饲槽、移动饲槽。一般为水泥浇注固定饲槽。饲槽一般为长形，每头猪所占饲槽的长度应根据猪的种类、年龄而定。较为规范的养猪场都不采用移动饲槽。集约化、工厂化猪场，限位饲养的妊娠母猪或泌乳母猪，其固定饲槽为金属制品，固定在限位栏上，见限位产床、限位栏部分。

（2）方形自动落料饲槽　一般条件的猪场不用这种饲槽，它常见于集约化、工厂化的猪场。方形落料饲槽有单开式和双开式两种。单开式的一面固定在与走廊的隔栏或隔墙上；双开式则安放在两栏的隔栏或隔墙上，自动落料饲槽一般为镀锌铁皮制成，并以钢筋加固，否则极易损坏。

（3）圆形自动落料饲槽　圆形自动落料饲槽用不锈钢制成，较为坚固耐用，底盘也可用铸铁或水泥浇注，适用于高密度、大群体生长育肥猪舍。

全自动喂料系统是养猪设备今后的重要发展趋势。在养猪生产中，搬运饲料不但浪费人工，而且带来疾病风险。我国大多数猪场仍然采用传统人工饲喂方式，自动化程度低，劳动生产率低，饲料浪费量大，人工调节喂料量，不能准确满足不同猪群对饲料的需求。猪自动喂料系统可以很好地解决这些问题。自动喂料系统在国外猪场应用非常广泛，而我国对猪自动饲喂设备的生产尚处于起步阶段，全自动饲喂系统优点有：定时定量喂饲，特别是母猪饲喂；避免限饲引起的应激反应；切断了疫病的传播途径；节省劳动力；方便、快捷。

母猪智能饲喂站则是养猪设备发展的一个革命性标志。母猪智能饲喂站在欧洲已经有 40 多年的应用历史，经过不断改进已经是比较成熟的产品，解决了现代集约化高密度养猪与提高母猪福利的矛盾问题，并提高了管理效率。具体优点如下：精确饲喂母猪，根据每头母猪每天的需要量提供饲料，母猪体况更均匀；提高母猪福利，一台智能饲喂站能使 50～80 头母猪使用，每头母猪占面积 2.05 米^2，每头母猪的活动面积增加到 100 米^2 以上，减少死胎率；实现母猪自动化管理，能根据探测结果把发情母猪，怀孕检查母猪和要转到产房的母猪分离出来。

4．其他要求

（1）地形地势　猪场一般要求地形整齐开阔，地势较高、干燥、平坦或有缓坡，背风向阳。

（2）交通便利　猪场必须选在交通便利的地方。但因猪场的防疫需要和对周围环境的污染，又不可太靠近主要交通干道，最好离主要干道 400 米以上，同时，要距离居民点 500 米以上。如果有围墙、河流、林带等屏障，则距离可适当缩短些。禁止在旅游区及工业污染严重的地区建场。

（3）水源水质　猪场水源要求水量充足，水质良好，便于取用和进行卫生防护。水源水量必须能满足场内生活用水、猪只饮用及饲养管理用水（如清洗调制饲料，冲洗猪舍，清洗机具、用具等）的要求。

（4）场地面积　猪场占地面积依据猪场生产的任务、性质、规模和场地的总体情况而定。生产区面积一般可按每头繁殖母猪 40～50 米^2 或每头上市商品猪 3～4 米^2 计划。

第三节　养猪场的卫生管理

一、完善养猪场隔离卫生设施

① 猪场四周建有围墙或防疫沟，并有绿化隔离带，猪场大门入口处设消毒池。

② 生产区入口处设人员更衣淋浴消毒室，在猪舍入口处设地面消毒池。

③ 种猪展示厅和装猪台设置在生产区靠近围墙处，出售的种猪只允许经展示厅后从装猪台装车外运，不可返回。

④ 开放式猪舍应设置防护网。

⑤ 饲料库房应设在生产区与管理区的连接处，场外饲料车不允许进入生产区。

⑥ 病猪尸体处理按《病死及病害动物无害化处理技术规范》（农医发〔2017〕25 号）的规定执行。

二、加强养猪场卫生管理

猪群疫病主要是病原微生物传播造成的，而病原微生物理想的栖息场所是猪舍，也就是说病原微生物生存于养猪生产的各个角落，如空地、舍内、空气等场所，因此如何防止病原微生物的繁殖生长及传播是保护猪群健康的关键，控制病原微生物的繁殖生长及传播即不给它提供生存之地、传播之路，也就是说猪场给猪群提供一个良好的环境和有效的消毒措施，从而降低猪只生长环境中的病原微生物数量，为猪群提供一个良好的生存环境。

（一）猪群的卫生

① 每天及时打扫圈舍卫生，清理生产垃圾，保持舍内外卫生干净整洁，所用物品摆放有序。

② 保持舍内干燥清洁，每天必须进圈内打扫清理猪的粪便，尽量做到猪、

粪分离，若是干清粪的猪舍，每天上下午及时将猪粪清理出来堆积到指定地方；若是水冲粪的猪舍，每天上下午及时将猪粪打扫到地沟里以清水冲走，保持猪体、圈舍干净。

③ 每周转运一批猪，空圈后要清洗、消毒，种猪上床或调圈，要把空圈先冲洗后用广谱消毒药消毒，产房每断奶一批、育成每育肥一批、育肥每出栏一批，先清扫冲洗，再用消毒药消毒。

④ 注意通风换气，冬季做到保温，舍内空气良好，冬季可用风机通风5～10分钟（各段根据具体情况通风）。夏季通风防暑降温，排出有害气体。

⑤ 生产垃圾，即使用过的药盒、瓶、疫苗瓶、消毒瓶、一次性输精瓶用后立即焚烧或妥善放在一处，适时统一销毁处理。料袋能利用的返回饲料厂，不能利用的焚烧掉。

⑥ 舍内的整体环境卫生包括顶棚、门窗、走廊等平时不易打扫的地方，每次空舍后彻底打扫一次，不能空舍的每个月或每季度彻底打扫一次。舍外环境卫生每个月清理一次。

⑦ 四季灭鼠，夏季灭蚊蝇。鼠药每季度投放一次，投对人、猪无害的鼠药。在夏季来临之际在饲料库投放灭蚊蝇药物或买喷洒的灭蝇药。

（二）空舍消毒遵循的程序：清扫、消毒、冲洗、熏蒸消毒

① 空舍后，彻底清除舍内的残料、垃圾及门窗尘埃等，并整理舍内用具。产房空舍后把小猪料槽集中到一起，保温箱的垫板立起来放在保温箱上便于清洗，育成、育肥、种猪段空舍后彻底清除舍内的残料、垃圾及门窗尘埃等，并整理舍内用具。

② 舍内设备、用具清洗，对所有的物体表面进行低压喷洒，浓度为2%～3%氢氧化钠液，使其充分湿润，喷洒的范围包括地面、猪栏、各种用具等，浸润1小时后再用高压冲洗机彻底冲洗地面、食槽、猪栏等各种用具，直至干净清洁为止。在冲洗的同时，要注意产房的烤灯插座及各栋电源的开关及插座。

③ 用广谱消毒药彻底消毒空舍所有表面、设备、用具，不留死角。消毒后用高锰酸钾和甲醛熏蒸24小时，通风干燥空置5～7天。

④ 进猪前2天恢复舍内布置，并检查维修设备用具，维修好后再用广谱药消毒一次。

（三）定期消毒

① 进入生产区的消毒池必须保持溶液的有效浓度，消毒药浓度达到3%，每隔3天换一次。

② 外出员工或场外人员进入生产区须经过"踏、照、洗、换"四步消毒程

序方能进入场区，即踏消毒池或垫、照紫外线 5 ～ 10 分钟、进洗澡间洗澡、更换工作服和鞋。

③ 进入场区的物品照紫外线 30 分钟后方可进生产区，不怕湿的物品用浸润或消毒后进入场区，或熏蒸一次。

④ 外购猪车辆在装猪前严格喷雾消毒 2 次，装猪后对使用过的装猪台、秤、过道及时进行清理、冲洗、消毒。

⑤ 各单元门口有消毒池，人员进出时，双脚必须踏入消毒池，消毒池必须保持溶液的有效浓度。

⑥ 各栋舍内按规定打扫卫生后带猪喷雾消毒一次，外环境根据情况消毒，每周 1 ～ 3 次。舍外生产区、装猪台、焚尸炉都要消毒不留死角，消毒药轮流交叉使用。

由于规模养殖带来的环境污染问题日益突出，已成为世界性公害，不少国家已采取立法措施，限制畜牧生产对环境的污染。为了从根本上治理畜牧业的污染问题，保证畜牧业的可持续发展，许多国家和地区在这方面已进行了大量的基础研究，取得了阶段性成果。

三、灭蚊蝇、灭老鼠

蚊子是猪乙脑和附红细胞体的主要传播媒介，而苍蝇则是消化道疾病的主要传播媒介，随着天气的变热，猪场苍蝇和蚊子逐渐增多，对养猪场造成严重的潜在威胁。

猪场鼠害也是令人头疼的事，主要的危害有：一是盗食饲料，二是传染疫病。在一个有 5 年场龄的猪场若未灭鼠，则老鼠数量会超过猪数的一倍，若以千头猪场计算，全场老鼠每天可吃掉饲料 50 千克，一年可吃掉 18 吨，损失饲料费 5 万多元。老鼠又是多种人畜疾病的传播者，如猪瘟、大肠杆菌病等。所以猪场防疫，必须灭鼠。

（一）灭蚊蝇

1. 规模猪场防控蚊蝇的根本方法是环境防治

规模猪场要始终保持环境卫生状况良好等，使之不利于苍蝇的卵、幼虫及成虫的生存或不再吸引雌蝇来产卵，清除苍蝇滋生场所，这是控制苍蝇的最根本方法。清除滋生源，并将猪粪等滋生物进行生物发酵，保持良好的卫生状况等。创建养殖场适宜的环境是搞好养殖的第一要素，在建设规模养猪场时不但要求能够防雨防湿，达到冬暖夏凉的效果，而且还应特别考虑具备防虫防病的作用。在猪舍建设时要选择地势高燥向南的坡址，地面平坦稍有坡度，合理布局猪舍，全面考虑粪尿污水的处理和利用，舍内通风良好，有利于排水排污。

2. 做好规模猪场粪便的处理工作

猪场应每天将产出的粪便收集到化粪池或者专用储粪坑，定期用塑料布密封发酵，靠密封将苍蝇虫卵或幼虫闷死。注意用塑料布盖时，必须盖严，如果塑料布有洞，需要用土或其他东西堵严，不能有漏气的地方。

3. 做好环境卫生工作是灭蝇的关键

① 每年开春，全场彻底大扫除，清除厂区、猪舍、产房、运动场及粪场等因为冬季天气寒冷存留的垃圾、杂物、猪粪等，包括死角、水沟、厂区外围等。对水槽料槽及工具等进行彻底刷洗。最后再用5%氢氧化钠液彻底全面地进行大消毒。以后坚持每7天1次大消毒，3天1次小消毒，不给蚊蝇创造滋生地。

② 对料槽每天要及时清理一次，绝对杜绝剩余饲料霉变现象的发生，若偶有发生，一定要及时清理堆积发酵，减少蚊蝇的栖息地。

③ 定期清理杂草、剩料。定期对猪场周围杂草进行清理。常作为垫料的稻草等垫完后也是蚊蝇滋生的重要来源，因此处理这些垫料时应做到彻底，以免留下隐患。此外，剩料也是蚊蝇滋生的来源，一些残留的剩料发生腐败，会招来大量的苍蝇。

④ 对墙面、过道、天花板、门窗、料位、饲料桶、饮水器等所有苍蝇可能栖身的地方用左旋氯菊酯喷施，可有效杀灭外来苍蝇，有效期长达45～60天。

4. 饲料中添加低毒灭蚊蝇药物环丙氨嗪

环丙氨嗪是一种高效低毒杀虫制剂，对杀灭双翅目昆虫幼虫体有特效。用于控制圈舍内蝇蛆幼虫的繁殖，杀灭粪池内蝇蛆。在夏季高温季节蝇害期间，每吨饲料中添加环丙氨嗪50～100克，可以使苍蝇在成虫以前被消灭。

5. 对易滋生蚊蝇的场所应经常消毒

粪便堆场上的粪便应及时清理和使用，并及时将粪水设法排出去，避免堆积；排水沟应定期疏通，确保畅通。

（二）灭老鼠

1. 建筑防鼠

建筑防鼠指的是从猪场建筑和卫生着手控制鼠类的繁殖和活动，把鼠类在各种场所的生存空间限制到比较低的限度，使他们难以找到食物和藏身之所。要求猪舍及周围的环境整洁，及时去除残留的饲料和生活垃圾，猪舍建筑如墙基、地面、门窗等方面要坚固，一旦发现洞口立即封堵。

2. 器械灭鼠

常用的有鼠夹子和电子捕鼠器（电猫）。用此方法捕鼠前要考察当地的鼠情，弄清本地以哪种鼠为主，便于采取有针对性的措施。此外诱饵的选择常以蔬菜、瓜果做诱饵，诱饵要经常更换，尤其阴天老鼠更容易上钩。捕鼠器要放在鼠洞、

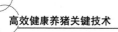

鼠道上，小家鼠常沿壁行走，褐家鼠常走沟壑。捕鼠器要经常清洗。

3. 化学药物灭鼠

化学药物灭鼠法在规模化猪场比较常用，优点是见效快、成本低，缺点是容易引起人畜中毒。因此要选择对人畜安全的低毒灭鼠药，并且设专人负责撒药布阵、捡鼠尸，撒药时要考虑鼠的生活习性，有针对性地选择鼠洞、鼠道。常用的灭鼠药有敌鼠钠、大隆、卫公灭鼠剂等（抗凝血灭鼠剂），主要机制是破坏血液中的凝血酶原使其失去活力，同时使毛细血管变脆，使老鼠内脏出血而死亡。此类药物的共同特点是不产生急性中毒症状，鼠类易接受，不易产生拒食现象，对人畜比较安全。

4. 中药灭鼠

用来灭鼠的中药主要有马钱子、苦参、苍耳、曼陀罗、天南星、狼毒、山宫兰、白天翁等。

此外猪场还要建立健全灭鼠制度：一般猪场根据实际情况每月普查一次，一有必要，及时灭鼠；还可以根据情况建立健全奖励政策，发挥员工的灭鼠积极性，实现全员灭鼠，将猪场的鼠害程度降到最低。还可以请专业的灭鼠机构承包全年的灭鼠工作，让他们负责调查鼠情、布阵撒药、收集鼠尸等完整工作，有效快捷。

第四节　猪场粪尿对生态环境的污染与治理

一、猪场的排污量

一般情况下，1头育肥猪从出生到出栏，排粪量850～1 050千克，排尿1 200～1 300千克。1个万头猪场每年排放纯粪尿3万吨，再加上集约化生产的冲洗水，每年可排放粪尿及污水6万～7万吨。目前全国约有5 000头以上的养猪场1 500多家，根据这些规模化养殖场的年出栏量计算，其全年粪尿及污水总量超过1亿吨。全国仅有少数猪养殖场建造了能源环境工程，对粪污进行处理和综合利用。以对猪场粪水污染处理力度较大的北京、上海和深圳为例，采用工程措施处理的粪水只占各自排放量的5%左右。由于粪水污染问题没有得到有效解决，大部分的规模化养猪场周围臭气冲天、蚊蝇成群，地下水硝酸盐含量严重超标，少数地区传染病与寄生虫病流行，严重影响了养猪业的可持续发展。

二、猪场排污中的主要成分

猪粪污中含有大量的氮、磷、微生物和药物以及饲料添加剂的残留物，它们是污染土壤、水源的主要有害成分。1头育肥猪平均每天产生的粪污为5.46升，1年排泄的总氮量达9.534千克，磷达6.5千克。1个万头猪场年可排放100～161吨的氮和20～33吨的磷，并且每克猪粪污中还含有83万个大肠杆菌、69万个肠球菌以及一定量的寄生虫卵等。大量有机物的排放使猪场污物中的BOD（生化需氧量）和COD（化学需氧量）值急剧上升。据报道，某些地区猪场的BOD高达1 000～3 000毫克/升，COD高达2 000～3 000毫克/升，严重超出国家规定的污水排放标准（BOD：6～80，COD：150～200）。此外，在生产中用于治疗和预防疾病的药物残留、为提高猪生长速度而使用的微量元素添加剂的超量部分也随猪粪尿排出体外；规模化猪场用于清洗消毒的化学消毒剂则直接进入污水。上述各种有害物质，如果得不到有效处理，便会对土壤和水源造成严重的污染。

猪场所产生的有害气体主要有氨气、硫化氢、二氧化碳、酚、吲哚、粪臭素。甲烷和硫酸类等，也是对猪场自身环境和周围空气造成污染的主要成分。

三、猪场排泄物的主要危害

（一）土壤的营养富集

猪饲料中通常含有较高剂量的微量元素，经消化吸收后多余的随排泄物排出体外。猪粪便作为有机肥料播撒到农田中去，长期下去，将导致磷、铜、锌及其他微量元素在环境中的富集，从而对农作物产生毒害作用，严重影响作物的生长发育，使作物减产。如以前流行在猪日粮中添加高剂量的铜和锌，可以提高猪的饲料利用率和促进猪的生长发育，此方法曾风靡一时，引起养殖户和饲料生产者的极大兴趣。然而，高剂量的铜和锌的添加会使猪的肌肉和肝脏中铜的积蓄量明显上升，更为严重的是还会显著增加排泄物中铜、锌含量，引起土壤的营养累积，造成环境的污染。

（二）水体污染

在谷物饲料、谷物副产品和油饼中有60%～75%的磷以植酸磷形式存在。由于猪体内缺乏有效利用磷的植酸酶以及对饲料中蛋白质的利用率有限，导致饲料中大部分的氮和磷由粪尿排出体外。试验表明猪饲料中氮的消化率为75%～80%，沉积率为20%～50%；对磷的消化率为20%～70%，沉积率为20%～60%。未经处理的粪尿，一部分氮挥发到大气中增加了大气中的氮含量，严重时构成酸雨，危害农作物；其余的大部分则被氧化成硝酸盐渗入地下或随地

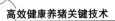

表水流入江河，造成更为广泛的污染，致使公共水系中的硝酸盐含量严重超标，河流严重污染。磷渗入地下或排入江河，可严重污染水质，造成江河池塘的藻类和浮游生物大量繁殖，产生多种有害物质，进一步危害环境。

（三）空气污染

由于集约化养猪高密度饲养，猪舍内潮湿，粪尿及呼出的二氧化碳等激发出恶臭，其臭味成分多达 168 种，这些有害气体不但对猪的生长发育造成危害，而且排放到大气中会危害人类的健康，加剧空气污染以致与地球温室效应都有密切关系。

四、解决猪场污染的主要途径

为了解决猪排泄物对环境的污染及恶臭问题，长期以来，世界各国科学家曾研究了许多处理技术和方法，如：粪便的干处理、堆肥处理、固液分离处理、饲料化处理、沸石吸附恶臭气等处理技术以及干燥法、热喷法和沼气法处理等，这些技术在治理猪粪尿污染上虽然都有一定效果，但一般需要较高的投入。到目前为止，还没有一种单一处理方法就能达到人们所要求的理想效果。因此，必须通过多种措施，实行多层次、多环节的综合治理，采取标本兼治的原则，才能有效地控制和改善养猪生产的环境污染问题。

（一）按照可持续发展战略确定养殖规模与布局

1. 合理规划，科学选址

集约化规模化养猪场对环境污染的核心问题有两个，一个是猪粪尿的污染，另一个是空气的污染。合理规划、科学选址是保证猪场安全生产和控制污染的重要条件。在规划上，猪场应当建到远离城市、工业区、游览区和人口密集区的远郊农业生产腹地。在选址上，猪场要远离村庄并与主要交通干道保持一定距离，有些国家明确规定，猪场应距居民区 2 千米以上；避开地下生活水源及主要河道；场址要保持一定的坡度，排水良好；距离农田、果园、菜地、林地或鱼池较近，便于粪污及时利用。

2. 根据周围农田对污水的消纳能力确定养殖规模

发展畜牧业生产一定要符合客观实际，在考虑近期经济利益的同时，还要着眼于长远利益。要根据当地环境容量和载畜量，按可持续发展战略确定适宜的生产规模，切忌盲目追求规模，贪大求洋，造成先污染再治理的劳民伤财的被动局面。目前，猪场粪污直接用于农田，实现农业良性循环是一种符合我国国情的最为经济有效的途径。这就要求猪场的建设规模要与周围农田的粪污消纳能力相适应，按一般施肥量（每亩每茬 10 千克氮和磷）计算，一个万头猪场年排出的氮和磷，需至少 333.33 公顷年种两茬作物的农田进行消纳，如果是种植牧草和蔬菜，多次收割，消纳的粪污量可成倍增加。因此牧场之间的距离，要按照消纳粪污的土地面积和种植的品种来确定和布局。此外，猪场粪水与养鱼生产结合，综合利用，也可收到良好效果。通过农牧结合、种养结合和牧渔结合，可以实现良性循环。

3. 增强环保意识，科学设计，减少污水的排放

在现代化猪场建设中，一定要把环保工作放在重要的位置，既要考虑先进的生产工艺，又要按照环保要求，建立粪污处理设施。国内外对于大中型猪场粪污处理的方法，基本有两种：一是综合利用，二是污水达标排放。对于有种植业和养殖业的农场、村庄和广阔土地的单位，采用"综合利用"的方法是可行的，也是生物质能多层次利用、建设生态农业和保证农业可持续发展的好途径。否则，只有采用"污水达标排放"的方法，才能确保养猪业长期稳定的生存与发展。

规模化猪场一定要把污水处理系统纳入设计规划，在建场时一并实施，保证一定量的粪污存放能力，并且有防渗设施。在生产工艺上，既要采用世界上先进的饲养管理技术，又要根据国情因地制宜，比如在我国，劳动力资源比较丰富，而水资源相对缺乏，在规模猪场建设上可按照粪水分离工艺进行设计，将猪粪便单独收集，不采用水冲式生产工艺，尽量减少冲洗用水，继而减少污水的排放总量。

规模化猪场的粪、尿、污水处理有多种不同的技术方案。

（1）水冲粪法　即学习国外的方法，采用高压水枪、漏缝地板，在猪舍内将粪尿混合，排入污沟，进入集污池，然后，用固液分离机将猪粪残渣与液体污水分开，残渣运至专门加工厂加工成肥料，污水通过厌氧发酵、好氧发酵处理。在猪舍设计上的特点是地面采用漏缝地板，深排水沟，外建有大容量的污水处理设备。这种方案在我国 20 世纪 80 年代、90 年代特别是南方广州、深圳较为普遍，是我国学习国外集约化养猪经验的第一阶段。这种方案虽然可以节省人工劳力，但它的缺点是很明显的，主要原因如下。①用水量大，一个 600 头母猪年出栏商品肉猪万头的大型猪场，其每天耗水在 100～150 吨，年排污水量 5 万～7 万吨。②排出的污水 COD、BOD 值较高，由于粪尿在猪舍中先混合，再用固液分离机分离，其污水的 COD 在 13 000～14 000 毫克/升，BOD 为 8 000～9 600 毫克/升，SS（悬浮物）达 134 640～140 000 毫克/升，污水难以处理。③处理污水的日常维护费用大，污水泵要日夜工作，而且要有备用。④污水处理池面积大，通常需要有 7～10 天的污水排放储存量。⑤投资费用也相对较大，污水处理投资通常达到猪场投资的 40%～70%，即一个投资 500 万的猪场，需要另加200 万～350 万元投资去处理污水。显然，这个技术路线不适合目前的节水、节能的要求，特别对我国中部和北方地区养猪很不适合。

（2）干清粪法　即采用人工清粪，在猪舍内先把粪和尿分开，用手推车把粪集中运至堆粪场加工处理，猪舍地面不用漏缝地板（或用微缝地板，缝隙5毫米宽），改用室内浅排污沟，减少冲洗地面用水。这种方案虽然增加了人工费，但它克服了"水冲粪法"的缺点，表现如下。①猪场每天用水量可大大减少，一般可比"水冲粪法"减少2/3；②排出污水的COD值只有前法的75%左右，BOD值只有前法的40%～50%，SS只有前法的50%～70%，污水更容易处理。③用本法生产的有机肥质量更高，有机肥的收入可以相当于支付清粪工人的工资。④污水池的投资少，占地面积小，日常维持费用低。在猪舍设计上另一个重要之处是将污水道与雨水道分开，这样可大大减少污水量，雨水可直接排入河中。

对一个有600头母猪年产10 000头肉猪的场来说，干清粪法比水冲粪法平均每天可减少排污水量100吨左右，年减少污水36 500吨，每吨水价以2.3元计，一年可节省8.4万元，每吨污水的处理成本约3元（污水设备投资100万元，15年折旧，每年运行费10万元，年污水量以547 500吨计），可节省污水处理成本10.95万元。两项合计约20万元，是一项不少的收入。

（3）采用"猪粪发酵处理"技术　近年来，一种模仿我国古代"填圈养猪"的"发酵养猪"技术正由日本的一些学者与商家传入我国南方一些地区试验。该法将切短的稻草、麦秆、木屑等秸秆和猪粪、特定的多种发酵菌混合搅拌，铺于地面，断奶仔猪或肉猪大群（40～80头/群）散养于上，同时在猪的饲料中加入0.1%的特定菌种。猪的粪尿在该填料上经发酵菌自然分解，无臭味，填料发酵产生热量，地面温软，保护猪蹄。以后不断加填料，1～2年清理一次。所产生的填料是很好的肥料。只是在夏天，由于地面温度较高，猪不喜欢睡卧填料处，需另择他处睡卧，同时要喷水。这是一种正在研究的方法，如成功，可大大节省人工、投资和设备。

（二）减少猪场排污量的营养措施

畜牧业的污染主要来自于猪的粪、尿和臭气以及动物机体内有害物质的残留，究其根源来自于饲料。因此近年来，国内外在生态饲料方面做了大量研究工作，以期最大限度地发挥猪的生产性能，并同时将畜牧业的污染减小到最低限度，实现畜牧业的可持续发展。令人欣慰的是，在这方面我国已取得了阶段性的成果。

1. 添加合成氨基酸，减少氮的排泄量

按"理想蛋白质"模式，以可消化氨基酸为基础，采用合成氨基酸。蛋氨酸、色氨酸和苏氨酸来进行氨基酸营养上的平衡，代替一定量的天然蛋白质，可使猪粪尿中氮的排出减少50%左右。有试验证明：猪饲料的利用率提高0.1%，养分的排泄量可下降3.3%；选择消化率高的日粮可减少营养物质排泄5%；猪日粮中的粗蛋白质每降低1%，氮和氨气的排泄量分别降低9%和8.6%，如果将日粮粗蛋白质含量由18%降低到15%，即可将氮的排泄量降低25%。欧洲饲料添加剂基金会指出，降低饲料中粗蛋白质含量而添加合成氨基酸可使氮的排出量减少20%～25%。除此之外，也可添加一定量的益生素，通过调节胃肠道内的微生物群落，促进有益菌生长繁殖，对提高饲料的利用率作用明显，可降低氮的排泄量29%～25%。

2. 添加植酸酶，减少磷的排泄量

猪排出的磷主要因为植物来源的饲料中2/3的磷是以植酸磷和磷酸盐的形式存在的，由于猪体内缺乏能有效利用植酸磷的各种酶，因此，植酸磷在体内几乎完全不被吸收，所以必须添加大量的无机磷，以满足猪生长所需。未被消化利用的磷则通过粪尿排出体外，严重污染了环境。而当饲料中添加植酸酶时，植酸磷可被水解为游离的正磷酸和肌醇，从而被吸收。

以有效磷为基础配制日粮或者选择有效磷含量高的原料，可以降低磷的排出，猪日粮中每降低0.05%的有效磷，磷的排泄量可降低8%；通过添加植酸酶等酶制剂提高谷物和油料作物饼粕中植酸磷的利用效率，也可减少磷的排泄量。有试验表明，在猪日粮中使用200～1 000单位的植酸酶可以减少磷的排出量25%～50%，这被看做是降低磷排泄量的最有效的方法。

3. 合理有效地使用饲料添加剂，减少微量元素污染

除氮和磷的污染外，一些饲料添加剂的不合理利用特别是超量使用也对猪安全生产和环境污染构成极大威胁，如：具有促进生长作用的高铜制剂和砷制剂等。

在猪的饲养标准中规定，每1千克饲粮中铜含量为4～6毫克，而在实际应用中为追求高增重，铜的含量高达150～200毫克，有的养猪场（户）以猪粪便颜色是否发黑来判定饲料好坏，而一些饲料生产厂家为迎合这种心态，也在饲料中添加高铜。试验表明，在每千克饲粮中添加150～200毫克铜对仔猪生长效果显著，对中猪仍有较好效果，而在大猪则没有明显效果。铜对猪前期的促生长作用是肯定的。但如果超量使用，却会对环境污染和人畜安全带来严重后果，超剂量的铜很容易在猪肝、肾中富集。给人畜健康带来直接危害。仔猪和生长猪对铜的消化率分别只有18%～25%和10%～20%，可见，大量的铜会随粪便排出体外。因此，在猪饲粮中，除在生长前或适当增加铜的含量外，在生长后期按饲养标准添加铜即可保证猪的正常生长，以减少对环境的污染。

砷的污染也不容忽视，据张子仪研究员按照美国FAD允许使用的砷制剂用量测算，一个万头猪场连续使用含砷制剂的药物添加剂，如果不采取相应措施处理粪便，5～8年后可向猪场周围排放出近1 000千克的砷。

4. 使用除臭剂，减少臭气和有害气体的污染

一种丝兰属植物，它的提取物有两种活性成分，一种可与氨气结合，另一种可与硫化氢气体结合，因而能有效地控制臭味，同时也降低了有害气体的污染。另据报道，在日粮中加活性炭、沙皂素等除臭剂，可明显减少粪中硫化氢等臭气的产生，减少粪中氨气量 40%～50%。因此使用除臭剂是配制生态饲料必须的添加剂之一。

五、猪粪尿的综合利用技术

目前，国内外猪粪尿的综合利用工程技术主要有两大类，即物质循环利用型生态工程和健康与能源型综合系统。

（一）物质循环利用型生态工程

该工程技术是一种按照生态系统内能量流和物质流的循环规律而设计的一种生态工程系统。其原理是某一生产环节的产出（如粪尿及废水）可作为另一生产环节的投入（如圈舍的冲洗），使系统中的物质在生产过程中得到充分的循环利用，从而提高资源的利用率，预防废弃污物等对环境的污染。

常用的物质循环利用型生态系统主要有种植业—养殖业—沼气工程三结合、养殖业—渔业—种植业三结合及养殖业—渔业—林业三结合的生态工程等类型。主要如下。

1. "果（林、茶）园养猪"

猪粪尿分离后，猪粪经发酵生产有机肥，猪尿等污水经沉淀用作附近果（林、茶）园肥料。此类模式的优点是养殖业和种植业均实现增产增效，缺点是土地配套量大，部分场污水处理不充分。

2. "猪—沼—果"

猪粪污水经沼气池发酵产生沼气，沼液用于果树、蔬菜、农作物。此类模式以家庭养猪场应用为主。优点是实现了资源两次利用。

3. "猪—湿地—鱼塘"

猪粪尿干湿分离，干粪堆积发酵后外卖，污水经厌氧发酵后进入氧化塘、人工湿地，最后流入鱼塘、虾池。优点是占地较少，投资省，缺点是干粪依赖外售，污水使用不当会影响鱼虾生产。

4. "猪—蚯蚓—甲鱼"

猪粪尿进行干湿分离，干粪发酵后养殖蚯蚓，蚯蚓喂甲鱼，污水用于养鱼。优点是生态养殖，投资省，缺点是劳动强度大。

5. "猪—生化池"

粪尿干湿分离后，干粪堆积发酵外售，污水经生化池逐级处理，或经过过滤膜过滤后外排。此类模式占地少，但运行费用高。

在这些物质循环利用型生态系统中，种植业—养殖业（猪）—沼气工程三结合的物质循环利用型生态工程应用最为普遍，效果最好。下面以此为例作简要阐述。

种植业—养殖业（猪）—沼气工程三结合的物质循环利用型生态工程的基本内容：规模化猪场排出的粪便污水进入沼气池，经厌氧发酵产生沼气，供民用炊事、照明、采暖（如温室大棚等）乃至发电。沼液不仅作为优质饵料，用以养鱼、养虾等，还可以用来浸种、浸根、浇花，并对作物、果蔬叶面、根部施肥；沼气渣可用作培养食用菌、蚯蚓，解决饲养畜禽蛋白质饲料不足的问题，剩余的废渣还可以返田增加肥力，改良土壤，防止土地板结。此系统实际上是一个以生猪养殖为中心，沼气工程为纽带，集种、养、鱼、副、加工业于一体的生态系统，它具有与传统养殖业不同的经营模式。在这个系统中，生猪得到科学的饲养，物质和能量获得充分的利用，环境得到良好的保护，因此生产成本低，产品质量优，资源利用率高。

（二）健康与能源型综合系统

其运作方式是：将猪粪尿先进行厌氧发酵，形成气体、液体和固体 3 种成分，然后利用气体分离装置把沼气中甲烷和二氧化碳分离出来，分离出来的甲烷可以作为燃料照明，也可进行沼气发电，获得再生能源；二氧化碳可用于培养螺旋藻等经济藻类。沼气池中的上层液体经过一系列的沼气能源加热管消毒处理后，可作为培养藻类的矿物质营养成分。沼气池下层的泥浆与其他肥料混合后，作为有机肥料可改良土壤；用沼气发电产生的电能，可用来照明，还可带动藻类养殖池的搅拌设备，也可以给蓄电池充电。过滤后的螺旋藻等藻体含有丰富、齐全的营养元素，既可以直接加入鱼池中喂鱼、拌入猪饲料中喂猪，也可以经烘干、灭菌后作为廉价的蛋白质和维生素源，供人们食用，补充人体所需的必须氨基酸、稀有维生素等营养要素。该系统的其他重要环节还包括一整套的净水系统和植树措施。这一系统的实施、运用，可以有效地改善猪场周围的卫生和生态环境，提高人们的健康和营养水平。同时，猪场还可以从混合肥料、沼气燃料、沼气发电、鱼虾和螺旋藻休中获得经济收入。该系统的操作非常灵活，可随不同地区、不同猪场的具体情况而加以调整。

第五节　养猪场消毒制度

一、养猪场常用消毒药

（一）常用消毒药及其特点

1. 氢氧化钠（氢氧化钠、氢氧化钠、苛性钠）

对细菌、病毒均有强大灭菌力，对细菌芽孢、寄生虫卵也有杀灭作用。常配成 2%～3% 的溶液，用于出入口、运输工具、空栏、料槽、墙壁、运动场等处的消毒。本品腐蚀性很强，使用时一定要小心，千万不要溅到身上尤其是眼睛里和手上。

2. 生石灰

生石灰主要成分是氧化钙，遇水生成氢氧化钙，起到消毒作用。消毒作用不强，只对大部分繁殖型细菌有效，对芽孢无效。使用时，先将生石灰与水按 1 : 1 的比例，制成熟石灰，再用水配成 10%～20% 的混悬液用于消毒墙壁、地面和粪便。石灰乳宜现配现用。注意：生石灰本身没有消毒作用，必须与水混合后使用才有效。

3. 过氧乙酸

过氧乙酸为强氧化剂，对细菌、病毒、霉菌和芽孢均有杀灭作用，作用快而强。常用 0.3%～0.5% 的溶液，用作地面、墙壁消毒，也可用于空栏熏蒸消毒，一般按每立方米 1～3 克，稀释成 3%～5% 溶液，加热熏蒸（室内最适相对湿度为 60%～80%），紧闭门窗 1～2 小时。过氧乙酸对皮肤、黏膜有腐蚀作用，高浓度时加热至 60℃能引起爆炸，使用时要当心。过氧乙酸很不稳定，配制好的溶液只能保存几天，宜现配现用。市售制品为 20%、40% 溶液，有效期为半年。

4. 福尔马林（40% 甲醛溶液）

福尔马林为强大的广谱杀菌剂，能迅速杀灭细菌、病毒、芽孢、霉菌。福尔马林在实际生产中广泛用于空猪舍熏蒸消毒，即每立方米空间用 30 毫升福尔马林加 15 克高锰酸钾熏蒸；也可用 2%～4% 的福尔马林溶液进行地面、墙壁、用具消毒。由于熏蒸必须有较高的温度和湿度，故在熏蒸前要喷水增湿。福尔马林具有强烈刺激性气味，是蛋白质凝固剂，使用时要注意安全。

5. 菌毒灭

菌毒灭是我国生产的一种新型广谱、高效的复合酚类消毒剂，在有效稀释浓度内对人畜无毒、无害，主要用于带猪环境消毒，常用预防消毒浓度为 0.3%～0.5%，病原污染的场地消毒浓度为1%。使用时应注意严禁用喷洒农药的喷雾器，严禁与碱性药品或其他消毒液混合使用，以免降低消毒效果或引起意外。

6. 百毒杀

百毒杀为双链季铵盐类消毒剂，安全、高效、无腐蚀、无刺激，消毒力可持续10～14天。常用于有猪圈舍、环境、用具等的消毒（浓度0.01%～0.03%）和饮水消毒（0.005%～0.01%）。

7. 新洁尔灭（苯扎溴铵）

新洁尔灭是最常用的表面活性剂，有较强的消毒作用，对多数革兰氏阴性菌和阳性菌接触数分钟即能杀死，应用广泛。常用0.1%的溶液浸泡手指、皮肤、手术器械和玻璃用品，用0.01%～0.05%的溶液进行黏膜及深部感染的窗口消毒。本品不能与普通肥皂配伍。

8. 二氯异氰尿酸钠（优氯净）

本品含有效氯60%～64%。对细菌繁殖体、芽孢、病毒、真菌孢子均有较强的杀灭作用，可用于饮水、圈舍、用具、车辆消毒。按有效氯含量计算，饮水消毒可用0.5毫克/千克浓度，圈舍、用具、车辆消毒可用50～100毫克/千克浓度。本品正常使用对皮肤黏膜无明显刺激性，但其粉尘对眼和上呼吸道有中度的刺激，可引起眼和皮肤灼伤。

9. 漂白粉

漂白粉别名次氯酸钙，含有效氯80%～85%。遇水产生次氯酸，次氯酸又可释放出活性氯和初生态氧，从而呈现杀菌作用，作用强，但不持久，能杀灭细菌、芽孢、病毒及真菌。主要用于圈舍、料槽、地面及车辆的消毒。饮水消毒可在50升水中加入漂白粉1克。圈舍地面消毒可配成5%～20%的混悬液喷洒，也可撒布干粉末。

10. 戊二醛

戊二醛对繁殖型革兰氏阳性菌和阴性菌作用迅速，对耐酸菌、芽孢、某些霉菌和病毒也有效果。在溶液pH值7.5～8.5时作用最强。常用2%溶液（加入0.3%碳酸氢钠），用于不能加热灭菌的医疗器械（如温度计、橡胶塑料制品）消毒。

（二）选择消毒药的原则

1. 根据环境条件选用消毒药

醛类消毒剂，特别是甲醛有强烈的刺激性气味，毒性很大，既容易危害畜禽呼吸道，也容易损害使用者的健康，不能用其作带猪消毒。用作空气消毒后，也应留出 1 周左右的静置挥发期。戊二醛是新一代的醛类消毒剂，它没有甲醛的缺点，却有优于甲醛的消毒杀菌效果，已成为很受欢迎的主要消毒剂，广泛应用于墙壁、地面、空气的消毒，一般喷雾使用。

复合酚类消毒剂如菌毒敌、消毒灵、农乐、杀特灵等，也具有刺激性气味，可导致黏膜红肿和其他不良反应，且具有气味滞留性，适于用作空气消毒、粪便消毒或病菌污染地的临时消毒。

含氯消毒剂如优氯净、强力消毒净、速消净、84 消毒液、消洗净、凯杰、超氯等，杀菌作用受 pH 值影响很大。pH 值愈高，杀菌作用愈弱；pH 值愈低，杀菌作用愈强，pH 值为 4 时，杀菌作用最强。可用作墙壁、地面、空气带猪消毒，也可用于饮水消毒，但用前应作好水质检测。

表面活性剂类消毒剂，如新洁尔灭、洗必泰、度米芬、百毒杀等，虽然消毒效果也易受水质影响，但因具有低腐蚀性、低刺激性的特点，且杀菌浓度较低，用药量小，也是比较受欢迎的消毒剂，既可用于空气带猪消毒，也可用于饲养员、技术员的皮肤消毒，还可用于墙壁、地面、笼箱、料槽、饮水器、运输工具的喷雾或浸泡消毒，以及用于不宜煮沸的塑料、橡胶制品的浸泡消毒。

复合碘类消毒剂包括碘伏和碘伏与不同表面活性剂配合形成的消毒剂，如：强力碘、速效碘、威力碘等，过氧化物类消毒剂包括过氧化氢、臭氧、过氧乙酸等，这两类消毒剂因无刺激、无腐蚀、毒性低，很适合在养猪场内使用。特别是过氧化物类消毒剂，最适合于饮水消毒，过氧乙酸可以用于空气喷雾、熏蒸消毒，但必须在酸性环境中，使用者还需注意搞好防护，避免刺激眼、鼻黏膜；而复合碘类消毒剂则要求 pH 值 2～5 范围内使用，pH 值 2 以下会对金属有腐蚀作用，可用于环境喷雾消毒，也可用于皮肤涂抹消毒。

2. 根据疫情特点选用消毒剂

复合酚类消毒剂对细菌、真菌、有囊膜病毒、多种寄生虫卵都具有杀灭作用，但对无囊膜病毒如细小病毒、腺病毒、疱疹病毒等无效；季铵盐类消毒剂虽然对各种细菌如大肠杆菌、金黄色葡萄球菌、链球菌、沙门氏菌、布鲁氏菌和常见病毒如猪瘟病毒、口蹄疫病毒均有良好的效果，但对无囊膜病毒消毒效果也不好。除发生无囊膜病毒感染外，均可选用这两类消毒剂进行环境、器具、分泌物、排泄物的消毒。

醛类消毒剂可以有效杀灭细菌、真菌、病毒、芽孢，最适于疫源地的芽孢消毒。"安灭杀"是醛类与季铵盐类的复方制剂，两种成分有相乘的效果，除对大肠杆菌、溶血性链球菌、金黄色葡萄球菌有良好的杀灭作用外，还对猪细小病毒、猪繁殖与呼吸综合征病毒、猪伪狂犬病病毒、猪瘟病毒等有很好的杀灭效果，作用迅速，效力持久，最适合于养猪场的消毒池，应用 1 次持久效力可达 7

天以上。

过氧化物类消毒剂对细菌繁殖体、病毒、真菌、某些芽孢具有较好的杀灭作用，对原虫及其卵囊也很有效。因此，受原虫威胁的养殖场，宜选用这类消毒剂，作环境、用具消毒用，用于空气消毒时可以喷雾，也可熏蒸。

含氯消毒剂对金黄色葡萄球菌、口蹄疫病毒、猪传染性水疱病毒、猪轮状病毒、猪传染性胃肠炎病毒、鸡新城疫病毒等都具有较强的杀灭作用。缺点是性质不稳定，受日光照射时易分解失效，较难储存，消毒效果既易受 pH 值影响，也易受有机质和还原性物质的影响。

氢氧化钠对各种细菌、真菌、病毒、芽孢、原虫都具有很强的杀灭作用，但氢氧化钠腐蚀性很强，对人畜的毒性很大，应避免与皮肤接触。发生口蹄疫、猪瘟、鲁氏菌病的疫源地可以选用 2%～3% 的氢氧化钠溶液喷洒，作墙壁、地面、阴沟、粪便、运输工具的消毒。

3. 比较价格选用消毒剂

消毒药是养殖场内常规用药中比较大的一项投入，购买消毒药时，除仔细阅读生产厂家提供的说明书并比较药物的性质、特点、作用外，还需权衡药物的价格，尽量选择质优价廉的药物，尤其是同类产品中的价格低廉者，如：消毒饮水时，在 1 千克水中滴加 2% 碘酊 5～6 滴，可杀死水中的致病菌及原虫，15 分钟后即可饮用；墙壁、地面、用具的临时消毒或紧急消毒，可以使用 15 千克新鲜草木灰，加水 50 千克，煮沸 1 小时后，过滤去渣，将滤液再加至原水量后喷洒，若加入 1～1.5 千克食盐，消毒效果会更好；栏舍、墙壁、地面、粪池、污水沟等处的消毒，也可用生石灰加水配成 10%～20% 的石灰乳后，泼洒或涂刷消毒，但石灰的消毒作用不强，只能用于平时消毒。

二、消毒的种类与方法

（一）消毒的种类

消毒的目的是消灭被传染源散播于外界环境中的病原体，以切断传播途径，阻止疫病的蔓延。

1. 预防性消毒

对圈舍、场地、用具和饮水等进行定期消毒，以达到预防一般疫病的目的。

2. 临时消毒

临时消毒是指在发生疫病后到解除封锁期间，疫源地内有传染源存在，为了及时消灭由传染源排出的病原体而进行的反复多次的消毒。消毒对象是患病猪及带菌（毒）猪的排泄物、分泌物以及被其污染的圈舍、用具、场地和物品等。

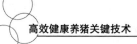

3. 终末消毒

终末消毒是指疫源地内的患病猪解除隔离、痊愈或死亡后，或者疫区解除封锁时，为了消灭疫区内可能残存的病原体而进行的一次全面彻底的大消毒。消毒对象是传染源污染和可能污染的所有圈舍、饲料饮水、用具、场地及其他物品等。

（二）养猪常用消毒法

1. 机械清除

主要是通过清扫、洗刷、通风、过滤等机械方法清除病原体。本法是一种普通而又常用的方法，但不能达到彻底消毒的目的，作为一种辅助方法，须与其他消毒方法配合进行。

2. 物理消毒

（1）日光消毒是利用阳光光谱中的紫外线、热线及其他射线进行消毒的一种常用方法。其中紫外线具有较强的杀菌能力，阳光的灼热和蒸发水分造成的干燥也有杀菌作用。本法对于牧场、草地、运动场、猪栏、饲养用具及环境等的消毒很有实际意义。但日光消毒受季节、时间、地势、天气等很多条件的影响，因此必须掌握时机，灵活运用，才能收到明显的效果。一般病毒和非芽孢性病原菌在直射阳光下照射几分钟至几小时即可被杀死；抵抗力强的细菌、芽孢在强烈的日光下反复暴晒，也可使之毒力减弱或被杀灭。

（2）焚烧、烧灼、烘烤是一种简单易行可靠的消毒方法。常在发生烈性疫病，如炭疽、气肿疽时，对病畜尸体及其污染的垫草、草料等进行焚烧，对厩舍墙壁、地面可用喷灯进行喷火消毒。金属制品可用火焰烧灼和烘烤进行消毒。

（3）煮沸消毒是日常最为常用而且效果确实的消毒方法。一般病原菌的繁殖体在 $60 \sim 70℃$ 经 $30 \sim 60$ 分钟或 $100℃$ 的沸水中 5 分钟内即可死亡。多数芽孢在煮沸 $15 \sim 30$ 分钟内即可死亡，煮沸 $1 \sim 2$ 小时可以消灭绝大多数的病原体。常用于耐煮的金属器械、木质和玻璃器具、工作服等的消毒。在煮沸金属器械和玻璃器械时，可加 $1\% \sim 2\%$ 碳酸钠或 0.5% 肥皂等碱性物质，以提高沸点，增强杀菌效果。塑料、皮革制品容易变形，不宜煮沸消毒。

（4）蒸汽消毒相对湿度 $80\% \sim 100\%$ 的热空气，能携带许多能量，遇到消毒物品时凝集成水，并放出大量热能，从而达到消毒的作用。

3. 化学消毒

化学消毒是用化学药物杀灭病原体的方法，常用化学药品的溶液或蒸气进行消毒，在防疫工作中最为常用。选用消毒药的标准：杀菌谱广，有效浓度低，作用快，效果好；对人畜无害；性质稳定，易溶于水，不易受有机物和其他理化因素影响；使用方便，价廉，易于推广；无味，无色，不损坏被消毒物品；使用后残留量少或副作用小。

三、消毒的实施

（一）猪舍环境的消毒

1. 猪舍环境消毒

猪舍周围环境每 2～3 周用 2% 氢氧化钠或撒生石灰消毒 1 次，场周围及场内污水池、排粪坑、下水道出口，每月用漂白粉消毒 1 次。在猪舍入口设消毒池，使用 2% 氢氧化钠或 5% 来苏儿溶液，每周更换消毒液 2 次。每隔 1～2 周，用 2%～3% 氢氧化钠溶液喷洒消毒道路 1 次，用 2%～3% 氢氧化钠或 3%～5% 的甲醛或 0.5% 的过氧乙酸喷洒消毒场地 1 次。

2. 病猪污染环境消毒

被病猪排泄物和分泌物污染的地面土壤，可用 5%～10% 漂白粉溶液、0.5% 百毒杀或 10% 氢氧化钠溶液消毒。

停放过患炭疽、气肿疽等病死猪尸体的场所，或者是患炭疽、气肿疽等病猪倒毙的地方，应严格加以消毒，首先用 10%～20% 漂白粉乳剂或 5%～10% 优氯净（二氯异氰尿酸钠）喷洒地面，然后将表层土壤掘起 30 厘米左右，撒上干漂白粉并与土壤混合后运出掩埋。在运输时应用不漏土的车以免沿途漏撒，如无条件将表土运出，则应加大漂白粉的用量（1 米^2 面积加漂白粉 5 千克），将漂白粉与土壤混合，加水湿润后原地压平。

（二）猪舍预防性消毒

1. 机械清除

坚持每天打扫猪舍卫生，保持料槽、网床、用具干净，地面清洁。

2. 通风换气

坚持做好猪舍的通风换气工作，特别是在寒冷的季节，在做好保温的同时，一定要保证舍内空气新鲜。

3. 日常消毒

猪舍的设施、墙壁和地面，每周应 1～2 次交替使用 0.1%～0.2% 过氧乙酸、0.1% 次氯酸钠、0.1% 新洁尔灭、0.5% 聚维酮碘或其他消毒药物，进行喷雾消毒。夏天气温较高时，应在早晚进行消毒，不要安排在中午，因为中午气温高，消毒药物挥发快，会对猪只呼吸道产生较强刺激。冬季则应安排在中午消毒。

（三）猪舍临时消毒和终末消毒

发生各种传染病而进行临时消毒及终末消毒时，要注意选准药物。一般肠道病菌和病毒性感染，可选用 5% 漂白粉或 1%～2% 氢氧化钠热溶液，对猪舍进行消毒。但若发生细菌芽孢引起的传染病（如炭疽、气肿疽等）时，则需使用 10%～20% 漂白粉乳、1%～2% 氢氧化钠热溶液或其他强力消毒剂，对猪舍

进行消毒。一般每天消毒 1～2 次。

（四）猪体保健消毒

预产期前 3～5 天，把母猪从妊娠舍赶到产房，让母猪逐渐适应产房环境。转移前，先把母猪清洗干净，然后用 0.5% 的卫可（过硫酸氢钾复合物粉）或其他消毒剂，对猪体进行消毒。母猪临产前，用 0.05% 高锰酸钾溶液、0.1% 新洁尔灭溶液或其他刺激性小的消毒液，清洗母猪乳房和阴门。

仔猪断脐、剪牙、断尾、去势时，创口可用碘酊涂抹消毒。

（五）粪便消毒

患传染病和寄生虫病猪粪便的消毒，可用焚烧法、化学药品消毒法、掩埋法和生物热消毒法等。实践中最常用的是生物热消毒法（发酵），此法能使非芽孢病原微生物污染的粪便变为无害，且不丧失肥料的应用价值。掩埋法适合于烈性疫病病原体污染的少量粪便的处理，可将漂白粉（或生石灰）与粪便按 1：5 的比例混合，然后深埋地下 2 米左右。少量带芽孢的粪便，可直接与垃圾、垫草和柴草混合焚烧消毒。

（六）用具消毒

1. 日常用具消毒

定期对保温箱、补料槽、饲料车、料箱等进行消毒。将用具冲洗干净后，用 0.1% 新洁尔灭或 0.2%～0.5% 过氧乙酸进行消毒，然后在密闭的室内进行熏蒸。

2. 医用器具消毒

对牙剪、耳缺钳、耳牌钳、断尾钳、手术剪、手术刀柄、持针钳、注射器、针头、消毒盘及体温计等器械和用具，在使用后要及时去除污物，用清水洗刷干净，然后按器具的不同性质、用途及材料，选择适宜的方法进行消毒。

常用方法有：70%～75% 酒精擦拭消毒；开水煮沸消毒；高温消毒柜消毒；消毒液（0.1% 新洁尔灭、0.2% 百毒杀、0.5% 络合碘等）浸泡消毒；高压蒸汽灭菌法。注射疫苗的注射器具，宜用高压蒸汽进行消毒。

第六节　养猪场免疫接种制度

一、养猪场常用疫苗

（一）猪瘟兔化弱毒冻干苗

皮下或肌内注射，每次每头 1 毫升，注射后 4 天产生免疫力，免疫期保护为 1～1.5 年。为了克服母源抗体干扰，断奶仔猪可注射 3 或 4 头份。此疫苗

在 −15℃条件下可以保存 1 年；0 ～ 8℃条件下，可以保存 6 个月；10 ～ 25℃条件下，可以保存 10 天。

（二）猪丹毒疫苗

1. 猪丹毒冻干苗

皮下或肌内注射，每次每头 1 毫升，注射后 7 天产生免疫力，免疫期保护为 6 个月。此疫苗在 −15℃条件下可以保存 1 年；0 ～ 8℃条件下，可以保存 9 个月；25 ～ 30℃条件下，可以保存 10 天。

2. 猪丹毒氢氧化铝灭活苗

皮下或肌内注射，10 千克以上的猪每次每头 5 毫升，10 千克以下的猪每次每头 3 毫升，注射后 21 天产生免疫力，免疫保护期为 6 个月。此疫苗在 2 ～ 15℃条件下，可以保存 1.5 年；28℃以下，可以保存 1 年。

（三）猪瘟、猪丹毒二联冻干苗

肌内注射，每头每次 1 毫升，免疫保护期为 6 个月。此疫苗在 −15℃条件下可以保存 1 年；2 ～ 8℃条件下，可以保存 6 个月；20 ～ 25℃条件下，可以保存 10 天。

（四）猪肺疫菌苗

1. 猪肺疫氢氧化铝灭活苗

皮下或肌内注射，每头每次 5 毫升，注射后 14 天产生免疫力，免疫保护期为 6 个月。此疫苗在 2 ～ 15℃条件下，可以保存 1 ～ 1.5 年。

2. 口服猪肺疫弱毒菌苗

不论大小猪一般口服 3 亿个菌，按猪数计算好需要菌苗剂量，用清水稀释后拌入饲料，注意要让每一头猪都能吃上一定的料，口服 7 天后产生免疫力。免疫期为 6 个月。

（五）仔猪副伤寒弱毒冻干苗

皮下或肌内注射，每头每次 1 毫升，断乳后注射能产生较强免疫保护力。此疫苗 −15℃条件下可以保存 1 年；在 2 ～ 8℃条件下，可以保存 9 个月；在 28℃条件下，可以保存 9 ～ 12 天。

（六）猪瘟、猪丹毒、猪肺疫三联活苗

肌内注射，每头每次 1 毫升，按瓶签标明用 20% 氢氧化铝胶生理盐水稀释，注射后 14 ～ 21 天产生免疫力，猪瘟的免疫保护期为 1 年，猪丹毒、猪肺疫的免疫保护期均为 6 个月。未断奶猪注射后隔两个月再注苗一次。此疫苗在 −15℃条件下可以保存 1 年；0 ～ 8℃条件下，可以保存 6 个月；10 ～ 25℃条件下，可以保存 10 天。

（七）猪喘气病疫苗

1. 猪喘气病弱毒冻干疫苗

用生理盐水注射液稀释，对怀孕 2 月龄内的母猪在右侧胸腔倒数第 6 肋骨于肩胛骨后缘 3.5 ～ 5 厘米外进针，刺透胸壁即行注射，每头 5 毫升。注射前后皆要严格消毒，每头猪一个针头。

2. 猪霉形体肺炎（喘气病）灭活菌苗

仔猪于 1 ～ 2 周龄首免，2 周后第二次免疫，每次 2 毫升，肌注。接种后 3 天即可产生良好的保护作用，并可持续 7 个月之久。

（八）猪萎缩性鼻炎疫苗

1. 猪萎缩性鼻炎三联灭活菌苗

本菌苗含猪支气管败血波德氏杆菌、巴氏杆菌 A 型和产毒素 5 型及巴氏杆菌 A、D 型类毒素。对猪萎缩性鼻炎提供完整的保护。每头猪每次肌内注射 2 毫升。母猪产前 4 周接种 1 次，2 周后再接种 1 次，种公猪每年接种 1 次。母猪已接种者，仔猪于断奶前接种 1 次；母猪未接种者，仔猪于 7 ～ 10 日龄接种 1 次。如现场污染严重，应在首免后 2 ～ 3 周加强免疫 1 次。

2. 猪传染性萎缩性鼻炎油佐剂二联灭活疫苗

颈部皮下注射。母猪于产前 4 周注射 2 毫升，新进未经免疫接种的后备母猪应立即接种 1 毫升。仔猪生后 1 周龄注射 0.2 毫升（未免母猪所生），4 周龄时注射 0.5 毫升，8 周龄时注射 0.5 毫升。种公猪每年 2 次，每次 2 毫升。

（九）猪细小病毒疫苗

1. 猪细小病毒灭活氢氧化铝疫苗

使用时充分摇匀。母猪、后备母猪于配种前 2 ～ 8 周，颈部肌内注射 2 毫升；公猪于 8 月龄时注射。注苗后 14 天产生免疫力，免疫期为 1 年。此疫苗在 4 ～ 8℃冷暗处保存，有效期为 1 年，严防冻结。

2. 猪细小病毒病灭活疫苗

母猪配种前 2 ～ 3 周接种一次；种公猪 6 ～ 7 月龄接种一次，以后每年只需接种一次。每次剂量 2 毫升，肌内注射。

3. 猪细小病毒灭活苗佐剂苗

阳性猪群断奶后的猪，配种前的后备母猪和不同月龄的种公猪均可使用，对经产母猪无须免疫。阴性猪群，初产和经产母猪都须免疫，配种前 2 ～ 3 周免疫，种公猪应每半年免疫 1 次。以上每次每头肌注 5 毫升，免疫 2 次，间隔 14 天，免疫后 4 ～ 7 天产生抗体，免疫保护期为 7 个月。

（十）猪伪狂犬病毒疫苗

1. 猪伪狂犬病毒弱毒疫苗

乳猪第一次注射 0.5 毫升，断奶后再注射 1 毫升；3 月龄以上架子猪 1 毫升；成年猪和妊娠母猪（产前 1 个月）2 毫升，注射后 6 天产生免疫力，免疫保护期为 1 年。

2. 猪伪狂犬病灭活菌苗、猪伪狂犬病基因缺失灭活菌苗和猪伪猪犬病基因缺失弱毒菌苗

后两种基因缺失灭活苗，用于扑灭计划。这 3 种苗均为肌内注射，程序是：小母猪配种前 3 ～ 6 周之间注射 2 毫升，公猪为每年注射 2 毫升，肥猪约在 10 周龄注射 2 毫升或 4 周后再注射 2 毫升。

（十一）兽用乙型脑炎疫苗

为地鼠肾细胞培养减毒苗。在疫区于流行期前 1 ～ 2 个月免疫，5 月龄以上至 2 岁的后备公母猪都可皮下或肌内注射 0.1 毫升，免疫后 1 个月产生坚强的免疫力。

二、养猪场常用免疫程序

近几年，一些地区猪病流行严重，常常造成猪大量死亡，给养殖户造成很大损失，即使管理比较规范的规模猪场，同样也是难逃厄运，因此，及时注射疫苗成为保护猪群的关键措施。根据猪病流行规律，规模猪场可根据猪群来源特点，分别采用不同的免疫程序。

（一）从市场购进的仔猪群：8 针全覆盖

很多猪场都是外购仔猪。外购仔猪需要充分了解有无疫情威胁，在保证外购仔猪安全的情况下，还要及时注射疫苗。近几年，很多猪场蓝耳病不断，喘气病（霉形体肺炎）、口蹄疫复发，因此，应重点预防喘气病、蓝耳病、口蹄疫等疫病。

购进第 1 天，注射百病康（免疫球蛋白）；购进第 2 天，注射疫毒清（转移因子）；购进第 7 天，注射猪喘气病疫苗；购进第 14 天，注射猪蓝耳病疫苗；购进第 21 天，注射猪伪狂犬病疫苗；购进第 30 天，注射猪口蹄疫疫苗；购进第 42 天，注射猪瘟 – 猪丹毒 – 猪肺疫三联苗；购进第 58 天：注射猪口蹄疫疫苗。

（二）自繁自养的仔猪群：10 针加补铁

自繁自养并不一定保证猪群绝对安全，免疫保护需要从仔猪出生那天就开始做起。以下 10 针免疫程序不一定适合所有猪场，可根据猪场周边的流行病学特点，灵活使用，适当变通。

1 日龄，注射百病康（免疫球蛋白）；3 日龄，补铁配合补硒（缺硒地区）；

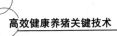
5～7日龄，注射猪气喘病疫苗；15日龄，注射仔猪大肠埃希氏菌三价灭活疫苗；20日龄，注射猪链球菌疫苗或猪伪狂犬病疫苗；25日龄，注射猪蓝耳病疫苗；30日龄，注射猪传染性胃肠炎－流行性腹泻二联疫苗；35日龄，注射猪瘟细胞苗＋疫毒清（转移因子）；42日龄，注射猪口蹄疫疫苗；60日龄，注射猪瘟－猪丹毒－猪肺疫三联苗；70日龄，注射猪口蹄疫疫苗。

（三）自繁自养的初产母猪：配前产前各4针

在自繁仔猪免疫程序的基础上，对自繁自养的初产母猪，可施行配前4针、产前4针的免疫程序。

配种前40天，注射蓝耳病疫苗；配种前30天，注射猪伪狂犬病疫苗；配种前20天，注射细小病毒病疫苗；配种前10天，注射猪瘟－猪丹毒－猪肺疫三联苗；产前40天，注射仔猪大肠杆菌三价灭活苗（K88–K99）；产前30天，注射猪传染性胃肠炎－流行性腹泻二联苗；产前20天，注射仔猪大肠杆菌三价灭活苗（K88–K99）。

（四）经产母猪：配前产前共7针

经产母猪，同样需要免疫接种，防疫重点同样是蓝耳病、伪狂犬病、猪瘟、大肠杆菌病等疫病。

配种前40天，注射流行性乙型脑炎疫苗；配种前30天，注射猪蓝耳病疫苗；配种前20天，注射猪伪狂犬病疫苗；配种前10天，注射猪瘟－猪丹毒－猪肺疫三联苗；产前40天，注射仔猪大肠杆菌三价灭活苗（K88–K99）；产前30天，注射猪传染性胃肠炎－流行性腹泻二联苗；产前20天，注射仔猪大肠杆菌三价灭活苗（K88–K99）。

（五）种公猪：重点对付6种病

种公猪的免疫也很重要，一般每年应免疫2次猪瘟、蓝耳病、圆环病毒病2型、口蹄疫、猪伪狂犬病，乙型脑炎也需要引起重视，一般在每年的4—6月免疫。

（六）注意事项

① 普通猪瘟细胞活疫苗预防量，小猪4头份，大猪10头份；高效猪瘟细胞活疫苗预防量，小猪1头份，大猪2头份。

② 极少数猪接种疫苗后20分钟至60分钟，可能出现急性过敏反应，如焦躁不安、呼吸加快、肌肉震颤、可视黏膜充血、呕吐等。建议及时使用肾上腺素或地米等药物进行治疗；体温升高者，可使用青霉素、复方氨基比林配合维生素进行治疗。

③ 在免疫前后2天内，禁止饲喂抗病毒药物；在免疫前后1天内，禁止饲喂磺胺类药物、利福平、氟苯尼考等药物；在免疫前后12小时内，禁止饲喂抗

生素药物。

④ 接种疫苗前，一定要根据本场猪群健康状况，如本场猪群处于亚健康或有发烧、呼吸道症状，一定要慎重接种。在接种疫苗前3天，使用黄芪多糖、电解多维饮水或拌料，可以达到抵抗应激反应和提高机体免疫力的作用。

⑤ 仔猪断奶或阉割前后3天，尽量不接种疫苗，各阶段换料要逐渐过渡。

⑥ 实践证明，仔猪在断奶前2天，肌注水剂百病康（猪免疫球蛋白），可明显降低由于断奶应激而诱发的顽固性腹泻、水样腹泻、圆环病毒2型、蓝耳病、猪伪狂犬病、非典型猪瘟、猪流感、传染性胃肠炎等疾病的发生。

⑦ 冬天注射疫苗时，注意采用水浴的方法给疫苗预热，使其温度达到与动物体温接近。

第四章　猪健康养殖关键技术

第一节　猪的生物学特性

一、猪的生物学特征

（一）繁殖特点

猪的繁殖力很强，主要表现是公猪的产精量大，母猪的性成熟早、妊娠期短、繁殖力高及世代间隔短等诸多方面。

1. 产精量大

公猪的繁殖力高表现在一次的射精量大，为 150～400 毫升，多的达到 500 毫升。精子的密度为 2 亿/毫升。

2. 性成熟早

猪第一次排出生殖细胞的阶段称为性成熟。母猪性成熟后有发情表现，公猪性成熟后有爬跨母猪的行为和能力。我国的本地品种猪一般在 2～3 月龄就可以达到性成熟，如梅山猪的性成熟期 75 天左右。我国的新培育品种猪一般在 3～4 月龄达到性成熟，而引入品种猪一般在 5～6 月龄达到性成熟。生产上的配种日期一般安排在母猪达到性成熟后的第三个发情期。

3. 妊娠期短

猪是常年均可以发情配种的经济动物，它的发情很少受季节的限制。猪的妊娠期平均为 114 天，范围是 111～117 天。由于妊娠期比其他家畜短，所以其繁殖周期短。母猪一般可以达到一年两胎以上。

4. 排卵数多

猪为多胎动物，每次母猪发情时，都要从卵巢中排放 20～30 枚卵，每次发情配种都能产生 8～12 头的仔猪，最终都能提供 7～10 头仔猪。如果采用特殊的处理，母猪的排卵数还可增加，产仔数也能增加。

5. 世代间隔短

由于猪的繁殖周期短，所以它的世代间隔就短。正常情况下猪的世代间隔为 1.5 年，如果从第一胎留种，则世代间隔可以缩短到一年，即一年一世代。

现代培育的瘦肉型品种猪同样具有多产性，但是其性成熟较晚，体成熟更晚。脂肪沉积也少得多。

（二）生长特点

由于猪的妊娠期短，只有114天的时间，可以说猪是在一个发育不完全的情况下出生的。为了弥补先天的不足，猪必须增大生长强度。

由于猪的生长强度大，使猪的代谢旺盛。猪的初生体重很小，不足成年体重的1%。在1月龄时，仔猪的体重可达到初生体重的5～6倍；2月龄时，仔猪的体重可达到初生体重的10～13倍，在饲养条件良好的条件下，猪在6月龄左右可达到90千克体重。

（三）感觉特点

1. 听觉非常发达

猪在很短的时间内就可以对周围环境的各种声响形成牢固的听觉反射，在没有见到人影、没有闻到气息，只凭听觉对不同人的说话声、走路时鞋底与地面的摩擦声响等就可做出不同的反应。当本栋饲养员进入猪舍时，猪群表现为安静不动或涌到食槽前积极争食地鸣叫。当陌生的人员进入猪舍时，猪群往往表现为：惊慌不安，盲目奔跑，惊恐鸣叫，甚至在圈舍的一个角落里拥挤上垛。因此，猪舍（特别是产房）一般不允许无关人员进入。

2. 嗅觉非常灵敏

在初生后几小时仔猪就可以对周围环境以及母体的气味形成比较牢固的条件反射。平时，仔猪辨认母猪、辨认同胞、寻找乳源主要靠嗅觉。母猪辨认仔猪、辨认饲料、寻找食物也主要靠嗅觉。在养猪生产中我们常常发现，由于母仔的不同窝，母猪往往拒绝给仔猪哺乳，甚至将仔猪咬伤或咬死，这些都是由于猪嗅觉灵敏的缘故。

3. 视觉很不灵敏

猪的视觉很不灵敏，对光的反应相当迟钝，只是对光的强弱有反应，而对光的颜色变化则反应不大。强光能使猪兴奋，弱光能使猪安静。

（四）群居特点

猪具有群居性。猪的群居性是指猪群居时猪体之间发生的各种交互作用。猪从其祖先野猪那里继承了群居性的习性，在一定的条件下，它们可以成群结队地一起过着相当平稳的群居生活。一般认为在猪群体中保持相对平稳状态的先决条件，是各个猪在群体中有一个相应的位次关系，而这个位次关系的形成和保持，要靠猪的争斗力强弱来决定。

猪的争斗行力常常发生在两头或两群猪之间，一般是为了争夺优先采食权和争夺地盘而引起。猪在重新组群的初期，多多少少要发生争斗现象，而且猪群的数量越多，密度越大，其争斗行为越明显，特别是在成年猪之间的争斗更加激烈，甚至会带来猪只的伤亡。一般来说，体重大的、体质强的猪只其争斗能力大于年龄小的、已去势的、体形小的猪只。饲养者的任务不是消极地取消猪的争斗行为，而是要积极地减少或化解猪只之间过多不必要的争斗。

猪的群居性有利于饲养管理，特别是放牧管理；猪的群居性可以提高猪舍的利用率，减少饲养成本；猪的群居性有利于提高猪的食欲，从而提高饲料的消化率和饲料的利用率。

（五）食性特点

猪的门齿、犬齿和臼齿都很发达，猪的胃是肉食动物的单胃和反刍动物复胃之间的中间类型胃。这使得猪的食性很广，具有杂食性。因此，猪能广泛地利用各种动植物和矿物质饲料，能够充分地利用各种农副产品、废渣、鸡粪及牛粪，能够有效利用残羹剩饭。猪喜欢吃带有甜味的食物或带有乳香味的食物。

猪是单胃动物，它没有反刍兽那样的复胃结构，也没有草食家畜那样发达的盲肠，对粗纤维的消化主要是靠大肠内微生物的分解作用，因此对粗纤维的消化能力有限。当日粮中的粗纤维含量超过7%时，就会对引入品种或新培育品种的生产性能产生较大影响；当日粮中粗纤维的含量超过10%时，就会对地方品种的生产性能产生较大影响。所以在给猪只配合日粮时，要特别注意粗纤维的含量。

（六）睡眠特点

猪是多相睡眠动物，一天之内活动和睡眠几次交替。一般的规律是白天活动的时间比夜晚活动的时间长，温暖的季节（夏天）比寒冷的季节（冬季）活动时间长。猪在夜晚也活动、采食。猪昼夜活动因年龄及生产特性不同有差异，仔猪昼夜休息的时间平均为60%～70%，种猪为70%，母猪为80%～85%，肥育猪为75%～85%。

（七）体温特点

仔猪的皮薄，毛稀，皮下脂肪少，相对体表面积大，散热多，加之出生时神经系统不完善，体温调节功能不全，致使其怕冷，怕潮湿。大猪或肥猪由于其皮下脂肪厚，汗腺不发达，以及相对体表面积小，散热少而怕热。所以，仔猪尤其是初生仔猪，对环境温度的要求比较高；大猪尤其是100千克以上的猪，对环境温度的要求比较低，这使得猪对温度要求具有两重性。生产实际中，为了保证猪只处于一个有利的外环境，必须因猪的大小不同、生理阶段不同而给予不同的环境温度。

肉猪的临界温度计算公式为：$t=19.5-0.065m$。式中，t为临界温度，℃；m为猪的体重，千克。

二、猪的行为学特征

（一）模仿特性

猪有探究行为。猪群之间靠拱、推、咬和听进行信息的传递。仔猪初生后，外界的环境持续不断地对它进行作用。仔猪通过看、听、闻、尝、啃、咬、拱和感触进行探究，向大猪学习。猪这种极强的效仿能力被称为猪的模仿性。

（二）清洁特性

猪舍的面积足够大时，猪只能够明显地划分出几个不同的地带，分别是吃域、睡域和排域，这就是人们通常所说的猪的"三点定位"。猪的排泄有一定的时间和地点，一般是在采食后或饮水后或起卧时猪进行排泄。猪喜欢在阴暗、潮湿的角落里进行排泄过程，地点一旦固定很少改变。在条件允许的情况下，猪通常会自己保持躺卧地域的清洁和干燥，不会在自己吃、睡的地方排泄，这就是它好清洁表现。为此，在安排生产时，一定要注意猪的密度，保证每一头猪的合理占地面积。

（三）拱地特性

猪有拱地性，这和猪的采食行为有关。猪在觅食时，首先是用吻突来拱掘，然后才是啃咬和咀嚼。猪的这种行为有利于猪的放牧和自行采食一些必要的矿物质。在放牧饲养时猪可以通过拱地来采食地下的食物。当日粮中缺乏某些矿物质营养元素时，猪可以通过拱地来获得。猪的拱地性可能会给猪舍建筑带来一定的破坏，也容易使猪从土壤中感染寄生虫病或其他的疾病，这就要求我们的猪舍建筑更加坚固耐用。饲喂猪的日粮配比应达到全价营养平衡的要求。

（四）择食特性

猪的采食行为与猪的生长速度和个体健康密切相关。猪除睡眠以外，大部分的时间用来采食。猪的采食行为受丘脑下部食物中枢的控制，位于丘脑下部外侧的部位称为摄食中枢，位于丘脑下部内腹侧的部位称为饱中枢和饮水中枢。它们之间的相互作用，决定着猪的食欲、饮水和其他一系列的消化活动。摄食中枢兴奋，则猪的食欲旺盛，采食量增加，消化器官的活动功能也相应地增强。饱中枢兴奋，则猪的食欲下降甚至废绝。一般猪在白天的采食行为为 6～8 次，高于夜间 1～2 次的水平，其采食量和采食频率随体重的上升而增加。

猪的采食具有选择性，猪喜欢吃甜食，喜欢吃蔗糖、低浓度的糖精等。在颗粒饲料与粉料之间，猪往往选择颗粒饲料；在干料与湿料之间，猪常常偏爱湿料。猪还有自己平衡日粮的"营养智慧"。

饮水中枢的兴奋可以使得猪体内血液成分发生改变，引起渴觉和饮水行为。猪的饮水量很大，常常是采食和饮水同步或交叉进行，饮水量约为干饲料的两

倍。在不同的季节、不同的年龄、不同的生理阶段、不同的日粮组成、不同的外界温度下猪的饮水量不同。

（五）体温调节特性

和其他动物相比，猪的体温调节功能较低。当猪遇到寒冷时，会改变自身的姿势来减少体温的散发，如团身、四肢缩在体躯之下等。猪还会挤作一团相互取暖，通过打寒战来增加产热，或以被毛直立来增强被毛的隔热作用。此外，低温时猪可以通过减少活动和行动迟缓等来减少热的损失。

高温时，猪的呼吸频率和直肠的温度增高。这时，猪喜欢在泥水中（有时是在自己的粪尿中）打滚，并不时地转动体躯来散热。为了散热，猪常用鼻端拱地，使得自身能够躺在凉爽的下层泥土中。在高温情况下，猪尽量地伸展自己的体躯，尽可能地增大体表面积。在睡眠时，猪的鼻子总是朝向来风的方向，以增大热的散发。

（六）性向特性

当猪性成熟到来之后，母猪就会出现发情表现，并有接受交配的欲望；公猪有精子的生成，并具有爬跨母猪的能力，表现为强烈的交配欲望。猪本交配种过程中应用的就是它本身的这种特性。

（七）母性特性

猪的母性行为是对后代生存和成长有利的本能反应，它包括产前的做窝、分娩、哺乳、对仔猪的保护等。

一般母猪在产前 1～2 天就会衔草做窝或将泥土堆成一堆。在分娩时母猪多半是躺卧在地，分娩的中间，母猪不去咬断脐带，也不舔仔猪。分娩中间若遇到干扰，母猪则站在仔猪中间，口中发出"呼呼"的声音。分娩的过程有 1～4 小时。分娩结束后，母猪产下胎盘，若不及时取走，则往往被母猪吃掉。母猪在分娩过程中乳头已经饱满，产后母猪会自动让仔猪吃乳。母猪在产后最初 30～40 分钟哺乳一次，以后随着仔猪的年龄不断加大，哺乳次数不断减少。

第二节　种公猪的健康养殖

一、种公猪的生理特点

（一）公猪射精量大

在正常的情况下，成年公猪 1 次射精量可达 150～350 毫升，平均为 250 毫升左右，高的可达 600 毫升，精子总数在 200 亿～600 亿个。

（二）精液中含有多种物质

精液中水分约占97%，粗蛋白质占1.2%～2%，脂肪占0.2%，灰分占0.9%，各种有机浸出物占1%。其中粗蛋白质占干物质的60%以上。

（三）公猪交配时间比其他家畜长

一般5～10分钟，长的可达25分钟，长于其他家畜。牛和羊的射精时间仅有3秒左右。体力与营养物质消耗很大。

（四）为保证配种受胎率和种公猪体质猪群应保持合理的公母比例

本交情况下公母比例为1∶（25～30）。人工授精情况下公母比例为1∶（150～200）。

二、种公猪的营养需求

一般种公猪每次配种射精量在250毫升左右，变动范围依品种年龄可在50～500毫升。种公猪在配种期间消耗极大，如按2次/天的频率，每日排出精液量为100～1 000毫升，故在营养需求方面需十分讲究，才能维持公猪持久有效的配种能力。要充分发挥种公猪的生产性能，就要保证足够的优质蛋白质、维生素、矿物质供给等。

（一）能量

合理供给能量，是保持种公猪体质健壮、性机能旺盛和精液品质良好的重要因素。在能量供给量方面，未成年公猪和成年公猪应有所区别。未成年公猪由于尚未达到体成熟，身体还处于生长发育阶段，消化能水平以12.6～13.0兆焦/千克为宜，成年公猪可适量降低，以12.5～12.9兆焦/千克为宜。

（二）蛋白质

蛋白质对增加射精量、提高精液品质和配种能力以及延长精子存活时间都有重要作用。如果蛋白质不足会造成精液数量少、精子密度低、发育不完全并且活力差，使与配母猪受胎率下降，严重时，公猪甚至失去配种能力。因此，公猪日粮中，蛋白质一般在15%以上，赖氨酸在0.7%～0.8%。蛋白质饲料可多样化，可喂些青绿饲料。

（三）维生素

公猪饲料中一般添加复合维生素，尤其是维生素A和维生素E对精液品质有很大影响。长期缺乏维生素A，引起睾丸肿胀或萎缩，不能产生精子，失去繁殖能力。每千克饲料中维生素A应不少于3 500单位。维生素E也影响精液品质，每千克饲料中维生素E应不少于9毫克。维生素D对钙磷代谢有影响，间接影响精液品质，每千克饲料中维生素D应不少于200单位。如果公猪每天有1～2小时日照，就能满足对维生素D的需要。

（四）矿物质

矿物质对公猪精液品质与健康影响也较大。钙和磷不足使精子发育不全，降低精子活力，死精增加，所以饲料中应含钙 0.6% ~ 0.7%、含磷 0.55% ~ 0.6%。微量元素必须添加铁、铜、锌、锰、碘和硒，尤其是硒缺乏时可引起睾丸退化，精液品质下降。

三、种公猪饲料的配方原则

公猪饲粮配方的原则是浓度高、体积小、营养全、酸碱平。一般公猪饲粮的粗蛋白质水平在 16% 左右，能量水平在 13.39 兆焦 / 千克，钙 >0.75%，总磷 >0.60%，有效磷 >0.35%、钠 0.15%、氯 0.12%、镁 0.04%、钾 0.2%、铜 5 毫克 / 千克、碘 0.14 毫克 / 千克、铁 80 毫克 / 千克、锰 20 毫克 / 千克、硒 0.15 毫克 / 千克、锌 50 毫克 / 千克、维生素 A 4 000 单位、维生素 D 3 200 单位、维生素 E 44 单位、维生素 K 0.5 毫克 / 千克、生物素 0.2 毫克 / 千克、胆碱 1 250 毫克 / 千克、叶酸 1.3 毫克 / 千克、尼克酸 10 毫克 / 千克、泛酸 12 毫克 / 千克、核黄素 3.75 毫克 / 千克、硫胺素 1 毫克 / 千克、吡醇 1 毫克 / 千克、维生素 B_{12} 15 微克 / 千克、亚油酸 0.1%。

要满足上述营养需要，饲粮配方基本是一个精料型组合，而且以玉米豆粕为主、糠麸为辅，配合以 4% 的预混料，才能完成配方的营养指标。由于公猪数量有限，不便专门为公猪开动一次搅拌机，为有限的公猪拌出 1 年以上的饲粮存入仓库，易导致公猪饲粮的霉变或过度氧化导致的维生素失效。一个比较简单的变通方法是用哺乳母猪的饲粮代替公猪饲粮，其原因是哺乳母猪饲粮周转较快，可以保持新鲜，同时，哺乳母猪和公猪的营养要求十分接近，只是公猪饲粮要求更精一些。为此，对公猪可以通过以下手段额外加强营养。

① 鸡蛋每日 2 ~ 8 枚，饲喂时直接打入饲粮。

② 胡萝卜打浆后按 1：2 与羊奶混合，每头补饲 1.5 升 / 天，一个万头猪场养 5 只萨能母山羊可以满足全场种公猪的额外补饲需求量。

③ 青饲料，每头 1 千克 / 天，以叶菜类效果最佳，如韭菜、紫花苜蓿、白菜、苋菜、薯叶等。

④ 汤类，用杂鱼煲汤，原料以河中杂鱼，或人工养殖的河蚌肉煨汤，适当配入鸡架、枸杞、山药适量，食盐少许，每头公猪每日喂量可按河鲜加鸡架总重 1 千克为妥。常用此剂公猪精神抖擞，性欲感极强。

四、饲养方式

年轻公猪或者小公猪舍可以为 2.5 米 × 2.5 米（长 × 宽），年龄较大的公猪可以上升到 3.0 米 ×3.0 米。也可以选择使用试探交配区，这样联合了公猪较大的畜栏以及临近的交配区域。交配面积至少得 2.5 米 ×3 米，地面不能太滑。因为光滑的地板，母猪拒绝站立，这样会使公猪受挫，或者公猪滑倒失去信心，不愿意再爬跨母猪。

如果饲养环境极其恶劣，必须慎重考虑提供坚固的、隔热较好的猪舍给猪休息和采食。因为公猪在各自栏中会感到孤单，尤其是它们对温度的变化比较敏感。成熟的、清瘦的种公猪全身覆盖脂肪比较少，因此抗寒能力比较弱，所以在冬季必须提高饲喂水平或者考虑提供一些垫料或采取一些其他的保温措施。夏季高温也会影响猪的生产性能。猪的性欲以及活力常常受到影响，进而影响精子的质量。如果遇到极高的温度，精子质量可能会受到 6 周的影响，因此必须采取一些降温措施。

地板表面过于粗糙或光滑都会给公猪带来严重后果。围栏被用来圈养公猪是很正常的，交配区的面积必须是饲养区的两倍。在交配过程中，如果地板表面比较光滑，母猪站立不动接受交配可能有问题，母猪很容易滑倒从而导致母猪或者公猪受到伤害。如果一头公猪爬上母猪，它的后腿通常放在与母猪腿平行的后方。因为公猪得插入，所以必须从后腿获得平衡。如果滑倒就很容易伤害到自己。在射精的过程中，公猪是不动的。但是如果地板很滑，它可能没有交配完全进而受挫。因此地板必须很硬而且不滑。可以考虑在交配区撒些锯屑、稻壳或者相似的东西以提供较好的交配环境。

五、健康饲喂

标准化饲喂公猪，要定时定量，体重 150 千克以内公猪日喂量 2.3～2.5 千克，150 千克以上的公猪日喂量 2.5～3.0 千克全价配合饲料，以湿拌料或干粉料均可，要保证充足的清洁饮水。公猪日粮要有良好的适口性，并且体积不宜过大，以免把公猪喂成大肚，影响配种。在满足公猪营养需要的前提下，要采取限饲，定时定量，每顿不能吃得过饱；严寒冬天要适当增加饲喂量，炎热的夏天提高营养浓度，适当减少饲喂量，饲喂时要根据公猪的个体膘情给予增减，保持 7～8 成膘情。公猪过肥或过瘦，性欲会减退，精液质量下降，产仔率会有影响。

而实际上，生产第一线的饲养员经常与种猪场的技术员和场长就公猪饲喂问题争得面红耳赤。原因很简单，从技术领导出发，场方必然给饲养员下达明确的投喂量标准，并随时检查执行情况。比如一般地方品种公猪饲粮在 2～3 千克 / 天，而流行瘦肉品种相应在 2.5～5.0 千克 / 天。这只是纸上的计划方案，在生产实际中几乎没有 1 头健康公猪会按定量吃。公猪吃多少全凭自己的心情，心情愉悦之时可以 1 天吃掉 10 千克。心情一郁闷，1 天就吃几口甚至绝食 24 小时以上也是常有之事。这种"猪坚强"的生物学本性在公猪身上表现得十分突出。当我们面对猪场的一大排公猪栏时就会发现有的公猪槽已被舔得精光，而另一些猪槽还有不少剩料，公猪对之"视而不见"，而是远离食槽东张西望，满口白沫，口中振振有声，无心思进餐。

可见给公猪设定的饲养标准是一回事，而公猪实际摄入的营养却是另一回事。由于公猪摄入的营养直接影响到精液品质，所以有经验的饲养员从不遵循教条主义按计划规定投料，而是细心观察诱导公猪采食，这是我们生产中要强调的公猪个性化、人性化、猪性化的辩证饲养。一个万头规模的猪场中几乎找不出食欲完全相同的 2 头公猪，所以养公猪的饲养员应当是全场最精明能干而又通晓公猪生理健康和心理健康的行家里手。

公猪的投料形式相当讲究。冬季以颗料或膨化料为好，春秋以湿拌粉料为好，夏季气温超过 24℃时，则以稀料为宜，该稀料不是凉水冲拌的粉料，而是青料打浆后与粉料混合，或青浆与发酵变酸的粉料混合成稀料喂公猪效果亦佳。公猪每次只能喂八成饱，切忌一次喂到十成饱，导致公猪撑大肚皮影响配种。公猪可日喂 3 次以上，每次掌握在七八成饱，投料后的 1 小时应看到槽底被舔干净，如 1 小时后槽底还有剩料说明投料过量或公猪食欲有问题了，应立即清理食槽。在非上槽采食时间（3 次 / 天，每次 1 小时左右为正常上槽时间），食槽永远是空而净的，剩料变质和公猪采食无规律是公猪拉稀的最常见因素。

六、种公猪的健康管理

（一）种公猪的运动

适当运动是加强机体新陈代谢，锻炼神经系统和肌肉的主要措施。合理的运动可促进食欲，帮助消化，增强体质，提高繁殖机能。目前多数养猪场饲养的种猪运动量都不够充分，特别是使用限位栏（定位栏）的猪场，运动更少。公猪运动过少，精液活力下降，直接影响受胎率。公猪运动最好在早晚进行为宜。配种期一般每天上下午各运动一次，夏天应早晚进行，冬季应在中午运动，如遇酷热或严寒、刮风下雨等恶劣天气时，应停止运动。配种期要适度运动，非配种期和配种准备期要加强运动。

传统的公猪很少不配种和肢蹄病的问题，而现代猪场的公猪无性欲和肢蹄病加起来占到种公猪存栏的 25% 左右。品种的变更固然是原因之一，但最主要的原因是现代公猪缺乏足够的运动。有些猪场的公猪甚至被养在限位栏里，除了配种之外基本没有运动，这样的公猪衰老很快，一般不到 3 岁就被淘汰出局。作为原种场加快世代间隔，3 岁公猪或 2 岁公猪有了后代的成绩就可以从原种场淘汰。这种淘汰公猪如果性生理健康，依然可以在商品场继续发挥作用到5岁以上。目前许多原种猪场淘汰的2～3岁公猪由于伤病已无配种能力，十分可惜。因此，公猪的保健和运动应当引起有关场家的重视。

一头性成熟的公猪大约需要多大的运动量才能有效地保证体格强健和性欲旺盛呢？经验说明，每日3 000米的驱赶运动较为合适。此3 000米的路程大约有1 000米的漫步（启动）+1 000米快步（小跑）+1 000米漫步（动松），总计耗时约30分钟。中国传统的养公猪户经常赶公猪走村串户给附近农户的母猪配种，一走就是好几里地，故运动量也足够。半个世纪前的中国传统饲养公猪模式使当时的公猪可以利用到5～10岁。由于人与公猪同时运动，饲养员中也极少有"三高"病例发生，倒是一种人猪和谐共同健康的模式。

驱赶公猪走动和跑动有技术讲究，一般是在早上饲喂前或配种前空腹运动，或者下午太阳落山时，饲喂或配种前也可进行。忌中午烈日当空，饱食或配种后进行驱赶运动。驱赶运动要掌握好"慢—快—慢"三步节奏。公猪刚一出门时就容易猛跑、撒欢，要多加安抚，如给公猪擦痒、梳毛、刷拭背部可使公猪慢慢安静下来，徐徐而行。也可故意将公猪赶至有木桩、树干等路边大目标边，公猪有对路边物体探索性嗅觉辨认、舐啃、擦痒的习性，从而放慢了速度。公猪行程当中1/3路程要加快速度，跑成快步或对侧步，使公猪略喘粗气达到一定的运动量。1周岁以下的青年公猪体质强健者可以用袭步疾跑冲刺100～200米，在行程的后1/3路段要控制猪的速度，使之逐步放慢成逍遥漫步，并达到呼吸平稳。此时一般不加人为驱赶，猪在小跑1 000米之后略有疲乏之感会主动放慢步速。公猪在回程路上既要平稳慢行又不可停留，要争取直奔原圈，如果停留时间过长，公猪易起异心，会向配种舍或母猪舍方向奔袭，使局面不易控制。公猪运动通常是单人单猪，专人专猪。切忌几头公猪同时放牧运动（即使这几头公猪是从小一起长大的），更切忌2头公猪对面相逢。如有此事，势必是一山难容二虎，2头公猪中必有1头被咬死，另1头不致残也会有所外伤。在国外为了节省人工，每头公猪栏外设有（30米×3米）的公猪逍遥运动场，任公猪自行运动玩耍，有一定作用，但成年公猪往往贪睡不动而导致运动量不足。现代猪场有设公猪跑道运动场，使公猪在狭窄通道上自行运动，省人工省力，但存在公猪容易在狭道中睡觉的弊端。

（二）种公猪的健康管理

放牧公猪，是培养人猪亲和的极好机会，有经验的饲养员能抓住机会主动与公猪套近乎，比如刷拭、抚摸、轻唤公猪的名字，有的饲养员能骑在猪背上或站在猪背上。公猪对饲养员有敏锐的感觉和记忆力，一旦建立良好和谐的人猪关系，公猪会很温顺地配合饲养员的指挥，主动和饲养员接近。有个别猪场甚至可以把公猪训练得拉小架子车运送饲料，堪称绿色环保种猪之楷模。公猪对负面刺激的感觉和记忆更加强烈。有些公猪对打过它甚至于骂过它的人记得刻骨铭心，一旦机会成熟就会对它的"仇人"发起攻击，这种攻击的凶猛程度可以如狼似虎。所谓"机会成熟"是指公猪对它的"仇人"通过嗅觉和视觉验明正身之后，会处心积虑地与之周旋相互的地势位置，并寻找有利的地形和进攻角度，胆小的公猪会尽量避开与"仇人"直面相对并保持距离。如果公猪被逼到墙角或成狭路相逢之势，公猪会低头挑目而形成敌视站姿，口嚼白沫，叭嗒有声，其锋锐犬齿直举向前如同2把匕首。公猪发起冲锋攻击是瞬间爆发的动作，其冲刺速度接近职业运动员百米起跑的速度。因此公猪一旦攻击人往往十拿九稳，因为在相同矢量方向上人的2条腿没有猪的4条腿快。大型种猪场的饲养员被种公猪的利齿送进医院的事时有发生，从未断绝。这说明我们在种公猪的饲养管理方面还有许多不到位之处，至少对种公猪的生理行为特点认识得不够深刻。

为了避免公猪伤人事件的发生，可以从以下几点入手。

① 不打骂公猪。

② 不与公猪争风吃醋，不要在公猪配种时令其强行退下或强行将其赶走。

③ 专人饲养公猪，不要随便换人，饲养员绝不参与给公猪打针、上鼻捻子、捆绑、保定、采血等负面刺激。上述负面刺激要尽量避免或减少，要做也是由兽医人员执行，使公猪记得那不是主人干的事。

有些负面刺激是可以避免的，比如把公猪捆起来修蹄匣，这是不得已才干的事。应该从每天保证公猪在粗沙地面运动自然磨损蹄匣来主动预防蹄匣过长的问题。再如免疫注射是公猪总要"挨扎"的技术性负面刺激，有的饲养员把公猪堵在笼子里打针，甚至捆起来或上鼻捻子打针，给公猪造成极大应激，直接影响精液品质。先进的猪场，兽医利用公猪熟睡之际，用"飞针手法"将针头用极快速度猛插入皮下或肌层，然后用注射器跟进疫苗或药物，此动作2～3秒完成。现代创新的无针注射也有异曲同工之美，公猪的感觉是梦中被牛虻叮了一口，醒来还没明白是怎么一回事，苗已注射完毕，再一看来者不是主人。日后这个负面印象不会与饲养员有所牵连。如此，饲养员才能安全地在公猪左右伺候，包括采精。

（三）驱虫和刷拭

种公猪的寄生虫病主要有消化道线虫病和体外寄生虫病，如疥螨、虱等寄生虫病，严重影响种猪的生产性能。一年内定期驱虫和消灭螨虫病，公猪每年要驱虫三次，应定期体外杀虫。阿维菌素、伊维菌素、乙酰氨基阿维菌素等驱虫药可以同时驱杀动物体内外寄生虫，具有用量小、疗效高等特点，已经广泛应用于养殖生产中。

公猪最好每天刷拭身体 1～2 次，夏天给猪经常洗澡，以防止皮肤病和外寄生虫病，并能增加性活动。

（四）防止公猪早衰

种公猪必须有健康的体质，良好的精液和强烈的性机能，才能保证公猪配种能力，延长使用年限。但由于饲养管理不当，或配种技术掌握得不好等原因，常常会使种公猪早期衰退。

1. 早衰的原因

① 配种过早易引起公猪未老先衰。为此必须克服早配，做到适龄配种。

② 饲料单一，青饲料过少，种公猪营养不良或因配种过度，造成公猪提前早衰。为此应利用质量可靠的预混料，以及氨基酸含量齐全的蛋白质，配制成全价料，并要严格控制配种次数。

③ 长期圈养运动不足，或能量饲料过高，使公猪过肥，性欲减弱，精液品质下降，丧失配种能力。为此要饲喂优质全价料，保证公猪每天做 4～8 千米的充分运动，以降低膘情，保持旺盛的配种能力。

④ 公母猪同圈饲养存在弊病。由于经常爬跨接触，不仅影响食欲和增长，更容易降低性欲和配种能力，减少使用年限。为此种公猪必须单圈饲养，保持环境安静，免受外界刺激，不使公猪受惊。最好使公猪看不见母猪，听不见母猪声，闻不到母猪味。

2. 种公猪的淘汰

种公猪年淘汰率在 33%～39%，一般使用 2～3 年。种公猪淘汰原则：淘汰与配母猪分娩率低、产仔少的公猪；淘汰性欲低、配种能力差的公猪；淘汰有肢蹄病、体型太大的公猪；淘汰精液品质差的公猪；淘汰因病长期不能配种的公猪；淘汰攻击工作人员的公猪；淘汰 4 分以上膘情公猪。每月统计 1 次每头公猪的使用情况，包括交配母猪数、生产性能（与配母猪产仔情况），并提出公猪的淘汰申请报告。

（五）搞好种公猪疫病防控

首先根据本猪场特点制定一个合理有效的防疫程序，并按时实施。特别要搞好春秋 2 次预防接种，并注意检查疫苗质量，注意更换注射针头。其次保持圈舍清洁卫生，定期消毒猪舍内外环境。再次经常观察种猪健康状况，发现疾病及早诊治。

七、公猪的利用

（一）中国地方品种的传统利用方式

中国传统养公猪的模式是小农经济的专门化公猪户养猪，通常的公猪户是养一大一小，大公猪游乡串户给附近农户的发情母猪配种，小公猪通常是大公猪的嫡传后代，留作接班。大公猪通常日配1～2头发情母猪，每头母猪通常只配1次，其产仔数亦不少。配种繁忙的季节，老公猪可以日配4头以上，曾有过日配7头全部怀胎的记录。待老公猪数年之后精力衰退时就淘汰换一头年轻公猪。中国地方品种中的老公猪使用年限较长，超过5年者不在少数。

传统公猪配种利用还有更为经济的形式，即小公猪3～4月龄即用于配种，充分利用中国猪种的性早熟。一旦确认母猪怀胎，约4月龄的小公猪立即阉割去势供作肥育商品猪，这样基本省去了大公猪的饲养成本。同时由于3～4月龄的小公猪只有15～18千克，一把就可以抓在手里放入竹笼或麻袋，乘车乘船时宛如提一个手提箱，运输十分方便，可以送到较远的农村给母猪配种。

（二）现代公猪的利用方式

现代公猪通常是通过测定本身和父母代日增重、背膘厚、眼肌面积、饲料利用率等后选出的顶级公猪。这些公猪生产性能超群，最优秀的公猪108日龄已达到100千克活重，其料重比只有1.9。但是，性能越优秀的公猪越脆弱，其繁殖性能尤其低下，通常这种公猪在良好的猪舍饲养、运动条件下只能每周配种或采精1～2次。好在这种顶级公猪在1年之后就会被它的儿子取代，这是育种工作争取短世代间隔、大遗传进展的需要，所以顶级公猪需要保持性机能旺盛至少1年以上。

八、公猪安全调教

（一）公猪个性差异

公猪调教的第一步是建立人猪亲和关系。必须做到公猪把饲养员当成自己的主人，允许饲养员接近、伴随和采精等操作。由于公猪的个性差异极大，故饲养员的人猪亲和工作务必循序渐进，从给猪抓痒、刷拭开始，逐渐增加语言口令，这对调教采精尤其重要。调教成功的可能性与公猪的攻击性成负相关，故饲养员对公猪的攻击性要明察秋毫。公猪的攻击性与品种有一定关系，但同一品种内差异也很大，就不同品种而言攻击性排序如下。

1. 较强攻击型

杜洛克猪（含白杜洛克猪）、中国华北型猪（八眉猪除外）。

2. 一般攻击型

巴克夏猪、高加索猪、汉普夏猪、皮特兰猪、中国华中型猪的大部分。

3. 较弱攻击型

中国华南型猪的大部分，以文昌猪、桂墟猪为典型；中国江海型猪的一部分，以太湖猪为典型。

（二）后备公猪安全调教要领

后备公猪初次参加配种是建立公猪自信心的关键。许多公猪的良好条件反射和动力定型或恶癖皆由首次配种造就。故小公猪第1次配种务必尽量减少环境应激，将身材娇小的后备发情母猪先赶至干净的配种栏，然后再将小公猪徐徐赶出公猪栏并途中经过众多母猪栏舍以唤醒性兴奋。待公猪开始兴奋口嚼白沫、摇头摆尾之时将其轻轻赶入小母猪栏，此时小公猪乘兴而上，争取一次成功。此举对该公猪的配种能力打下良好基础。初次配种有两大忌。

① 切忌将小公猪突然从公猪栏赶出，未经母猪调情直奔配种栏。

② 切忌小公猪与成年身高马大的发情母猪配对。大型母猪出于自然本性偏爱高大威猛的公猪而嫌弃瘦小公猪，如果小公猪初次面对发情大母猪而讨不到欢心，被大母猪一个调头回马枪猛咬一口，势必吓得落荒而逃，并从此埋下深刻的自卑。这种初恋失败打击可导致该公猪终身害怕大母猪或见了母猪就有三分怵，从而每次配种都不顺利，严重影响受胎率和产仔数。如果是调教人工采精，可在小公猪性兴奋起来时用台猪或台猪加发情小母猪同时挑逗，争取一次成功。采精人员不要更换，公猪很认人。

第三节　母猪的健康养殖管理技术

一、母猪的一般生理特点

母猪按阶段划分，可以分为后备母猪、妊娠母猪、哺乳母猪及空怀母猪。

（一）母猪的发情规律

母猪全年发情不受季节限制，国内品种母猪初次发情时间在 100～120 日龄，国外品种初次发情时间在 150～170 日龄，断奶后的母猪 3～10 天发情。母猪发情周期为 16～25 天，平均 21 天。母猪发情一般可持续 3～5 天，发情症状从出现到结束需要 60～72 小时，而排卵在表现发情症状后的 36～40 小时。一般上午 8 点和下午 2 点各检查一次母猪是否发情。根据母猪的发情征状，母猪的发情周期分为发情前期、发情中期、发情后期和间情期。

1. 发情前期

发情前期是指从出现神经症状到接受公猪爬跨为止。此阶段，母猪卵泡迅速增长，生殖腺体活动强烈，阴道分泌物增加，生殖上皮增生。主要表现为：精神不安、兴奋、鸣叫，食欲减退，爬跨其他母猪，但不接受爬跨，外阴红肿并逐渐增大，黏液没有或稀少，液体清亮，持续时间 12～36 小时。

2. 发情期

发情期是指从接受公猪爬跨到拒绝爬跨为止，持续时间 6～36 小时。此阶段，卵巢中的卵泡成熟，并开始排卵，分泌物增多，子宫颈开放，主要表现为：两耳竖立，时而呆立，乐意接触公猪，接受爬跨，外阴肿大明显，黏液量多而稠，可拉成丝状。

3. 发情后期

发情后期是指从拒绝公猪爬跨到发情症状消失为止，持续时间 12～24 小时。此阶段，卵巢排卵后，卵泡腔开始充血并形成黄体。主要表现为：外阴肿胀消失，可见皱纹，不愿意接受公猪爬跨。

4. 休情期

休情期是指从这一次发情症状消失到下一次发情症状出现为止。这一时期是黄体发挥功能的时期，黄体发育成一个有功能的器官，产生大量的孕酮进入身体并影响乳腺发育与子宫生长。如果受精卵到达子宫，黄体在整个妊娠期继续存在，如果卵子没有受精，黄体则只保持功能大约 16 天。在此期间内动物行为正常，无交配欲。休情期大约持续 14 天。

（二）母猪的发情症状

母猪发情症状主要有神经症状、外阴部变化、接受公猪爬跨和压背静立反射等。

1. 神经症状

母猪发情后对外周环境敏感，东张西望，一有动静马上抬头，竖耳静听。常在圈内来回走动，或站在圈门口，发出哼哼声，食欲不振，急躁不安，耳朵直立，经常咬圈栏杆，或咬临栏母猪，愿意接近公猪或爬跨其他母猪。

2. 外阴部变化

发情初期阴门潮红肿胀并逐渐增大，黏液稀薄、液体清亮。阴道黏膜颜色由浅红变深红再变浅红。

3. 接受公猪爬跨

母猪发情中期，接受公猪爬跨。

4. 压背静立反射

配种员用手按压母猪背腰部，发情母猪经常两后腿叉开，呆立不动，尾巴上翘，安静温顺。经产母猪的这些表现将持续 2～3 天。

（三）合理的配种时间

据报道，在发情（静立发情）前一天配种的母猪只有 10% 受精，在发情第一天配种的有 70% 受精，在第二天配种的有 98% 受精，在第三天（这时多数处于发情后期）配种的只有 15% 受精。输精的有效时间是在静立发情后大约 24 小时，在 12～36 小时。在有公猪存在的情况下第一次观察到母猪静立发情，第一次配种时间在 12～16 小时之后进行，然后在第一次配种后的第 12～14 小时再进行第二次配种。

如果根据母猪发情时间结合外部症状来确定配种时间，对于国外引入和培育品种多在发情后第二天，对于国内地方品种，一般在发情开始后第二天到第三天（48～72 小时）；就年龄来说，老母猪发情时间短，适宜的配种时间应提前，午轻母猪发情期长，一般多在发情开始后第二天下午或第三天上午配种。群众的配种经验是"老配早，少配晚，不老不少配中间"。

应当注意，母猪至少每天两次检查静立发情，尤其是使用新鲜精液人工授精的母猪。注意，母猪发情很大程度上都是开始于傍晚之时，大约 60% 的发情母猪发情开始于下午 4 点到翌日早上 6 点之间，所以在上午检测到发情的母猪都应该认为它发情已经有 10 个小时了。

用冷冻精液配种的母猪应当每 8 小时检查静立发情，从第一次观察到发情 24 小时后才可配种，第一次配种后如果母猪仍表现静立发情，建议在 8 小时后进行第二次配种。

（四）胎儿的发育规律

从精子与卵子结合、胚胎着床、胎儿发育直至分娩，这一时期称为妊娠期，对新形成的生命个体来说，称为胚胎期。分析胚胎期的生长发育情况可以发现，胚胎期前 1/3 时期，胚胎重量的增加很缓慢，但胚胎的分化很强烈，而胚胎期的后 2/3 时期，胚胎重量的增加很迅速。一般认为胎儿 2/3 的重量是在胚胎期后 1/4 的时间内增加的。胚胎在发育过程中存在 3 个死亡高峰期，即胚胎着床期、胚胎器官形成期和胎儿迅速生长期，在这 3 个死亡高峰期要尤其注意母猪的营养和饲养管理。

二、后备母猪的健康养殖

（一）猪场母猪的群体构成

规模化猪场一般都有自己的繁殖体系，形成通常所说的核心群（育种群体）、繁殖群和生产群（商品群体）。但整个群体的大小则以生产群母猪数的多少来衡量。三者的关系大约应符合这样的比例：核心群∶繁殖群∶生产群 =1∶5∶20。核心群规模的大小，除要考虑繁殖群所需种猪数量外，品种选育的方向和进度是两个重要因素。规模化猪场通常较合理的胎龄结构比例见表 4-1。

表 4-1　规模化猪场母猪胎龄比例

母猪胎次	1～2	3～6	7胎以上
比例（%）	25～35	60	10～15

随品种状况、饲养管理水平等因素的不同，群体结构会有所变化。如品种繁殖能力强、营养好、饲养管理水平高的猪场，高胎龄母猪可多留一些；母猪本身体况好、营养好及有效产仔胎数多的母猪也可多留作高胎龄母猪。

（二）后备母猪的选留、选购时间

1. 本场选留

本场选留的后备母猪，可分 3 个阶段进行。

第一阶段，主要依据断奶窝重来确定，断奶窝重是一个综合性指标，它与仔猪的初生重、生长速度、抗病能力；与母猪的泌乳力、护仔性；与公猪的生产性能（日增重、料重比、胴体品质）有直接关系。将断奶窝重逐一排队，选断奶窝重大的为第一次选留对象，以后再从断奶窝重的里边，根据仔猪本身发育良好，乳头 6 对以上、排列整齐的作第二次选留。在同一窝中，如发现有个别的仔猪有疝气（赫尔尼亚）、隐睾、锁肛等遗传缺陷的，即使断奶窝重大，也不能从中选留。

第二阶段，主要根据后备母猪的生长发育和初情期来选留，4～5 月龄的后备母猪表现为身体发育匀称、四肢健壮、中上等膘、毛色光泽。凡表现窄胸、扁肋、凹背、尖尻、不正姿势（X 状后肢）、腿拐、卧系乳头凹陷、阴户小或上撅、毛长而粗糙等，不应选留。初情期是指后备母猪达第一个发情期的月龄。同一品种（含一代母猪），初情期越早，母性越好。进入初情期，表明母猪的生殖器官发育良好，具备做母猪的条件。初情期较晚（7 月龄以上）的不应选留。

第三阶段，主要根据母猪第一次产仔后的表现，如产仔头数、泌乳情况和护仔等性能选留，淘汰那些产仔头数少、泌乳差、护仔性能不好的。据报道，母猪压死仔猪的行为具有高度遗传特性，比如母猪在分娩泌乳期间有压死仔猪情况发生，那么从同窝仔猪中选留的小母猪，长大后也会发生相同情况，而且遗传的比例高达 20% 以上。

2. 外购母猪的选留

（1）外购母猪的选留　可分为 3 个阶段。

第一阶段：购回后 2～3 周，隔离饲养，适应环境，可适当使用抗生素，以增强机体抵抗力，缓解应激。

第二阶段：4～5 周，进入种猪舍，适应本场的微生物群体，如果可能，尽量不使用抗生素。

第三阶段：6～7 周，为进入繁殖生产期，此阶段可进行一些配种前必要的免疫及保健措施。

（2）外购后备母猪应注意的事项

① 要到经过国家鉴定验收，并持有种猪生产和销售许可证的原种猪场或祖代猪场去购买。

② 购买前先了解该场是否是疫病暴发区，是否有某些特定疫病。

③ 在运猪过程中做好运猪车的消毒，夏天炎热季节的防暑降温和冬季严寒季节的保温工作。

④ 外购的猪到场后，放到经严格消毒过的猪舍隔离观察 30 天以上，并按计划做好疫病免疫。

⑤ 索取种猪系谱卡，并查对填写的项目是否完整及有误。系谱卡一般包括：耳号、出生时间、初生重、同窝仔猪头数、左右乳头数、断奶天数、断奶窝重、血统关系表、出场日期以及疫病免疫项目等。

（三）后备母猪的选择标准

1. 母体性状

挑选后备母猪，首先进行母体繁殖性状的选择和测定，要从具备本品种特征（毛色、头形、耳形等）的母猪及仔猪中挑选，还需测定每头母猪每胎的产活仔数、壮子数、窝断奶仔猪数、断奶窝重及年产仔胎数。因为这些性状确定时间较早，一般在仔猪断奶时即可确定，因此要首先考虑，为以后的挑选打下基础。

2. 生长速度

后备母猪应该从同窝或同期出生、生长最快的 50% ~ 60% 的猪中选出。足够的生长速度提高了获得适当遗传进展的可能性。生长速度慢的母猪（同一批次）会耽搁初次配种的时间，也可能终生都会成为问题母猪。

3. 外貌特征

毛色和耳形符合品种特征，头面清秀、下额平滑；应注意体况正常，体型匀称，躯体前、中、后 3 部分过渡连接自然；被毛光泽度好、柔软、有韧性；皮肤有弹性、无皱纹、不过薄、不松弛；体质健康，性情活泼，对外界刺激反应敏捷；口、眼、鼻、生殖孔、排泄孔无异常排泄物粘连；无瞎眼、跛行、外伤；无脓肿、疤痕、无癣虱、疝气和异嗜癖。

4. 躯体特征

（1）头部 面目清秀。

（2）背部 胸宽而且要深。

（3）腰部 背腰平直，忌有弓形背或凹背的现象。

（4）荐部 腰荐结合部要自然平顺。臀宽的母猪骨盆发达，产仔容易且产仔数多。

（5）尾部　尾根要求大、粗且生长在较高及结构合理的位置上。

5. 乳头

应选购有 7 对或以上的乳头，且 3 对乳头在脐部之前，要求排列位置间距合理，没有瞎乳头、副乳头、闭塞乳头等，对乳头凹陷、瞎乳头、扁平乳头或太尖细的乳头应避免选择留用。

6. 外阴

一般而言，外阴的形状大小眼观要发育正常，检查主要集中在大小、形状及受伤情况，相对于同龄猪外阴要大（外阴唇）要长，特别是要避免外阴向一边翘起的母猪不能选购作种用。另外，外阴有损伤或以前有损伤已治愈，但留有疤痕的也不适合选作种用。一般情况下阴户小容易引起母猪难产，而阴户向上翘起的母猪也容易发生子宫炎和膀胱炎。

7. 肢蹄

后备母猪四肢是否健实是决定其使用年限的一个关键因素。母猪每年因运动问题导致的淘汰率高达 20%～45%，运动问题包括一系列现象，如跛腿、骨折、后肢瘫痪、受伤、卧地综合征等。引起跛腿的原因有软骨病、烂蹄、传染性关节炎、溶骨病、骨折等。

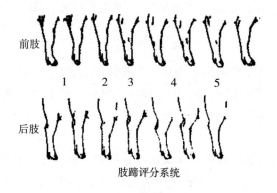

图 4-1　肢体评分系统

肢蹄评分系统（图 4-1）中，不可接受（1 分）：存在严重结构问题，限制动物的配种能力；好（2～3 分）：存在轻微的结构问题和 / 或行走问题；优秀（4～5 分），没有明显的结构或行走问题，包括趾大小均匀，步幅较大，趴关节弹性较好；系部支撑强，行走自如。上述肢蹄评分系统中，分数越高越好。蹄部关节结构良好是使母猪起立躺下、行走自如，站立自然，少患关节疾病和以后顺利配种的原始动力。

（1）前肢　前肢应无损伤，无关节肿胀，趾大小均匀，行走时步幅较大，弹性好的跗关节，有支撑强的系部。

（2）后肢　后肢站立时膝关节弯曲自然，避免严重的弯曲和跗关节的软弱，但从以往实际生产上的业绩看，对膝关节正常的，有"卧系"现象的也可选用。

8. 足

挑选后备母猪时，对足的要求要注意以下几个方面：足的大小合适，位置合理；单个足趾尺寸（密切注意足内小足趾）；检查蹄夹破裂、足垫膜磨损以及其他的外伤状况；腿的结构与足的形状、尺寸的适应程度；足趾尺寸、分布均匀，足趾间分离岔开，没有多趾、并趾现象。

9. 具有以下性状的猪也不能选作后备母猪

阴囊疝——俗称疝气；锁肛——肛门被皮肤所封闭而无肛门孔；隐睾——至少有一个睾丸没有从上代遗传过来；两性体——同时具有雌性（阴户）和雄性（阴茎）生殖器官；战栗——无法控制的抖动；八字腿——出生时，腿偏向两侧，动物不能用其后腿站立。

图 4-2 显示了理想后备母猪的一些特征。

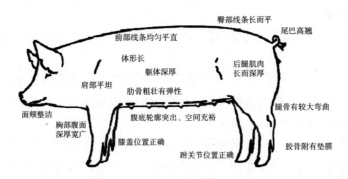

图 4-2　理想后备母猪的特征

（四）后备母猪的饲养管理要点

1. 营养需求与调控

实现后备母猪高产，延长母猪使用年限，在相当程度上与营养调节有密切关系。要实现后备母猪使用年限的延长和多胎高产，要分阶段采取营养调控措施。

（1）30～85 千克阶段　后备母猪体重 30 千克时，每千克配合饲料应含消化能 13 兆焦，含粗蛋白质 16%，赖氨酸 0.8%，钙 0.75%，磷 0.65%，自由采食，不控制喂量，促进后备母猪尽快生长。从体重 45 千克开始，日粮中的钙、磷水平再增高 0.1 个百分点。后备母猪 5 月龄、体重 85 千克左右时开始限饲，

同样喂上述日粮，每天采食量根据体况控制在 2.3～2.8 千克。

（2）110 千克至分娩阶段　后备母猪 8 月龄、体重 110 千克时初配比较适宜。第一个发情期不要配种，此时母猪卵巢功能尚不完善。配种前两周开始补饲催情，饲喂量增加 40%～50%，达到日喂 3.8～4 千克配合饲料。补饲催情可增加排卵量，每窝产仔数可增加 2 头。配种结束后，立即把饲喂量降到补饲催情前的水平，每天约 2.2 千克，日粮每千克含消化能 12.1 兆焦，含粗蛋白质13%、赖氨酸 0.6%、钙 0.75%、磷 0.65%。从怀孕 84 天开始，日粮营养水平可提高到每千克含消化能 12.5～13 兆焦，含粗蛋白质 14%，赖氨酸 0.75%、钙0.8%、磷 0.65%，日饲喂量 3.25～3.5 千克。分娩前 2～3 天，日饲喂量降到1.8 千克左右，以免引起难产。

（3）产后及哺乳阶段　母猪产仔后 5～7 天，饲喂量要逐渐增加到最大。一是以日粮 1.5 千克为基础，每哺育一头仔猪增加 0.5 千克饲料，如哺育 10头仔猪则日喂量为 6.5 千克。如果母猪采食量偏低，可以考虑在饲料中添加2%～4% 的油脂，并相应提高日粮的蛋白质含量，以保证母猪泌乳充足。这一时期每千克日粮应含消化能 13～13.8 兆焦，含粗蛋白质 14%～16%、赖氨酸0.7%～0.75%、钙 0.84%、磷 0.7%。

2. 饲养方式

后备母猪体重增长过快过慢都会影响到将来的繁殖能力和使用年限，可采用以下饲养方式。

（1）生长期　5 月龄以前（70 千克以前）。为保证小母猪的身体得到充分生长发育，应采用自由采食的饲养方式。这个时期可以按照商品猪的饲养模式进行饲养，饲喂各个阶段的饲料，如保育料、生长料、育肥料等。

（2）培育期　5～6 月龄限量饲养（70～90 千克），换用含矿物质、维生素丰富的后备母猪料。保证小母猪具备良好的体况，料中要供给充足的氨基酸、钙、有效磷和维生素，适量添加含纤维素多的青绿饲料、麸皮等，但要限制能量的摄入，一般日给料 2～2.2 千克，日增重 500 克左右。

（3）诱情期　6～7 月龄（90 千克至第 1 次发情），这个时期应该根据猪的体况进行饲喂，日饲喂量控制在 2.5 千克左右，生长速度过快过慢都会影响到后备母猪以后的繁殖性能，而且会影响母猪的第一次发情时间。这个时期注意体况与发情的调配，使后备母猪在第二次发情配种时的体重在 110～120 千克。注意母猪在 170 日龄以后要有计划地跟公猪接触，每天接触 0.5～1 小时，同时要加强运动，以诱导其发情。

（4）适配期［配种前半月至配种（120 千克左右）］　7 月龄以上视体况及发情表现调整饲喂量，配种前 10～14 天应自由采食，进行短期优饲，日饲喂量在

3.5 千克以上，保持母猪中等以上膘情（P2 点背膘厚 17 ～ 20 毫米），增加母猪排卵数。配种后饲喂量要降低至每头母猪每天 2.0 千克左右，以增加受孕率。后备母猪一般在第二或第三个情期配种比较合适。

3. 饲养密度

后备母猪应该进行分栏饲养，70 千克以前可 6 ～ 7 头为一栏，70 千克以后按体重大小分成 3 ～ 4 头一栏，直到配种前。大栏的饲养方式优于定位栏饲养，母猪间适当的追赶、爬跨能促进发情。但大栏饲养密度不宜过大，否则造成拥挤且打斗频繁，造成母猪受伤，不利于发情。

4. 温度和通风

温度对生产力有很大影响，温度需求取决于猪体重、采食量、猪群密度、地板类型和空气流速。后备母猪饲喂在水泥地面时的最低临界温度是 14℃，最适温度为 19 ～ 21℃。后备母猪在集约化条件下所需通风最低为 16 米^3/ 小时，最高为 100 米^3/ 小时。

5. 背膘

现在育种目标之一是提高瘦肉率，从而导致体脂储存水平降低，使繁殖性能下降。而背膘厚度是自繁体系中选育后备母猪的重要考量指标，后备母猪在培育时需要有一定的背膘厚度。体重 100 千克时的背膘厚度与其使用年限高度相关，P2 点背膘厚度最少在 18 毫米以上。有人研究当背膘厚度在 20 毫米以上时，46％ 的母猪可利用到第四胎；而背膘厚度在 14 毫米以下时，只有 28％ 的母猪能利用到第四胎。

6. 疫苗保健措施

后备母猪在配种前要做好疫苗接种及驱虫保健工作，一般来说最少有 5 种疫苗需要接种，猪瘟、猪伪狂犬病、细小病毒病、乙脑、喘气病等。建议接种 2次，每次间隔 5 ～ 7 天，接种完最后一种疫苗 15 天后配种，因此理论上后备母猪应该在 120 ～ 145 日龄期间开始进行接种，才能高效优质地接种完疫苗。疫苗接种程序可以按照第十章推荐的参考程序执行，也可以根据自己本场的具体情况适当调整。注意在 130 日龄左右进行驱虫，可以选择伊维菌素拌料，连续饲喂7 天，同时粪便作发酵处理，有体外寄生虫的可以选择虱螨净等药物喷洒猪体和猪舍。

后备母猪的饲养要密切注意体况与日龄的关系，一方面，后备母猪各阶段如果保持高营养水平，会因运动问题而被淘汰的概率增加；另一方面，后备母猪开始其繁殖生涯时如果脂肪储备不足，则繁殖性能降低。这两种情况都会缩短母猪使用年限。综合看来，应该给后备母猪提供充足的营养以满足其快速生长的需要，从而促使其进入初情期，进入初情期后，则应限制采食，以防止配种前过肥。

（五）后备母猪的发情配种

后备母猪一般在 170 日龄、体重 90 千克左右第一次发情，虽然母猪发情一般都有比较明显的变化，但也有一部分母猪发情症状不明显，因此要从多方面进行仔细观察鉴定，以防漏掉发情记录或配种。母猪是否发情，可从以下几个方面来鉴别。

1. 外阴变化

色泽从粉红—老红—黑紫，并伴随不同程度的肿胀，一般来说红的深度和肿胀程度与发情期长短有一定关联。

2. 分泌物的变化

在外阴红肿达到高峰时可见半透明乳白色少量黏液流出，一般开始出现在接受配种的前一天或当天，上午多见。配种后会有白色或淡黄色黏液出现。若黏液颜色深，有腥臭味，量多则不正常。

3. 行为变化

随着外阴红肿加剧，开始显得焦躁不安，频频起立，来回起动，排粪排尿，继而对同栏猪追逐爬跨，以手压背呆立不动，有弓背反应，触摸肋部、臀部、尾渐上举。当公猪来临时，非常敏感，会发生嗷嗷叫声，紧挨公猪身旁。

4. 食欲变化

有不少母猪出现减食现象。配种母猪发情表现差异很大，异常情况较多，需特别加以注意，后备母猪平均发情期约为 5.2 天。

没有两头猪发情是完全一样的，但发情的主要模式总是相同的，在公猪在场的情况下，母猪对骑背试验表现静立之前，其阴门变红，可能肿胀 2 天。配种的有效时期是在静立发情开始后大约 24 小时，在 12～26 小时。后备母猪在第二或第三个发情期时，要根据猪场具体情况适时给猪配种，第 1 次配种应当在静立发情被检出后 12～16 小时完成，过 12～14 小时进行第 2 次配种，做好发情配种记录，配种后的母猪要及时转入妊娠舍的限位栏中饲养。

（六）后备母猪乏情

瘦肉型良种后备母猪初情期（第一次发情）为 160～200 日龄，超过 210 日龄或体重超过 120 千克的后备母猪不发情者为乏情。

1. 引起后备母猪乏情的原因

（1）选种失误　缺乏科学的选种标准，特别是后备母猪紧张时，往往是母即留，使不具备种用价值的猪也当后备母猪留作种用。

（2）卵巢发育不良　长期患慢性呼吸系统病、慢性消化系统病或寄生虫病的小母猪，其卵巢发育不全，卵泡发育不良使激素分泌不足，影响发情。

（3）营养或管理不当

① 饲料营养问题。后备母猪饲料营养水平过低或过高，喂料过少或过多，造成母猪体况过瘦或过肥，均会影响其性成熟。有些后备母猪体况虽然正常，但在饲养过程中，长期使用维生素 A、维生素 E、维生素 B_1、叶酸和生物素含量较低的育肥猪料，使性腺发育受到抑制，性成熟延迟。

② 群体大小问题。后备母猪每圈最好饲养 4～6 头，一圈单头饲养和饲养密度过大、频繁咬架均可导致初情期延迟。

（4）饲料原料霉变　对母猪正常发情影响最大的是玉米霉菌毒素，尤其是玉米赤霉烯酮，此种毒素分子结构与雌激素相似。母猪摄入含有这种毒素的饲料后，其正常的内分泌功能将被打乱，导致发情不正常或排卵抑制。

（5）公猪刺激不足　母猪的初情期早晚除由遗传因素决定外，还与后备母猪开始接触公猪的时间有关系。有试验证明，当小母猪达 160～180 日龄时，用性成熟的公猪进行直接刺激，可使初情期提前约 30 天。同时证明，公猪与母猪每天接触 1～2 小时产生的刺激效果与公猪和母猪持续接触产生的效果一样，用不同公猪多次刺激比用同一头公猪多次刺激效果好。

（6）母猪安静发情　极少数后备母猪已经达到性成熟年龄，其卵巢活动和卵泡发育也正常，却迟迟不表现发情症状或在公猪存在时不表现静立反射。这种现象叫安静发情或微弱发情。这种情况品种间存在明显的差异，国外引进猪种和培育猪种尤其是后备母猪，其发情表现不如土种猪明显。但采取相应措施后，母猪可以受孕。

2. 后备母猪乏情的防治对策

（1）预防措施

① 合理选种。选择与所选品种特征显著的后备母猪。

② 及时换料。后备母猪体重达 70 千克后即应换用后备母猪料。

③ 调控体况。体况瘦弱的母猪应加强营养，短期优饲，使其尽快达到 7～8 成膘；对过肥母猪实行限饲，多运动少喂料，直到恢复种用体况。

④ 免疫接种。按免疫程序接种疫苗（猪瘟苗、猪伪狂犬苗、细小病毒苗、乙脑苗等），以防病毒性繁殖障碍疾病引起的乏情。

⑤ 原料控制。玉米与花生粕容易生长黄曲霉，产生黄曲霉毒素，避免使用这些霉变或变质的原料。为减少霉菌毒素对母猪繁殖性能的影响，可在饲料混合时添加脱霉剂 1～2 千克 / 吨。

（2）治疗措施

① 维生素 E 疗法。后备母猪饲料中额外添加维生素 E 300 克 / 吨，连续使用 10～15 天；也可以个别喂服，母猪每次 200～300 毫克 / 头，一天两次，连续 3 天为一个疗程。

② 诱导发情。对不发情的后备母猪作调圈或并圈处理；将成年公猪或已发情母猪放入后备母猪圈内，每次 1 小时，每天两次。

③ 饥饿处理。对过肥母猪进行饥饿处理，料减半饲喂；或在保持正常供水的前提下停止喂料 1 ~ 2 天。

④ 激素处理。对不发情后备母猪肌注 800 ~ 1000 单位孕马血清促性腺激素（PMSG）诱导发情和促使卵泡发育，再注射 600 ~ 800 单位人绒毛膜促性腺激素（HCG）促排，母猪一般在 3 ~ 5 天内表现发情和排卵。对可能是因为持久黄体、黄体囊肿和卵泡囊肿等疾病引起的母猪不发情，可以先注射氯前列烯醇 1 支促进黄体或囊肿的溶解，第二天再注射 800 ~ 1 000 单位的孕马血清激素（PMSG）促进卵泡发育和排卵，一般 2 ~ 3 天便可发情配种。先注射氯前列烯醇一支，第二天再注射一头份 PG600。

⑤ 及时淘汰。如后备母猪到 10 月龄还没有发情，可能是遗传因素引起的乏情，应及时淘汰，以免造成更多的损失。

三、空怀母猪的健康养殖

（一）空怀母猪的生理特点

空怀母猪是指后备母猪达到配种年龄到发情配上种或泌乳母猪从仔猪断奶到下次配上种这一阶段的母猪，本节讲的空怀母猪是指后一阶段的母猪。空怀母猪最大的生理特点为：母猪由高负担的带仔哺乳期转为空怀期，断奶前乳房还能够分泌大量的乳汁，断奶后乳房负担迅速减轻，乳房结构也发生变化，逐渐转入干乳期。同时，卵巢机能也慢慢开始变化，断奶后由于黄体的迅速退化，卵泡开始发育，一般到断奶后 3 ~ 5 日可见外阴部发红肿大，第 7 日便可配种。此期要保持空怀母猪的适当膘情，有利于母猪的再次发情和排卵，同时，这时母猪一般都食欲旺盛，要保持科学的饲喂方法。

（二）空怀母猪的营养需求

目前市面上专门的空怀母猪饲料很少，大都采用哺乳母猪料饲喂，因为空怀母猪一般都采取短期优饲的饲养方法，因此这种方式在中小规模猪场可以采取。空怀母猪营养标准推荐为：其消化能 13.3 ~ 13.6 兆焦 / 千克，粗蛋白 17%，赖氨酸 0.9%，钙 0.8%，磷 0.7%。

（三）空怀母猪的饲养

对断奶空怀母猪一般采用短期优饲、促进发情排卵的饲养方法，其具体方法是：母猪在断奶前三天开始减料饲养，第一天减至 2.5 千克 / 天左右，第二、第三天减至 2 ~ 2.2 千克 / 天，断奶当天不喂料，断奶后头一两天减至 1.8 千克 / 天以下，使母猪尽快干乳；此后加料饲养，日喂量加至 2.5 ~ 3.0 千克，至母猪再配种日止，这可促进断奶母猪发情和增加排卵数及排壮卵。一旦配种后，立即降至 1.8～2.0 千克／天，按膘情喂料。

断奶时过度消瘦的母猪，断奶前可不减料，断奶后及时优饲增加喂料量，使其尽快恢复体况，及时发情配种。断奶前体况相当好甚至过肥母猪，断奶前后都要少喂料，断奶后不宜采用短期优饲的方法，并且要加强运动。

（四）空怀母猪的管理

哺乳母猪断奶赶离产房后，可以直接先赶至运动场，让母猪在运动场自由运动 1～2 天，不喂或少喂饲料，运动 1～2 天后再赶至空怀母猪舍，这样可以促进母猪的再次发情。

空怀母猪的饲养方式应根据饲养规模而定。既可以进行单圈饲养，也可以小群饲养。每头母猪最小需要 2 米^2。小群饲养是将同期空怀母猪，每 4～5 头饲养在 9 米^2 以上的栏圈内，使母猪能自由运动。实践证明小群饲养空怀母猪可促进发情排卵，特别是同群中有母猪出现发情以后，由于母猪间的相互爬跨和外激素的刺激，可诱导其他空怀母猪发情。群养还可便于观察和发现母猪发情。空怀母猪同样需要干燥、清洁、温湿度适宜、空气新鲜、阳光充足的环境。良好的管理条件有利于体力的恢复，可促进发情排卵。

经产母猪断奶后的再发情，因季节、天气、哺乳时间、哺乳仔猪头数、断奶时母猪的膘情、生殖器官恢复状态等不同，发情早晚也不同。特别是对母猪哺乳期间的饲养管理对断奶后的发情有着重要影响。观察母猪的发情是空怀母猪管理的重要方面，要时刻注意观察母猪的发情症状并及时配种。对超过 10 天不发情的母猪要采取一定的措施促进其发情，超过两个情期仍不发情的空怀母猪要及时淘汰处理。

（五）空怀母猪的发情与配种

1. 母猪的发情症状

母猪发情症状主要有神经症状、外阴部变化、接受公猪爬跨和压背呆立反射等。

（1）神经症状　母猪对外周环境敏感，东张西望，一有动静马上抬头，竖耳静听。母猪发情后常在圈内来回走动，或常站在圈门口。常常发出哼哼声，食欲不振，急躁不安，耳朵直立，咬圈栏杆，咬临栏母猪，愿意接近公猪或爬跨其他母猪。

（2）外阴部变化　发情初期阴门潮红肿胀并逐渐增大，黏液稀薄、液体清亮。阴道黏膜颜色由浅红变深红再变浅红。

（3）接受公猪爬跨　母猪发情中期，接受公猪爬跨。

（4）压背呆立反射　配种员用手按压母猪背腰部，发情母猪经常两后腿叉

开，呆立不动，尾巴上翘，安静温顺。经产母猪的这些表现将持续 2 ~ 3 天。

母猪繁殖配种的关键在于母猪的发情鉴定，而发情鉴定的关键在于母猪的压背静立反应。因此每天至少两次检查静立发情（在早晨和下午喂料后半小时内），用试情公猪进行试情。饲养技术人员做发情鉴定时，身体紧贴母猪左腹部，右手抚摸母猪右腹部，提拉腹股沟，此时，如果没有发情，表现鸣叫、挣扎、逃跑。如果母猪发情表现呆滞、安静、温顺、不出声。当母猪发情可以配种时静立反应明显，骑背试验时母猪两耳耸立，站立不动，这时的母猪正在发情，要及时配种。

2. 排卵规律

排卵一般发生在静立发情后 28 ~ 48 小时，卵子释放后 8 ~ 10 小时内受精都是可能的。正常情况下，新鲜的公猪精子在母猪生殖道中存活并保持受精能力时间为 24 ~ 30 小时，精子进入生殖道后，2 ~ 3 小时进入输卵管。

3. 配种时间

输精的有效时间是在静立发情后 24 小时左右，在 12 ~ 36 小时。在有公猪存在的情况下第一次观察到母猪静立发情，第一次配种时间在 12 ~ 16 小时之后进行，然后在第一次配种后的第 12 ~ 14 小时再进行第二次交配。

如果公猪不在场的情况下检查出静立发情，则母猪已超过了输精的最适阶段，在这种情况下，应当尽快实施第一次输精，然后 12 ~ 14 小时后进行第二次输精。

就年龄来说，老母猪发情时间短，适宜的配种时间应提前，年轻母猪发情期长，一般多在发情开始后第二天下午或第三天上午配种。俗话说"老配早，少配晚，不老不少配中间"就是这个意思。

（六）空怀母猪不发情原因及对策

空怀母猪一般 3 ~ 10 天便可发情配种，对超过 15 天仍不发情的母猪，可视为母猪乏情。乏情的原因主要如下。

1. 胎次年龄

一般情况下，85% ~ 90% 的经产母猪在断奶后 7 天内表现发情。但在初产母猪只有 60% ~ 70% 在首次分娩后一周内发情。这就是养猪业普通表现的二胎母猪不发情的现象。这一现象，主要原因可能是：后备母猪身体仍在发育中，按体重来讲，没有完全达到体成熟；后备母猪在第一胎哺乳过程中，出现了过度哺育的现象，从而使母猪子宫恢复过程延长。高胎龄的母猪，卵巢机能出现障碍导致发情延迟或不发情，可作淘汰处理。

2. 气温与光照

炎热的夏季，环境温度达到 30℃ 以上时，母猪卵巢和发情活动受到抑制。7

月、8月、9月断奶的成年母猪乏情率比其他月份断奶的高，青年母猪尤其明显。这些母猪不发情时间可以超过数十天。季节对舍外和舍内饲养的母猪发情影响都很明显。每日光照超过12小时对发情有抑制作用。此外，还有另一个影响母猪繁殖性能的问题：高温使公猪精液质量严重下降，从而导致母猪返情率上升。

3. 猪群大小

与后备母猪有所不同，断奶后单独圈养的成年母猪发情率要比成群饲养的母猪高。原因是随着猪群的增大，彼此间相互咬架，增大了肢蹄病和乳腺病的发生，营养吸收效果变差；公猪察情和人工观察发情效果变差。

4. 原料质量

原料质量低劣特别是玉米霉变，将使母猪内分泌紊乱，导致母猪乏情和不排卵。

5. 营养水平

引起乏情的最常见营养因素是饲料能量不足。对母猪而言，配种时的体况与哺乳期的饲养有很大的关系。因此，在哺乳期母猪体重损失过多将导致母猪发情延迟或乏情，而初产母猪尤其如此。

6. 管理因素

断奶太迟，哺乳期延长将使母猪体重丢失过多、体况偏瘦，从而引起母猪延迟发情或乏情；缺乏较好的配种设施，配种人员对母猪的发情鉴定技术和配种技术不过关，也将引起对母猪乏情的失控。

7. 无乳（MMA）综合征

患乳房炎、子宫内膜炎和无乳症的母猪发生乏情的比例极高。因此，控制三联征是解决这些母猪乏情的前提。

8. 病源因素

猪瘟、蓝耳病、猪伪狂犬病、细小病毒病、乙脑病毒病和附红细胞体病等均会引起母猪乏情及其他繁殖障碍症。

对于不发情的母猪，应该根据原因实施相应的策略，如加强饲养管理，增加饲喂量，增加饲料营养浓度，如提高能量蛋白质的水平，增加微量元素、维生素的浓度等；每天将母猪赶入运动场多进行运动，与公猪或发情母猪多接触；采取以上措施如果还没有发情可考虑用药物或激素进行催情。对不发情后备母猪肌注800～1 000单位孕马血清促性腺激素（PMSG）诱导发情和促使卵泡发育，再注射600～800单位人绒毛膜促性腺激素（HCG）促排，母猪一般在3～5天内表现发情和排卵。对可能是因为持久黄体、黄体囊肿和卵泡囊肿等疾病引起的空怀母猪不发情，可以先注射氯前列烯醇1支促进黄体或囊肿的溶解，第二天再注射800～1 000单位的孕马血清激素（PMSG）促进卵泡发育和排卵，一般2～3天

便可发情配种。也可以先注射氯前列烯醇一支，第二天再注射一头份 PG600。如果使用激素两个情期仍未发情，应该及时做淘汰处理。

四、妊娠母猪的健康养殖

妊娠母猪是指处于妊娠生理阶段的母猪。妊娠母猪饲养管理的目标就是要保证胎儿在母体内正常发育，防止流产和死胎，产出健壮、生活力强、初生体重大的仔猪，同时还要使母猪保持中上等的体况。

（一）判断母猪妊娠的方法

1. 看发情

配种后到下一次发情期（平均 21 天），不再出现发情症状，可推断母猪已经妊娠。

2. 观察行为

配种后妊娠的母猪表现安静、疲倦、贪睡不想动，性情温顺，动作稳，食量逐渐增大。

3. 观察猪体

配种后妊娠的母猪容易上膘，皮毛发亮，尾巴自然下垂，阴户收缩，腹围逐渐增大。

通过以上的观察，基本确定母猪是否妊娠，对于极个别不能确定是否妊娠的母猪，可用超声波鉴定。

（二）胎儿的生长发育规律

胚胎生长发育大致分为附植前、胚期和胎儿期 3 个阶段。猪的受精卵只有 0.4 毫克，初生仔猪重为 1.2 千克左右，整个胚胎期的重量增加 200 多万倍。胚胎在妊娠前期生长缓慢，30 天时胎重仅 2 克，胎龄 60 天仅占不到初生重 10%；妊娠的中期 1/3 时间里，胎儿的增重为初生重的 20% ～ 22%，妊娠的后期 1/3 时间里，胎儿的增重达到初生重的 76% ～ 78%。因此加强母猪妊娠后期的饲养管理是保证仔猪初生重较大的关键。

（三）胚胎的 3 个死亡高峰期

胚胎在母猪体内存在 3 个死亡高峰期，需要加强这 3 个时期的护理。

1. 胚胎着床期

又叫胚胎的第一死亡高峰期，在母猪配种后 9 ～ 13 天，精子与卵子在输卵管的壶腹部受精形成受精卵，受精卵呈游离状态，不断向子宫游动，到达子宫系膜的对侧上，在它周围形成胎盘。这个过程 12 ～ 24 天。胚胎着床期主要是做好母猪的饲养管理，尽可能降低应激。

2. 胚胎器官形成期

孕后第 21 ～ 35 天，胚胎处于器官和身体各部分形成期，先天畸形大都形成于此期，胚胎在争夺胎盘分泌物中强存弱亡，是胚胎死亡的高峰期。

3. 胎儿迅速生长期

妊娠 60 ～ 70 天，由于胚胎在争夺胎盘分泌的某种有利于其发育的蛋白质类物质而造成营养供应不均，致使一部分胚胎死亡或发育不良。此外，粗暴地对待母猪，如鞭打、追赶以及母猪间互相拥挤、咬架等，都能通过神经刺激而干扰子宫血液循环，从而减少对胚胎的营养供应，增加死亡。

（四）妊娠母猪的营养需求

妊娠母猪日粮营养要求：消化能 12.0 ～ 12.3 兆焦 / 千克，粗蛋白 13% ～ 14%，赖氨酸 0.5%，钙为 0.6%，磷为 0.5%。维生素对妊娠母猪的繁殖性能及胎儿的生长发育非常重要，每千克饲料中要提供充足的维生素，尤其是维生素 A、维生素 D 和维生素 E。

（五）妊娠母猪的安全饲养

妊娠母猪饲养中最大的特点是保持母猪合适的体况，防止母猪过肥或过瘦，保证胎儿的正常生长发育。母猪在妊娠期间一般采取限制饲喂的方式饲养。

1. 妊娠母猪体况评分

可以根据母猪的体况评分体系对母猪进行体况评分，评分采取 5 分制（图 4-3），3 分为体况适中的母猪，1 分为过瘦、2 分稍瘦、4 分稍肥、5 分为过肥（表 4-2），根据母猪得分确定每天的饲喂量。猪场如果备有背膘仪，可以测定母猪的背膘厚度，根据背膘厚度确定饲喂量会更加的精确，测定部位为沿脊柱到最后一根肋骨处左侧 5 厘米处。

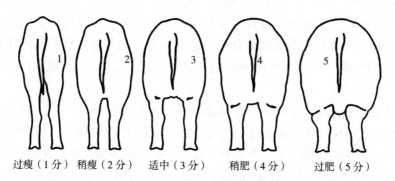

过瘦（1 分）　稍瘦（2 分）　适中（3 分）　稍肥（4 分）　过肥（5 分）

图 4-3　母猪的体况评分系统

表 4-2　母猪的膘情体况与评分

评分	分级	膘情体况
1 分	瘦弱级	尖脊、削肩，不用压力便可辨脊柱，膘薄，大腿少肌肉
2 分	稍瘦级	脊柱尖，稍有背膘（配种最低条件）
3 分	标准级	身体稍圆，肩膀发达有力（配种理想条件）
4 分	稍肥级	平背圆膘、胸肉饱满，肋部丰厚（分娩前理想状态）
5 分	肥胖级	太肥，体型横、背膘厚

2. 妊娠母猪的饲养方式

主要是根据妊娠母猪的体况来确定。

（1）如果妊娠母猪的营养状况不好　应按妊娠的前、中、后 3 个阶段，以高－低－高的营养水平进行饲养　母猪经过分娩和一个哺乳期后，营养消耗很大，为使其担负下一阶段的繁殖任务，必须在妊娠初期加强营养，使它迅速恢复繁殖体况，这个时期连同配种前 7～10 天共计 1 个月左右，应加喂精料，特别是富含维生素的饲料，待体况恢复后加喂青粗饲料或减少精料，并按饲养标准饲喂，直至妊娠 80 天后，再加喂精料，以增加营养供给。这就是"抓两头，顾中间"的饲养方式。

（2）妊娠母猪的体况良好　采取前低后高的饲养方式　对配种前体况较好的经产母猪可采用此方式。因为妊娠初期胚胎体重增加很小，加之母猪膘情良好，这时按照配种前期营养需要在饲粮中多喂青粗饲料或控制精料给量，使营养水平基本上能满足胚胎生长发育的需要。到妊娠后期，由于胎儿生长发育加快，营养需要量加大，故应加喂精料，以满足胎儿生长发育的营养需要。

（3）初产繁殖力高的母猪　采取营养步步登高的饲养方式进行饲养　因为初产母猪本身还处于生长发育阶段，胎儿又在不断生长发育，因此，在整个妊娠期间的营养水平，是根据母猪自身的生长发育需要及胚胎体重的增长而逐步提高的，至分娩前 1 个月左右达到最高峰。这种饲喂方法是随着妊娠期的延长，逐渐增加精料比例，并增加蛋白质和矿物质饲料，到产前 3～5 天逐渐减少饲料日喂量。

妊娠母猪的管理水平好坏会直接影响到怀孕率的高低、活仔数及所占比例、初生前窝重及产后母猪泌乳性能。因此，成功饲喂母猪的关键在于坚持哺乳期的充分饲喂，但在妊娠期间要限制饲喂，这是一个普遍原则。在实际生产实践中，使用妊娠不同阶段的全价饲料饲养的瘦肉型母猪，在环境适宜、没有严重的寄生虫侵扰的前提下一般投喂妊娠母猪料 1.8～2.5 千克即可满足需要。

3. 妊娠母猪的饲养要点

① 配后 3 天、8～25 天及中期的 70～90 天是 3 个严防高能量饲喂的时期，因为高营养的摄入将导致受精卵早期死亡，胚胎附植失败和乳腺发育不良，前两段的高营养摄入，使空怀比例升高，产仔数减少，后一段的高营养则使产后乳腺发育不良，泌乳性能下降。

② 引起死胎、木乃伊胎数量增多，除和疾病有关外，还和怀孕期间母猪运动不足，体内血流不畅有关，这在一些定位栏和小群圈养的对比中得到证实。生产中，定位栏便于控制饲料，保持猪体膘情，流产比例少，但却易出现死胎；产木乃伊胎和弱仔比例大，难产率高，淘汰率高；而小圈饲养却不易控料，因此易造成前期空怀率高，后期流产比例大的弊端。

如何达到上述两者的和谐统一，以下方法可供参考。

① 前后各 20 天定位栏饲养，中期小圈混养。

② 全期小圈混养，前中期采用隔天饲喂方式，后期自由采食。

③ 全期定位栏，中期定时放出舍外活动。上面几种方法，既考虑了猪控料的需要，也考虑了猪活动的需要。

（六）妊娠母猪的安全管理

妊娠母猪在管理上的中心任务是，做好保胎促进胎儿正常发育，防止机械性流产。妊娠初期应适当运动，让母猪吃好睡好。30 天后，每天可运动 1～2 小时，促进食欲和血液循环，转弯不急、防跌倒。妊娠后期减少运动，自己运动。临产半月停止运动，饲养人员经常对初产母猪刷拭和乳房按摩，达到人畜亲和、便于分娩护产管理。妊娠母猪有 3 种饲养方式，但各有优缺点。

1. 定位栏饲养

一头母猪一个限位栏，整个妊娠期间一直让母猪待在限位栏中。优点：能根据猪况、阶段合理供给日粮，能有效地保证胎儿生长发育，又能尽可能地节省饲料，降低成本。缺点：由于缺乏运动，会出现死胎比例大、难产率高、使用年限缩短等。

2. 小群圈养

3～5 头母猪一栏，猪栏标准 2.5 米 × 3.6 米。小群饲养的优点为便于活动，死胎比例降低，难产率低，使用年限长。缺点是无法控制每头猪的采食量，从而出现肥瘦不均，为保证瘦弱猪有足够的采食量，为不影响正常妊娠，只好加大群体喂料量，造成饲料浪费，增加饲料成本，甚至由于拥挤、争食及返情母猪爬跨等造成后期母猪流产。

3. 前期小群饲养，后期定位栏饲养

在妊娠前期，大约 1 个月采用小群饲养的方式，这样可以让母猪多运动，恢

复母猪体力，增强母猪体质，保持旺盛的食欲。1个月后转入限位栏中饲养，这样可以节省栏舍，节约饲料，精确控制母猪饲喂量，使母猪保持合理体况。此种方法前期仍然难避免前中期采食不均的问题，有人研究妊娠小群饲养时采用隔天饲喂方式，将两天的饲料一次性添加给母猪，让其自由采食，直到吃完为止，这一方法经试验验证是可行的，生产效果与定位栏相近。

在妊娠母猪饲养期间，除了控制母猪体况和增加运动外，要减少和防止各种有害刺激，对妊娠母猪粗暴、鞭打、强烈追赶、跨沟、咬架以及挤撞等容易造成母猪机械性流产。做好防暑降温及防寒保温的工作，在气候炎热的夏季，应做好防暑降温工作，减少驱赶运动。冬季则应加强防寒保温工作，防止母猪因感冒发烧引起胚胎的死亡或流产。在整个妊娠期间，要保持栏舍的卫生，注意栏舍的消毒。在分娩前1周要转入产房，转舍前如果气温合适，要用水将母猪体表洗净，并用合适的消毒液对猪体进行消毒，然后按照预产期顺序赶入产房。

4. 避免环境高温

高温对母猪的影响在配后3周和产前3周的影响最大，配后3周高温会增加影响胚胎在子宫的附植，而产前3周，由于仔猪生长过快，猪为对抗热应激会减少子宫的血液供应，造成仔猪血液供应不足，衰弱甚至死亡。其他时期，母猪对高温有一定的抵抗能力，但任何时期的长时间高温都不利于妊娠，孕期降温是炎热季节必不可少的管理措施。

5. 怀孕检查

怀孕检查是一项细致而重要的工作，每一个空怀猪的出现，不仅仅是饲料浪费的问题，同时还会打乱产仔计划及畜群周转计划。如果空怀猪后期返情，还会由于发情猪的爬跨、乱拱引起其他母猪流产。

（七）减少母猪流产的措施

流产即妊娠中断，指母畜怀孕期间，由于各种不同的原因造成胚胎或胎儿与母体之间的生理关系发生紊乱，妊娠不能继续而中断。妊娠中断后胚胎或胎儿会发生不同的变化，如胚胎液化被母体吸收，胎儿干尸化，胎儿浸溶，死胎被排出体外或活胎被排出体外。

母猪流产原因有传染性流产和非传染性流产。减少正常生产状态下所发生的流产，即不考虑灾害或传染病造成的流产，是管理工作中的重点。

1. 猪栏结构的弥补

有些猪场建造比较早，甚至是原来的老猪舍改造过来的，房顶较矮，天面到地面高的2.6米，低的2.4米，混凝土平顶结构，坐北朝南，单列式（北面有墙，南面运动场）。这种猪栏结构可保冬暖，但夏不凉，适合养本地猪种，不适合养外国品种猪。在每年高温季节，栏内最高气温达到39℃，相对湿度87%左右，部分母猪难耐高温高湿，就会出现流产。流产不分昼夜都会发生，多则一个晚上流产几窝，其中以妊娠前期居多。

为解决栏舍结构不合理致室温过高的问题，可采取植树、盖凉棚、雾化降温等办法弥补。即在栏舍之间空地种上速生桉，当树高超过房顶时把树根部阴枝剪掉，树木长得越高越好，这样既通风又遮阳；每年在高温季节来临前，在南面运动场搭上简易凉棚，棚顶盖防晒网，可阻挡大部分直射太阳光；当栏舍内温度达到35℃以上时，可用2%的醋精水雾化空间，一天内间隔重复几次效果更佳，舍温可降低2℃左右；在无风情况下，可增加大功率电风扇或抽风机效果更佳。

2. 母猪产后疾病影响母猪妊娠

母猪保健常采用产后冲洗子宫，肌注抗生素，子宫炎、乳房炎发现即治疗等方法做母猪围产期保健工作。这种保健的结果是母猪产后子宫炎、乳房炎、产后无乳综合征发生率高。这些疾病严重影响母猪妊娠，造成孕后胚胎或胎儿中途死亡引起流产。针对疾病因素引起的流产，先要思想上高度重视母猪围产期保健工作，改变母猪是畜牲，怕饿不怕脏的观点，做到预防为主，防重于治。在母猪分娩前一周喂给加药料，每天一次，连用一周；母猪在产下第一头仔猪时给予静脉滴注保健，保健药可用青霉素、鱼腥草、维生素C、缩宫素等药物和生理盐水合用，做到头头保健，一头不漏。子宫投药使用金霉素粉1～3克溶于80毫升生理盐水，于产后第二天输入子宫；在母猪转入产栏前要严格消毒体表；产前产后猪身要经常保持清洁干净，空栏舍消毒要彻底，有条件的最好采用高床产栏。

3. 免疫应激引起母猪流产

据观察发现，易引起母猪免疫后流产的疫苗主要是油佐剂疫苗居多，如口蹄疫苗、猪伪狂犬苗、乙脑苗等。以前这几种疫苗只要采取全群一刀切接种，第二、三天就发现陆续有母猪流产，多则2%～3%流产率，少则0.5%～1%。目前这种情况有所改善，口蹄疫苗采用进口佐剂很好地解决了免疫应激；猪伪狂犬苗有油佐剂苗和水佐剂苗供选择，选择水佐剂苗应激要小得多；乙脑疫苗按常规使用是1年注射两次，即每年3月和9月，但也有过注苗后引起流产的，流产以妊娠30～50日龄居多，通常见到胚胎头部充血严重，母猪无症状。估计是疫苗保护期衔接不上形成的免疫空洞所致，建议增加此苗的免疫次数。为减少免疫应激，免疫接种时要避开合群，选择在投料过程中注射更好。在母猪整个妊娠期，前40天属于胚胎不稳定期，在给母猪接种时应尽力避免这一时期注射疫苗。

4. 饲养管理和合群不当造成母猪流产

妊娠期母猪对饲料品质很敏感，如果饲料营养低、质量差，母猪很快就会掉膘，并且所生仔猪弱仔多或者早产，部分母猪还会因营养缺乏偏瘦而中途流产。要严格控制饲料质量关，从原料进仓、储存、加工到饲料投喂都进行系统管理。进仓玉米含水分值在 14% 以内，外观光亮饱满，无霉变颗粒才进仓。原料在加工前再检查有无变质现象，确定合格后才进入成品料加工车间。妊娠料分两阶段投喂，即妊娠前期料和妊娠后期料，前期料消化能 3 130 千卡，粗脂肪 4.1%，粗蛋白 14.5%，投喂妊娠 90 日龄前母猪；后期料消化能 3 188 千卡，粗脂肪 4.5%，粗蛋白 14.9%，投喂妊娠 90 日龄以上母猪。产前一周投喂哺乳料。饲料在猪场保存时间不宜太久，一般不加防腐剂。要做到准确投料，秋冬季不超一周，春夏季不超 4 天。配后母猪一般在 30 ~ 40 日龄做妊娠测定，前期在定位栏，测定后转入大栏，当转入大栏后母猪有一相互认识和地位确定过程。这过程持续半天时间，相互追赶打架。这个过程往往引起母猪流产，尤其是 7 月、8 月、9 月更常见。要减少拼栏流产发生，在拼栏前要做强弱肥瘦区分，考虑栏容头数，一般一栏放 4 ~ 5 头，头均占面积 1.5 米^2 以上较合适。

五、哺乳母猪的健康养殖

（一）哺乳母猪的管理目标

处在哺乳阶段的母猪称为哺乳母猪。母猪分娩是养猪生产中最繁忙的季节，母猪分娩后消耗很大的体能，是体质最虚弱的时候，也最容易感染诱发各种疾病，因此在照顾好仔猪的同时精心管理、细心呵护分娩前后的母猪。保证母猪健康、食欲旺盛，多泌乳、泌好乳，同时保证断奶时母猪良好的体况，顺利发情受孕，参加下一轮妊娠，这是哺乳阶段管理好母猪的主要任务。

（二）哺乳母猪的生理特点

1.哺乳母猪易发生热应激

母猪由于皮厚毛长，皮下脂肪层较厚，但无汗腺，容易发生热应激，因此在保证小猪小环境温度时，分娩舍温度不能太高，当舍内温度超过 30℃时要采取滴水或其他降温措施给母猪降温。

2. 母猪泌乳规律

（1）乳腺结构特点　母猪的乳房没有乳池，不能随时排乳，只有当仔猪反复拱揉乳房，刺激母猪中枢神经，才能反射性地导致母猪放奶。

（2）泌乳量的变化　母猪的泌乳量在分娩后处于增加趋势，一般在产后 10 天上升较快，3 周龄左右达泌乳高峰，后逐渐下降。在哺乳期间，母猪分泌 300 ~ 400 千克乳汁，平均日泌乳量 6 千克左右。

（3）猪乳成分变化　猪乳分初乳和常乳。初乳指分娩后 3 天内的乳，主要是产后 12 小时之内的乳，以后的乳为常乳。初乳中干物质、蛋白质、维生素含量较常乳高，特别是免疫球蛋白含量很高，免疫球蛋白是仔猪获得母源抗体的主要来源，小猪出生以后要及早吃到初乳，以增强小猪的免疫力，预防疾病的发生。

初乳中的乳脂和乳糖较常乳低，初乳中还含有镁盐，有轻泻性，可促进胎粪的排出，有利于消化道的活动。常乳不具备这些，故初乳是仔猪不可替代的食物。

（4）不同乳头泌乳量不同　一般认为前面的几对奶头比后面的泌乳量高。因此在固定乳头时，弱仔可以固定在前面的乳头。

（5）泌乳次数　母猪放奶时间很短，平均只有十几秒到几十秒，但泌乳次数多，平均每昼夜为 22 次左右，白天多于夜间。

（三）哺乳母猪的营养需求

哺乳母猪因为担负着自身和仔猪的双重营养需求，因此需要较高的能量和蛋白质的饲料，而且要求饲料原料易于消化和吸收，具体营养标准参考如下：能量 14.0 ～ 14.3 兆焦 / 千克，蛋白质 17% ～ 18%，赖氨酸 0.8% ～ 1.2%，钙 0.8%，磷 0.7%，较高的维生素和微量元素。

（四）母猪分娩前的准备工作

母猪一般在产前一周转入产房，产房要实行全进全出制度，现代养猪生产都要在高床上产仔哺乳，产床四周的围栏大概为 2.2 米 ×1.8 米，实用面积为 3.5 米 ^{2}，栏高 0.5 米。产床内设有钢管拼装成的分娩护仔栏，栏高 1.1 米、宽 0.6 米，呈长方形，以限制母猪的活动范围，防止踏压仔猪。栏的两侧为仔猪活动区，一侧放有仔猪保温箱和仔猪补料槽，箱上设有采暖用灯泡或红外线加热器，箱的一侧有仔猪出入口，便于仔猪出入活动。

待产母猪转入前要做好一系列的准备工作，第一空栏要认真冲洗干净，检修产房设备，之后用消毒药连续消毒两次，晾干后备用。第二次消毒最好采用熏蒸消毒。第二，产房温度保持适宜，以 20 ～ 22℃为佳，相对湿度 65% ～ 75%，夏季要防暑降温，避免热应激，冬季要防寒保暖。第三，母猪转入前应将母猪全身洗刷干净，并选用适当的消毒液喷洒全身，经洗刷消毒后，方可允许进入产房。第四，当母猪有临产征兆时要做到"一洗一拖三准备"。一洗：即用 5% ～ 10% 来苏尔溶液或 0.1% 高锰酸钾溶液给临产母猪乳房和后臀部擦洗干净；一拖：即用 3% 氢氧化钠溶液给临产母猪产栏拖擦消毒，然后用水冲洗干净备用；三准备：准备接产用的器械，如剪子、剪牙钳、止血钳、干燥的毛巾、扎脐用的手术线等；准备接产用的药物，包括催产素、碘酊以及猪瘟疫苗，预防仔猪下痢用的药物和消炎药等；准备好保温箱、保温灯和铺垫的麻袋，并检查保温灯是否会亮，保温箱内应垫保暖材料，保证箱内干燥、温度适宜。

（五）母猪分娩前的生理特点

母猪的妊娠期平均为 114 天，范围在 110 ～ 120 天，母猪的实际产仔日期可能出现在预产期的前后。母猪临产前在生理上和行为上都发生一系列变化（产前征兆），在母猪的预产期前后几天要时刻注意母猪的行为变化，以防漏产。母猪

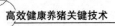

的临产症状主要如下。

1. 乳房乳汁的变化

母猪产前 15～20 天，乳房开始由后部向前部逐渐下垂膨大，其基部在腹部隆起呈两条带状，向外扩张，从后面看最后一对乳头呈"八字形"，乳房的皮肤发紫而红亮。当可挤出清亮乳汁时，在 2～3 天内即可分娩；若挤出黏稠黄白色乳汁，则 12～24 小时内分娩。前边一对乳头能挤出乳白色乳汁，一般不超过 12 小时就要分娩；当最后一对乳头能挤出乳汁时，一般不超过 4 小时就要分娩。但是也有个别母猪产后才有乳汁，所以要综合其他临产前的表现确定临产时间。

2. 外阴部的变化

母猪临产前 3～5 天，外阴部开始肿大、充血，颜色由红变紫，尾根两侧出现凹陷，这是骨盆开张的标志。在母猪分娩前会频频排尿，阴部流出稀薄黏液，母猪侧卧，四肢伸直，阵缩时间逐渐缩短，呼吸急促，表明即将分娩。

3. 神经症状

母猪出现筑巢行为（叼草絮窝）。当表现突然停食，呼吸加快，烦躁不安，用嘴不时拱咬栏杆，时起时卧，排粪尿次数增加，吃食不好。一般出现这种现象后 6～12 小时产仔。

（六）优先配备专业接生员

分娩是母猪围产期最重要的环节，是一个体力消耗大、极度疲劳、剧烈疼痛、子宫和产道损伤、感染风险大的过程，是母猪生殖周期里的"生死关"。现代基因型母猪由于分娩护理不到位、护理知识不系统、护理不专业和责任心不强等，最容易发生产程过长或难产。

母猪出现难产或产程过长已不可避免，如何减少母猪分娩的风险，避免母猪产程过长、难产，减少母猪分娩痛苦、产后感染，降低母猪死亡风险，提高胎儿的成活率，减少初生仔猪腹泻、死产、弱产发生等，猪场应优先配备和培训专业的接生员。专业接生员需要掌握"产前护乳""产中护娩"和"产后护宫"的技巧。

1. 专业接生员须加强临产母猪的护理，掌握"产前护乳"技巧

当前母猪乳房发育不良现象比较普遍，乳腺组织不发达或没发育，表现乳房太平，只见乳头，没有形成乳丘。猪场选留后备母猪时，只注重数乳头的数目，要求 7 对以上，但大部分猪场忽视了对乳房的专业护理，乳房发育不良，通常一头母猪总有 1～2 个乳房形成了盲乳房，根本没有泌乳功能。因此，专业接生员应加强母猪乳房的专业护理，要做到"形成乳丘""疏通乳道"和"增加奶水"等。

（1）加强乳房护理、促进乳腺发育，产后奶水才充足　乳房护理要从"娃娃"抓起：第 1 个情期，170 天，100～115 千克；第 2 个情期，195 天，

120 ～ 125 千克；第 3 个情期，220 天，135 ～ 150 千克，即开始进行乳房按摩促进乳腺发育。第 1 胎：妊娠 75 ～ 95 天是乳腺发育最关键时期；特别是配怀舍转到分娩舍，每天可以对乳房进行按摩或热敷，促进乳房的血液供应，促进乳腺组织的发育，促进乳丘的形成，为产后泌乳创造有利条件；产后也要加强乳房护理，避免乳腺炎的发生。

（2）产仔当天母猪要有"滴奶"现象，避免乳道堵塞、肿胀　由于母猪乳房不像奶牛一样有乳池，一旦乳道堵塞就易引起急性乳腺炎，产后 3 天内乳腺"铁板一块"。母猪乳腺的这种结构特点，就要求接生员加强乳房护理，疏通乳道。在分娩护理的当天，专业接生员要挤压母猪的每个乳头，要能从每个乳头中挤出一点奶水，达到疏通乳道的目的，避免母猪产后 3 天之内由于急性乳腺炎引起乳房急性肿胀，"铁板一块"。

2. 专业接生员须密切加强分娩监控、高度关注分娩细节，掌握"产中护娩"技巧

母猪分娩是一个非常复杂过程，是一个极度疲劳、剧烈疼痛和代谢紊乱的过程，产程的长短至少与分娩产力和分娩阻力密切相关。分娩产力主要由子宫的阵缩力、产道的蠕动力、辅助分娩肌肉如腹壁肌肉的收缩力等构成；产道阻力与产道状态（如产道狭窄、畸形、水肿、粗糙）、胎儿大小和羊水多少等有关。

（1）增加产力的方法和技巧　母猪分娩非常疼痛，要通过较温和的方式来增加产力、缩短产程，以减轻母猪分娩的痛苦，降低对母猪产道和产道内胎儿的挤压和损伤，缩短产程。因此，在分娩时输液缓解疲劳、补充能量外，还可以使用诸如按摩乳房、热敷乳房或将已经产出的仔猪放出来喂奶等刺激乳房的方式，诱导垂体后叶释放催产素，增强子宫和产道收缩的方法，同时配合当母猪腹部鼓起、积极努力使用一条腿固定在产床上、另一条腿在胯部均匀用力踩下去增加腹压的方法，来增加产力、缩短产程。这些温和的增加产力的方式，既不会增加母猪的痛苦，也不会对母猪造成伤害，同时也能加快胎儿的产出。

（2）降低阻力的方法和技巧　增加羊水、润滑和软化产道、保护脐带。当前，母猪普遍出现延后分娩现象，这与胎儿发育不良、胎衣变薄、羊水减少等密切相关。羊水的主要作用：保护胎儿脐带，避免胎儿在分娩过程中受到意外挤压而被憋坏或窒息；保持胎儿皮肤表面不被粪污染，保持胎儿肠道通畅，避免胎便密结，有效降低产后仔猪腹泻；润滑产道、降低分娩阻力，有效缩短产程。因此，建议在预产期前一天使用围产康 1 瓶，用 2 倍水稀释后拌少量饲料饲喂母猪一次，即可实现增加羊水的目的。

（3）胎儿护理的方法和技巧　胎儿分娩时需要精细化的管理，产出后首先要把口鼻处的羊水擦干净，再把全身皮肤上的羊水擦干，放入保温箱中注意保温、防止受凉，搞好断脐、剪牙、饲喂初乳及其他工作。

①断脐。断脐带时先将脐血向胎儿方向挤入胎儿体内，在距脐孔 3～5cm 处断脐，不要留太短也不能太长。注意不能将胎儿脐带直接用剪刀剪断，否则血流不止，最好用手指掐断，使其断面不整齐有利于止血。脐带中有三条血管，一条脐静脉和二条脐动脉被脐带的浆膜包裹在一起，脐静脉是将母猪富含营养物质的动脉血运送到胎儿、供胎儿生长发育的血管，是由母体流向胎儿的血管，而脐动脉是将胎儿体内的混合血运送到胎盘排泄代谢产物的血管，是由胎儿流向母体的血管，为了确保脐带不向外渗血，在断脐时一定要结扎脐带。

②剪牙。剪牙的目的是防止较尖的牙齿刮伤乳房，造成乳房外伤而引发乳腺炎。当前，有一部分猪场剪牙操作不规范：有不知道要剪多少颗的，如有剪 4 颗牙齿的，有剪 8 颗牙齿的，也有把小猪满口牙齿都剪掉的；有不明白剪牙目的的，以为只要剪了就是了，把牙齿剪得比不剪还尖的，甚至剪得满口是血的都有。其实乳猪生下来只有 4 颗最尖的牙齿，即上下左右 4 颗犬齿，这就是我们要剪钝的牙齿。剪掉这 4 颗牙齿既达到了剪牙的目的，其他牙齿不需要剪。

③初乳。新生仔猪没有免疫力，必须吸收初乳中的免疫球蛋白，获得可靠的被动免疫来防止仔猪腹泻和发生其他疾病。初乳是仔猪最重要的物质，比任何药物和营养都要重要。作为接产员一定要非常珍惜和保护初乳。母猪分娩 3 天内的奶水都可以称为初乳，但分娩后 1 天内特别是产后 6 小时内的初乳最重要。在分娩过程中要时刻关注初乳的情况，如果发现有初乳丢失的现象，一定要用杯子接起来保存在 8℃的恒温冰箱中待用，饲喂初生重低于 0.75 千克的仔猪还可以让它存活下来。浪费初乳是一种犯罪，接生员要确保每一个初生仔猪尽快吃到初乳，要做到所有初生仔猪在 1 小时内吃到初乳，在 6 小时内吃够初乳。超过 1.5 小时吃初乳的话，就有一部分出生胎儿变成弱仔，超过 6 小时仔猪的小肠免疫球蛋白通道就会关闭，就不能完整地吸收初乳中的免疫球蛋白进入体内和肠黏膜中。

④假死仔猪救助。生产中常常遇到分娩出的仔猪，全身松软，不呼吸，但心脏及脐带基部仍在跳动，这样的仔猪称为假死仔猪。其原因是脐带在产道内即拉断；胎位不正，产时胎儿脐带受到压迫或扭转；或因产程过长，羊水呛到肺里，或黏液堵住鼻孔，无法正常喘气造成。为此，首先要用毛巾将口鼻部黏液擦干净，然后进行人工呼吸。人工呼吸有几种方法，一是左手倒提仔猪后腿，右手有节奏轻轻拍打其胸部，使黏液从肺中排出。二是让仔猪四肢朝上，一手托住肩部，一手托住臀部，一屈一伸，反复进行，直到出现叫声和呼吸为止，屈伸动作应与猪的呼吸频率相近，每分钟 50～60 次。

⑤胎衣处理。母猪在产后半小时左右排出胎衣，母猪排出胎衣，表明分娩已

结束，此时应立即清除胎衣。若不及时清除胎衣，被母猪吃掉，可能会引起母猪食仔的恶习。污染的垫草等也应清除，换上新垫草，同时将母猪阴部、后躯等处血污清洗干净、擦干。胎衣也可利用，将其切碎煮汤，分数次喂给母猪，以利母猪恢复和泌乳。

（4）加强分娩监控，及时发现分娩障碍　产仔过程中，加强分娩护理非常关键，可有效缩短产程、减少分娩疼痛、缓解疲劳、纠正代谢紊乱和避免难产，同时加强对胎儿的护理，降低死产、弱产，搞好断脐、哺乳、剪牙、断尾、保温、补铁、阉割等胎儿护理工作，减少仔猪腹泻的发生。

缓解母猪分娩疲劳、缓解疼痛应激和纠正代谢紊乱的最有效方法是加强对分娩母猪的输液。在对母猪进行输液时首先要掌握输液的原则：先盐后糖、先晶后胶、先快后慢、宁酸勿碱、见尿补钾、惊跳补钙。根据静脉输液的原则，正确选择药物，合理组方，当母猪分娩睡下时就可进行输液。同时产后在饮水中加入口服补液盐，连续饲喂 1 周。

3. 专业接生员须掌握的"产后护宫"技巧

母猪产后最大的问题是产后感染、高热、便秘和厌食，产后有胎衣或胎儿滞留在子宫，产道恶性水肿、出血、恶露得不到有效控制。确保母猪产后子宫内没有胎儿、胎衣、恶露滞留，确保母猪产后不痛、舒适感增强，确保母猪产后恢复快，精力、食欲、奶水迅速恢复，是母猪产后管理的关键。可每头母猪产后使用宫炎净 50 ～ 100 毫升进行子宫灌注。同时还可以考虑在宫炎净中直接溶解 3 支青霉素、2 支链霉素一同灌入子宫，就可以完全实现产后彻底清宫、强力镇痛、消肿止血和彻底消炎的目的。所以，专业接生员需要掌握产后子宫灌注的方法。

具体操作时要做到：母猪站立时才能进行子宫灌注操作，确保宫炎净进入子宫内；缓慢灌注（3 ～ 5 分钟灌完一瓶），进得越快出来得越快；灌完后要向子宫内吹一管空气，确保输精管内的药液完全进入子宫；灌完后不能立即将输精管拔出，要停留 15 ～ 20 分钟时间；灌完后要让母猪继续站立 15 分钟左右，不能立即躺下。

（七）哺乳母猪的安全饲养管理要点

分娩之后，经过一段时间母体（主要是生殖器官）在解剖和生理上恢复原状，一般称此为产后期。在分娩和产后期中，母猪整个机体，特别是生殖器官发生着迅速而剧烈的变化，机体的抵抗力下降。产出胎儿时，子宫颈开张，产道黏膜表层可能造成损伤，产后子宫内又存有恶露，都为病原微生物的侵入和繁殖创造了条件。因此，对产后期的母猪应进行妥善的饲养管理，以促进母猪尽快恢复正常。

1. 饲养

（1）饮水　分娩过程中，母猪的体力消耗很大，体液损失多，常表现疲劳和口渴，所以在母猪产后，最好立即给母猪饮少量含盐的温水，或饮热的麸皮盐汤，补充体液。

（2）饲养　母猪产后8～10小时内原则上可不喂料，只喂给温盐水或稀粥状的饲料。分娩后2～3天内，由于母猪体质较虚弱，代谢机能较差，饲料不能喂得过多，且饲料的品质应该是营养丰富、容易消化的。从产后第三天起，视母猪膘情、消化能力及泌乳情况逐渐增加饲料给量，至一周左右按哺乳期饲喂量投给或者采用自由采食的饲养方式。对个别体质较虚弱的母猪，过早大量补料反而会造成消化不良，使乳质发生变化引发仔猪下痢。对产后体况较好、消化能力强、哺育仔猪头数多的母猪，可提前加料，以促进泌乳。为促进母猪消化，改善乳质，防止仔猪下痢，可在母猪产后一周内每天喂给25克左右的小苏打，分2～3次于饮水时投给。对粪便干硬有便秘趋势的母猪，应多给饮水或喂给有轻泻作用的饲料，如增加小麦麸的喂量或添加镁盐添加剂。

2. 管理

（1）保持产房温暖、干燥、卫生和安静　产房小气候条件恶劣、产栏不卫生均可能造成母猪产后感染，表现恶露多、发烧、食欲降低、泌乳量下降或无乳，如不及时治疗，轻者导致仔猪发育缓慢，重者导致仔猪全部饿死。

因此，要搞好产房卫生，经常更换垫草，注意舍内通风，保证舍内空气新鲜。母猪上床前彻底清理消毒产仔舍，并空舍5天以上；上床母猪应先洗澡，后消毒，洗去身上污物，不让任何东西带上产床，特别注意的是蹄部的冲洗消毒；母猪排便后，立即清除，产床上不留粪便，如母猪沾上粪便，应立即用消毒抹布擦净；创造适合仔猪生存的适宜条件，最大限度地满足仔猪所需的小范围的环境条件。

产后母猪的外阴部要保持清洁，如尾根、外阴周围有恶露时，应及时洗净、消毒，夏季应防止蚊蝇飞落。必要时给母猪注射抗生素，并用2%～3%温热盐水或0.1%高锰酸钾溶液冲洗子宫。初生后当天，必须保证每个仔猪都吃上初乳，并采取合理的并窝、寄养。观察仔猪温度是否合适，不能单纯信赖温度计，而是看小猪躺卧姿势，热时喘气急促，冷时扎堆，适宜时均匀散开，躺姿舒适。

（2）运动　从产后第三天起，若天气晴好，可让母猪带仔或单独到户外自由活动，这对母猪恢复体力、促进消化和泌乳等均有益处，但要防止着凉和受惊，运动量不要过大。

第四节　哺乳仔猪健康养殖关键技术

一、哺乳仔猪的生理特点

哺乳仔猪是指从出生到断奶的仔猪，此阶段仔猪相对难养，成活率较低，是目前养猪生产的一大难关。为了养好哺乳仔猪，首先要了解其生理特点，以便采取适宜的饲养管理措施，使其顺利断奶。

（一）生长发育快，物质代谢旺盛

仔猪初生体重小，还不到成年时体重的1%，但出生后生长发育快，尤其在60日龄内生长强度最大，以后随年龄增长生长强度逐渐减弱。仔猪由于生长发育快，需要充足的营养供给，并且在数量和质量上要求都较高。而母猪的泌乳量一般在分娩后20天左右达到高峰，而后逐渐下降，这就造成母乳供给不足和仔猪快速生长所需营养较多的矛盾。此阶段的仔猪对于营养不全又极为敏感，所以除了进行正常的哺乳外，应补饲高质量的乳猪料，尽早使仔猪从饲料中获取营养。

（二）胃肠功能差，消化机能不完善

表现为胃肠容积小，运动机能微弱，酶系统发育不完善。20日龄前的哺乳仔猪胃液中有胃蛋白酶原，但因无盐酸而不能活化胃蛋白酶，因此在胃中不能消化蛋白质。此时只有消化母乳的酶系——凝乳酶，能使乳汁凝固，凝固后的乳汁可在小肠内消化。仔猪一般从20日龄开始才有少量游离盐酸出现，以后随着日龄增加，到30～40日龄胃酸才具有抑菌和杀菌作用，此时胃蛋白酶才具有一定的消化能力。因此，在仔猪料中应该添加酸化剂，以利于胃蛋白酶原的激活和促进饲料的消化。同时，乳猪料中的蛋白质不能过高，一般不要超过20%，当仔猪日粮中含蛋白质过高时会出现消化不良现象，易造成营养性腹泻。

（三）免疫功能不完善

母猪的免疫抗体不能通过胎盘向胎儿传递，仔猪只有靠吃初乳才能获得母源抗体并过渡到自身产生抗体。仔猪出生后24小时内对初乳中的抗体吸收量最大，出生36～48小时后吸收率逐渐下降。因此母猪分娩后应立即让仔猪吃到初乳，这是防止仔猪患病和提高其成活率的关键所在。仔猪在10日龄以后逐渐产生抗体，主动免疫体系开始行使功能。至3周龄时，自身产生的抗体数量仍然很少，是最关键的免疫临界期，此时母猪泌乳量开始下降，乳中抗体也开始减少，仔猪处于抗体转换期，极易得病，如患仔猪白痢等肠道疾病。为此，在饲养管理上除了增加泌乳母猪饲料中的蛋白质外，还应加强哺乳仔猪的营养，在饲料中加入抗

生素、酶制剂和微生态制剂等防止疾病发生，维护仔猪的健康。

（四）体温调节机能不健全，对寒冷应激的抵抗力差

仔猪出生时，体温调节及适应环境的能力很差，特别是生后第一天，在寒冷的环境中不能维持正常体温，易被冻僵、冻死。出生仔猪主要靠皮毛、肌肉颤抖、竖毛运动和挤堆取暖等行为来调节体温，但仔猪的被毛稀疏，皮下脂肪又很少，达不到体重的1%，保温、隔热能力很差。因此，早期保持仔猪所在环境适宜的温度是降低仔猪死亡率的关键措施，尤其在冬春季节外界环境温度偏低时，保持圈舍环境适宜温度更具有现实意义。另外，乳中的乳脂和乳糖是仔猪哺育早期从母乳中获取能量的重要方式，尽早使出生仔猪吃到初乳，也是提高仔猪成活率、对抗寒冷应激的又一措施。

二、哺乳仔猪健康养殖管理流程

仔猪培育是养猪生产的基础阶段，仔猪的好坏直接影响整个饲养期猪的生长速度和饲料转化率，关系到整个猪场的经济效益。饲养哺乳仔猪的最终目的是为了提高仔猪的成活率和提高哺乳仔猪的断奶窝重。仔猪的成活率低和生长缓慢是目前我国养猪生产中存在的比较普遍和严重的问题。根据仔猪的生理特点，对仔猪实行科学的饲养管理是养猪成功的基础保障。

（一）仔猪出生到第三天的饲养管理

1. 断脐

妊娠期间，胎儿经由脐带获得营养，仔猪脱离产道后，脐带将成为细菌侵入新生仔猪的一条通道，若操作不当，会造成细菌感染。为防止感染，剪断脐带后须用2%碘酒消毒。如发生脐部出血，可用一根线将脐带结扎。

断脐方法：先将脐带内血液挤向仔猪腹部，重复几次，然后距腹部5厘米处用结扎线剪断，断端放到5%碘酒浸泡5～10秒钟，以防感染破伤风或其他疾病。

2. 称重

仔猪出生后，如果有条件，仔猪擦拭干净以后，应该立即进行称重，仔猪的初生重及整体出生窝重是衡量母猪繁殖力的重要指标，也可以据其判断母猪在妊娠期间的饲喂情况，以便进行增减日饲喂量。同时，可以根据仔猪的出生重判断整窝的弱仔率，一般讲初生重低于0.6千克的仔猪判定为弱仔。弱仔率越大，仔猪的成活率越低。出生体重大的仔猪，生长发育快、哺育率高、肥育期短。常言说：出生差1两（1两＝50克，1斤＝0.5千克），断奶差1斤，出栏差10斤，可见仔猪的出生重对猪后续的生长起着多么重要的作用。通常种猪场必须称量出生仔猪的个体重，商品猪场可称量窝重（计算平均个体重）。

3. 打耳号

猪的编号就是猪的名字，在规模化种猪场要想识别不同的猪只，光靠观察很难做到。为了随时查找猪只的血缘关系并便于管理记录，必须给每头猪进行编号，编号是在生后称量出生体重的同时进行。编号的方法很多，以剪耳法最简便易行。剪耳法是利用耳号钳在猪的耳朵上打号，每剪一个耳缺代表一个数字，把两个耳朵上所有的数字相加，即得出所要的编号。以猪的左右而言，一般多采用左大右小，上1下3、公单母双（公仔猪打单号、母仔猪打双号）或公母统一连续排列的方法。即仔猪右耳，上部一个缺口代表1，下部一个缺口代表3，耳尖缺口代表100，耳中圆孔代表400。左耳，上部一个缺口代表10，下部一个缺口代表30，耳尖缺口代表200，耳中圆孔代表800，如图4-4所示。

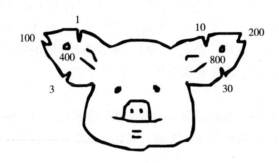

图 4-4　猪的耳号编制规则

4. 吃初乳

仔猪出生以后，应该尽快使其吃到初乳（进行超前免疫的仔猪除外）。初乳有以下几个特点。

① 仔猪出生时缺乏先天性免疫力，而母猪初乳中富含免疫球蛋白等物质，可以使仔猪获得被动免疫力。

② 初乳中蛋白质含量高，且含有轻泻作用的镁盐，可促进胎粪排出。

③ 初乳酸度较高，可弥补初生仔猪消化道不发达和消化腺机能不完善的缺陷。

④ 初乳的各种营养物质，在小肠内几乎全被吸收，有利于增长体力和御寒。

因此，仔猪应早吃初乳，出生到首次吃初乳的间隔时间最好不超过2小时。出生仔猪由于某些原因吃不到初乳，很难成活，即使勉强活下来，往往发育不良而形成僵猪。所以，初乳是仔猪不可缺少和取代的。

5. 断尾

断尾可以安排在仔猪出生后的第二天进行。断尾的目的是防止外在高密度生长环境的仔猪互相咬尾。断尾用专用断尾钳直接在离尾根3～5厘米处断掉，然后用碘酒在断尾处消毒。或用钝型钢丝钳在尾的下 1/3 处连续钳两次，两钳的距离为 0.3 ～ 0.5 厘米，把尾骨和尾肌都钳断，血管和神经压扁压断，皮肤压成沟，钳后 7 ～ 10 天尾巴即会干脱。

6. 剪牙

为了防止仔猪打斗时相互咬伤或咬伤母猪乳头，可在出生时或第二天把仔猪的两对犬牙和两对隔齿剪掉，每边两个犬齿剪净或剪短 1/2，注意切面平整，勿伤及齿龈部位。

7. 固定乳头

仔猪有专门吃固定奶头的习性，为使全窝仔猪生长发育均匀健壮，提高成活率，应在仔猪生后 2 ～ 3 天内，进行人工辅助固定乳头。固定乳头是项细致的工作，宜让仔猪自选为主，人工控制为辅。特别是要控制个别好抢乳头的强壮仔猪，一般可把它放在一边，待其他仔猪都已找好乳头，母猪放奶时再立即把它放在指定的奶头上吃奶。这样，每次吃奶时，都坚持人工辅助固定，经过 3 ～ 4 天即可建立起吃奶的位次，固定奶头吃奶。

8. 补铁

铁是血液中合成血红蛋白的必要元素，缺铁会造成贫血。仔猪在 2 ～ 3 日龄肌注补铁 150 毫克，以防止贫血、下痢，提高仔猪生长速度和成活率。

9. 寄养

初产母猪以带仔 8 ～ 10 头为宜，经产母猪可带仔 10 ～ 12 头。由于母猪产仔有多有少，经常需要匀窝寄养。仔猪寄养时要注意以下几方面的问题。

（1）母猪产期接近　实行寄养时产期应尽量接近，最好不超过 4 天。后产的仔猪向先产的窝里寄养时，要挑体重大的寄养，而先产的仔猪向后产的窝里寄养时，则要挑体重小的寄养，以避免仔猪体重相差较大，影响体重小的仔猪发育。

（2）被寄养的仔猪一定要吃初乳　仔猪吃到初乳才容易成活，如因特殊原因仔猪没吃到生母的初乳时，可吃养母的初乳。这必须将先产的仔猪向后产的窝里寄养，这称为顺寄。

（3）寄养母猪　必须是泌乳量高、性情温驯、哺育性能强的母猪只有这样的母猪才能哺育好多头仔猪。

（4）使被寄养仔猪与养母仔猪有相同的气味　猪的嗅觉特别灵敏，母仔相认主要靠嗅觉来识别。多数母猪追咬别窝仔猪（严重的可将仔猪咬死），不给哺乳。为了使寄养顺利，可将被寄养的仔猪涂抹上养母猪奶或尿，也可将被寄养仔猪和养母所生仔猪合关在同一个仔猪箱内，经过一定时间后同时放到母猪身边，使母猪分不出被寄养仔猪的气味。

10. 环境温度控制

哺乳仔猪调节体温的能力差、怕冷，寒冷季节必须防寒保温，同时注意防止贼风。尽可能限制仔猪卧处的气流速度，空气流速为 9 米/分钟的贼风相当于气温下降 4℃，28 米/分钟相当于下降 10℃。在无风环境中生长的仔猪比在贼风环境的仔猪生长速度提高 6%，饲料消耗减少 26%。

仔猪的适宜温度因日龄长短而异。哺乳仔猪适宜的温度：1～3 日龄为30～32℃，4～7 日龄为 28～30℃，7～15 日龄为 25～28℃，15～30 日龄为 22～25℃；产房温度应保持在 20～24℃，此时母猪最适宜。

防寒取暖的措施很多。一是可以加厚垫料。加厚垫料属传统保温方式，多在家庭养猪中使用。其方法是：第一天铺 10 厘米厚的垫草，第二天再添加10～20 厘米垫草，使垫草厚度达 30～40 厘米，外侧钉上挡草板，防止垫草四散。在舍温 10～15℃时，垫草的温度可达 21℃以上。这种方法经济易行，既省工又省草（垫草），既保温又防潮。采用此法时，应及时更换垫草，添加干燥新鲜的垫草，保持栏内干燥。二是火源加热。其方式有烟道和炭炉两种，烟道又有地上烟道和地下烟道两种。在用煤炭等燃料供温时，不论采用哪种供温方式，除要防止火灾外，还应及时排除栏舍内的有害气体，防止中毒。三是使用红外线保温灯。目前红外线保温灯被广泛采用。方法是：用红外线灯泡吊挂在仔猪躺卧的护仔架上面或保温间内给仔猪保温取暖，并可根据仔猪所需的温度随时调整红外线保温灯的吊挂高度。此法设备简单，保温效果好，并有防治皮肤病的作用。如用木栏或铁栏为隔墙时，两窝仔猪不可共用一只红外线保温灯。四是使用仔猪保温板。电热恒温保暖板板面温度 26～32℃。产品结构合理，安全省电，使用方便，调温灵活，恒温准确，适用大型工厂化养猪场。五是使用远红外加热仔猪保温箱。保温箱大小为长 100 厘米、高 60 厘米、宽 50～60 厘米，用远红外线发热板接上可控温度元件平放在箱盖上。保温箱的温度根据仔猪的日龄来进行调节。为便于消毒清洗，箱盖可拿开，箱体材料使用防水的材料。

（二）仔猪出生第三天到断奶的饲养管理

1. 去势

去势应在 7～10 日龄进行为宜，去势日龄过早，睾丸小且易碎，不易操作；去势过晚，不但出血多，伤口不易愈合，而且表现疼痛症状，应激反应剧烈，影响仔猪的正常采食和生长。注意防疫和去势不能同日进行。在去势的前 1 天，对猪舍进行彻底消毒，以减少环境中病原微生物的数量，减少病原微生物与刀口的接触机会。去势时先用 5% 的碘酒消毒入刀部位皮肤，防止刀口部位病原的侵入，术后刀口部位同样用碘酒消毒，以防止感染发炎。应选择纵行上下切割，碘酒消毒手术部位皮肤后，在靠近阴囊底部，纵向（上下）划开 1～2 厘米的切口，睾丸即可顺利挤出。此处切口小、位置低，外界异物及粪便不易侵入刀口而引起感染。注意止血及术后的观察，在睾丸挤出时，用手指捻搓精索和血管，有一定的止血作用。待操作完毕后，应仔细检查有无隐性腹股沟疝所致的肠管脱出，以便及时采取措施。

2. 开食

母猪泌乳高峰在产后 3 周左右，3 周以后泌乳逐渐减少，而乳猪的生长速度越来越快，为了保证 3 周龄后仔猪能大量采食饲料以满足快速生长所需的营养，必须给仔猪尽早开食补料。6 ～ 7 日龄的仔猪开始长白齿，牙床发痒，常离开母猪单独行动，特别喜欢啃咬垫草、木屑等硬物，并有模仿母猪的行为，此时开始补料效果较好。在仔猪出生后 7 ～ 10 日龄开始用代乳料进行补料，补料的目的在于训练仔猪认料，锻炼仔猪咀嚼和消化能力，并促进胃酸的分泌，避免仔猪啃食异物，防止下痢。训练采取强制的办法如下。

① 每天 3 ～ 4 次将仔猪关进补料栏，限制吃奶，强制吃饲料，这样 3 ～ 5 天后就会慢慢学会采食。

② 将代乳料调成糊状，抹到猪的嘴里，同时要装设自动饮水器，让仔猪自由饮用清洁水。因为母乳中含脂肪量高，仔猪容易口渴，如没有饮水器仔猪会喝脏水或尿液，引起仔猪下痢。要定期检查饮水器是否堵塞以及出水量是否减少等。

3. 断奶

仔猪断奶时，是在母猪强烈抗拒和仔猪的阵阵哀鸣中进行母仔的断然分开，离乳仔猪不但要承受母仔分开所带来的精神痛苦，还要快速适应从产房到保育舍的环境变化；在采食上，要快速适应从母乳到教槽料，从高消化率、以乳糖乳蛋白为主的液态母乳，到不易消化的复杂固态日粮的改变；要不断地迎接即将来临的转群、分群、并群等群体重组带来的环境、伙伴的变化；生活在高密度环境下，还要接受高强度免疫等许多考验。因此，断奶关山重重，是猪一生中面临的最大挑战，是乳仔猪真正的大劫难，也是制约养猪业生产水平快速提升的最关键控制点。

当前，随着猪品种改良、饲料营养水平的改善和饲养管理水平的提高，仔猪断奶日龄逐渐从 60 天、45 天、35 天、30 天、28 天、24 天、21 天、18 天，甚至出现了低于 18 天的超早期断奶，母猪的利用率得到了提高。随着仔猪断奶日龄的不断提前，仔猪乏食、断奶仔猪拉稀、断奶后生长停滞或负增长、断奶仔猪成为僵猪甚至死亡等问题，越来越突出地摆在每一个养猪人面前。因此，保持断奶仔猪断奶后平稳过渡、健康生长，已成为断奶仔猪饲养管理上的最主要目标。

实践证明，仔猪 25 ～ 28 日龄是最合适的断奶日龄，要设法使断奶后的仔猪尽快吃上饲料。选择优质教槽料，或选择优质脱脂奶粉、乳清粉、血浆蛋白粉、乳糖、喷雾干燥血浆粉、优质鱼粉、膨化大豆、去皮高蛋白豆粕等原料自己配制教槽料，从 12 日龄左右开始补饲。为提高消化率，有必要在断奶饲料中添加酶制剂（非淀粉多糖酶、植酸酶、蛋白酶、淀粉酶）、酸化剂。断奶 2 周后，仔猪的消化能力明显提高，就没有必要配制如此昂贵的饲料了，少用或者不用乳清粉、血浆蛋白粉等昂贵的原料，以降低成本。

断奶仔猪进入保育舍后，晚上不关灯。将饲料用水拌成粥状，有条件的最好用牛奶或者羊奶拌饲，效果更好。对那些断奶体重小、体质差的仔猪，用牛奶、羊奶拌成稠料饲喂，认料快，吃得多，断奶应激小，成活率高。

断奶时实行赶母留仔，仔猪留在原圈饲养舍内待 1 周左右后再转入保育舍，以减少应激；断奶仔猪转入保育舍前，就应将保育舍温度提升到 26～28℃，不要等到已经转入保育舍后再提温；断奶后第一周，日温差不要超过 2℃，以防发生腹泻和生长不良；保持仔猪舍清洁干燥，避免贼风，严防着凉感冒。

4. 防病

初生仔猪抗病能力差、消化机能不完善，容易患病死亡。对仔猪为害最大的是腹泻病。仔猪腹泻病是一个总称，包括了多种肠道传染病，最常见的有仔猪红痢、仔猪黄痢、仔猪白痢和传染性胃肠炎等。

仔猪红痢病是因产气荚膜梭菌侵入仔猪小肠，引起小肠发炎造成的。本病多发生在生后 3 天以内的仔猪，最急性的症状不明显，突然不吃奶，精神沉郁，不见拉稀即死亡。病程稍长的，可见到不吃奶，精神沉郁，离群，四肢无力，站立不稳，先拉灰黄或灰绿色稀便，后拉红色糊状粪便，故称红痢。仔猪红痢发病快，病程短，死亡率高。

仔猪黄痢病是由大肠杆菌引起的急性肠道传染病，多发生在生后 3 日龄左右，症状是仔猪突然拉稀，粪便稀薄如水，呈黄色或灰黄色，有气泡并带有腥臭味。本病发病快，其死亡率随仔猪日龄的增长而降低。

仔猪白痢病是仔猪腹泻病中最常见的疾病，是由大肠杆菌引起的胃肠炎，多发生在 30 日龄以内的仔猪，以产后 10～20 日龄发病最多，病情也较严重。主要症状是下痢，粪便呈乳白色、灰白色或淡黄白色，粥状或糨糊状，有腥臭味。诱发和加剧仔猪白痢病的因素也很多，如因母猪饲养管理不当、膘情肥瘦不一、乳汁多少、浓稀变化很大，或者天气突然变冷，湿度加大，都会诱发白痢病的发生。此病如果条件较好，医治及时会很快痊愈，死亡率较低，条件不好可造成仔猪脱水消瘦死亡。

仔猪传染性胃肠炎是由病毒引起，不限于仔猪各种猪均易感染发病，只是仔猪死亡率高。症状是粪便很稀，严重时呈喷射状，伴有呕吐，脱水死亡。

预防仔猪腹泻病的发生，是减少仔猪死亡、提高猪场经济效益的关键，预防措施如下。

（1）养好母猪　加强妊娠母猪和哺乳母猪的饲养管理，保证胎儿的正常生长发育，产出体重大、健康的仔猪，母猪产后有良好的泌乳性能。哺乳母猪饲料稳定，不吃发霉变质和有毒的饲料。保证乳汁的质量。

（2）保证猪舍清洁卫生　产房最好采取全进全出，前批母猪仔猪转走后，地面、栏杆、网床、空间要进行彻底的清洗、严格消毒，消灭引起仔猪腹泻的病菌病毒，特别是被污染的产房消毒更应严格，最好是经过取样检验后再进母猪产仔，妊娠母猪进产房时对体表要进行喷淋刷洗消毒，临产前用 0.1% 高锰酸钾溶液擦洗乳房和外阴部，减少母体对仔猪的污染。产房的地面和网床上下不能有粪便存留，随时清扫。

（3）保持良好的环境　产房应保持适宜的温度、湿度，控制有害气体的含量，使仔猪生活得舒服，体质健康，有较强的抗病能力，可防止或减少仔猪的腹泻等疾病的发生。

（4）利用提前投药预防或给母猪注射疫苗预防　提前投药主要以防黄痢、白痢为主，可用庆大霉素、乳酸环丙沙星、硫酸新霉素、杆菌肽、痢菌净等药物治疗，口服效果最好；脱水者要进行补液，轻者用口服补液盐（碳酸氢钠 2.5 克，氯化钠 3.5 克，氯化钾 1.55 克，葡萄糖 20 克，常水 1 000 毫升）饮水；严重者腹腔或者静注补水，5% 葡萄糖水 50 毫升，复合维生素 B 4 毫升，维生素 B_{12} 2 毫升，每天 2 次。如有一头腹泻，则全窝都得预防，但药量要减半。疫苗预防的措施是在母猪妊娠后期注射菌毛抗原 K88、K99、K987P 等菌苗，母猪产生抗体，这种抗体可以通过初乳或者乳汁供给仔猪。但应根据大肠杆菌的结构注射相对应的菌苗才会有效，当然也可注射多价苗。

（三）哺乳仔猪要闯"新三关"

养猪赚钱，前提是养好猪，而养好猪的秘诀在于养好哺乳仔猪。20 世纪 80 年代，国内养猪业多处在散养和小规模养殖阶段，品种落后、饲料品质差，造成了仔猪成活率低、哺乳期长、断奶风险大。因此，哺乳仔猪出生、教槽、断奶成为乳仔猪饲养中名副其实的三个"鬼门关"，并成为制约养猪生产中最关键的控制点。

随着规模化养猪的快速兴起，养猪规模化程度越来越高、环境越来越复杂，良种、良料、良舍、良法、良医、良品的"六良"配套技术已得到普遍推广，乳仔猪的饲养上出现了新三关，即弱仔关、保育关和断奶关。其中，弱仔关、保育关替换了过去的出生关和教槽关，成为当前规模化饲养条件下成功饲养乳仔猪最关键的控制点，并与断奶关一起成为乳仔猪饲养中最受关注的"新三关"。

1. 弱仔关

弱仔、无乳仔猪的成活率是影响猪场生产水平和养猪效益的关键。弱仔和无乳仔猪体质差，生命力脆弱，成活率低，一旦死亡，不仅造成了母猪和空怀一样的资源浪费，也浪费了母猪妊娠期间的饲料，增加了饲料成本，降低了母猪的年生产力。此外，弱仔作为流行病发生环节中的易感动物，使原本与猪群处于稳定状态的病原微生物，感染弱仔后，使其呈现致病性（内源性感染），并通过初始的活体发病，增强毒力，从而打破了与猪群的稳定状态，引发疫病的流行。

目前，规模化猪场弱仔和无乳仔猪的数量一般要超过总数的10%，且由于营养及管理等多方面的原因，仔猪出生一周内弱仔数还有不断增加的迹象，导致产房出现高达20%的病弱僵猪，保育舍高达30%的僵猪。

判断初生仔猪是否为弱仔，主要看初生重是否达标，挣扎是否有力，皮肤是否红润，脐带是否粗壮等。如果仔猪初生重小于1.1千克，或脐带细弱、无力争抢乳头、身体软弱无力、皮肤苍白无光，都应视为弱仔。有些出生仔猪，即便出生时体重超过1.1千克，但因种种原因，1周后仍变得瘦弱，或成为病、弱、僵、残甚至死亡仔猪，也应算作产房中的弱仔。

弱仔形成的原因很复杂，包括遗传和内分泌失调，细小病毒、伪狂犬病、猪繁殖与呼吸综合征、猪瘟等病毒病感染，布氏杆菌病、钩端螺旋体病、附红细胞体病、链球菌感染、弓形虫病等细菌病、寄生虫病，以及黄曲霉素中毒等。任何营养元素的缺乏，都可能影响母猪繁殖。

仔猪初生重的2/3是在母猪妊娠后期1/3的时间段内生长发育完成的，特别是妊娠第13～14周至分娩前，这段时间要加强对母猪的攻胎饲养，供给营养丰富特别是富含蛋白质的高能量日粮，促进胎儿正常、快速发育；母猪在妊娠期内容易便秘，影响胃肠吸收功能和胎儿正常生长，造成弱仔，因此，要设法缓解便秘，提高饲料中养分的吸收利用率，以保证胎儿获得充足而又全面的饲料营养；在保证弱仔能及时吃上并吃足初乳的同时，选择使用高效的教槽料进行有效救助，使其有效吸收营养、恢复正常生长，做到只要生得下就能养得活。

2. 保育关

规模化猪场仔猪在保育阶段，面临着特定的生活环境，需要按时进行转群、并群、分群，而且是高密度饲养、高强度免疫，应激因素多，而应激带来的效益下降是不可估算的；保育仔猪对疫病的抵抗力差，又时刻处在疫病风险之下，特别是蓝耳病、圆环病毒病等免疫抑制病的顽固存在；加上断奶过渡和保育期的营养障碍、肠道损伤等原因，在猪场的所有生产阶段中，出问题最多、最难管理的就是保育仔猪。

要不断净化猪场疫病环境，真正做到保育猪的全进全出。保育阶段的乳猪，正是被动免疫逐渐减弱、主动免疫刚开始建立的脆弱期，如果猪舍得不到彻底有效的消毒，就会给疾病交叉感染传播创造条件。因此，在保育猪进入保育舍前，必须彻底冲洗地面、墙壁、水槽、料槽等，进行彻底消毒后方可转入。有些猪场，特别是一些老猪场，由于猪舍的设计存在弊端，生产安排不协调，保育猪舍中日龄相差悬殊，甚至几个批次的猪群同处，要真正做到全进全出有一定的难度，必须设法进行改进。

减少各种应激因子的应激。保育阶段的乳猪，对温度的变化比较敏感，管理中仍需做好保温，舍内温度最好保持在 28 ～ 30℃；正确处理好保温与通风的关系，加强通风控制，减少因舍内污浊导致的肺炎等呼吸道病的发生；保育舍每圈饲养仔猪 15 ～ 20 头，最多不超过 25 头，圈舍采用漏缝或半漏缝地板，每头仔猪占圈舍面积为 0.3 ～ 0.5 米 ^{2}；转入保育舍后，其采食、饮水、排泄尚未形成固定位置，头几天要加强调教，让其分清哪是睡卧区，哪是排泄区，如果有小猪在睡卧区排泄，要及时把它赶到排泄区，并把粪便清洗干净，每次在清扫卫生时，都要及时清除休息区的粪便和脏物，同时在排泄区留一小部分粪便，这样经过 3 ～ 5 天的调教，仔猪就可形成固定的睡卧区和排泄区；保证充分饮水，并在饮水中适当添加葡萄糖、电解质、多维、抗生素，以提高仔猪的抵抗力，降低应激反应；分群时要按照原窝同圈、体重相似的原则进行，个体太小和太弱的单独分群饲养。

降低免疫应激水平。各种疫苗的免疫注射是保育舍最重要的工作之一，注射过程中，要先固定好仔猪，然后在准确的部位注射，不同类的疫苗同时注射时要分左右两边进行，不可打飞针；每栏仔猪要挂上免疫卡，记录转栏日期、注射疫苗情况，免疫卡随猪群移动而移动。在保育舍内不要接种过多的疫苗，主要是接种猪瘟、猪伪狂犬病以及口蹄疫疫苗等。对出现过敏反应的猪将其放在空圈内，防止其他仔猪挤压和踩踏，等过一段时间即可慢慢恢复过来。若出现严重过敏反应，则肌注肾上腺激素进行紧急抢救。

要解决保育问题，轻松度过保育关，必须抓好保育猪的细节管理。在净化猪场疫病环境、减少各种应激因子的应激、尽量降低免疫应激水平的同时，要千方百计做好仔猪断奶过渡期和保育前期的营养管理工作，尽量克服和避免仔猪断奶后，从母乳过渡到教槽料、从教槽料过渡到保育料时，因营养改变所产生的两次应激造成的生长停滞和负增长，提升断奶仔猪的抵抗力，减少病原微生物在体内的定殖。

3. 断奶关

前面已经说过，这里不再赘述。

（四）乳猪的营养需求和乳猪料的选择

一般来说，母猪 21 天左右的泌乳量最大，以后就逐渐下降，而此时乳猪对营养的要求越来越多，因此必须给乳猪提供除母乳以外的营养——乳猪料。但乳猪的生理特点为生长发育快、消化系统发育不全、免疫力低下、体温调节能力差等，限制了其对母乳以外的营养原料的选择。选择什么样的乳猪料对乳猪当前及后期的生长发育都至关重要。

1. 乳猪料的营养要求

要求每千克饲料含有的营养浓度为，消化能 14.0～14.3 兆焦 / 千克，粗蛋白质 19%～21%，赖氨酸 1.2%，蛋氨酸 + 胱氨酸 0.7%，钙 0.75%，磷 0.65%。

2. 乳猪料的特点

乳猪料乳猪应表现喜欢吃、消化好（通过粪便的观察）、采食量大，尤其是乳猪料结束过渡下一产品后的 1 周内；乳猪料要做到如下标准：营养性腹泻率低于 20%，饲料转化率为 1.2 左右，日均增重 250 克以上，日均采食量 300 克以上。

3. 乳猪料的使用阶段

根据本场条件与管理情况来划分，生产上把乳猪出生后至 4 周龄称为乳猪阶段。这一阶段的饲料产品俗称为"乳猪料"（也有人称人工乳、开口料等）。在国内猪场一般采用 5～7 天开始补料，28 天断奶的管理模式较多，大型养猪企业也有更早的，具体情况视每个猪场人员、技术、设备、生产、疾病防治等因素而不同。

4. 乳猪料的原料选择

因为乳猪料用量较小及乳猪的消化生理特点，应该选择高效优质易消化的原料做乳猪料。高档乳猪配合饲料通常由四五十种之多的原料组成，简要介绍如下。

① 乳猪配合饲料应以易消化、高营养的原料为主。优质鱼粉、乳清粉、血浆蛋白质、膨化大豆、大豆浓缩蛋白等原料适于乳猪料。豆粕含有抗原性物质，易损伤小肠绒毛，引起腹泻，应尽量减少豆粕的使用量，一般在饲粮中不应超过 25%。

② 玉米是普通乳猪料中使用最多的原料，如能采用膨化玉米，效果更佳。

③ 乳清粉的乳糖含量很高，乳糖能直接被乳猪吸收，转化为能量供给乳猪生长发育。同时，乳糖分解产生的乳酸能提高乳猪胃液的酸度，进而提高饲料的消化能力，也可防止大肠杆菌的大量繁殖，有利于减少腹泻。乳猪料中可添加 5%～30% 的乳清粉，但添加量太高会造成制粒困难，而且成本增加。

④ 膨化大豆是大豆经高温短时熟化的产品，膨化提高了大豆养分的消化率，

同时，也使大部分易引起乳猪腹泻的大豆抗原灭活，降低仔猪腹泻，膨化大豆既可提供蛋白质，又可提供脂肪。

⑤血浆蛋白粉是近年在高档乳猪料中使用较多的原料，蛋白质含量高，且易消化，更可贵的是含有乳猪缺乏的免疫球蛋白，可增强乳猪的抵抗力。

⑥石粉结合酸的能力强，可中和胃内的酸，乳猪料中不可大量使用。

⑦仔猪抵抗疾病的能力弱，饲粮中应添加高效的药物组合。

⑧乳猪料中添加酸化剂和酶制剂有利于提高饲料养分的消化率，降低腹泻率。

5. 乳猪料的料型

目前养猪生产中使用的乳猪料料型主要有：颗粒、破碎、粉状、液态这4种。在生产中应用最多的是前三种，部分大型养猪企业也有尝试液态料饲喂，但液态料饲喂对猪场管理硬件与软件要求较高，目前中国猪场具体情况推广使用可能会有一段时间。

6. 乳猪料的加工

饲料厂的品控和生产工艺对乳猪料的品质起决定作用，可惜有许多饲料企业品控能力不足或者还不够重视，这也是目前在乳猪料市场上优秀产品少的主要因素之一。一个好的乳猪料配方设计，要有好的原料与品质控制和加工工艺技术做保证。如加工乳猪料时制粒的温度、调质的时间，对颗粒硬度有很大影响，太硬影响适口性。另外原料的粉碎、膨化、混合、加水、喷油、蒸汽预调质工艺、制粒中模具的选择、冷却工艺等均会影响乳猪料的品质。粒度的大小、变异系数也对乳猪料的品质会有影响。因此规模化猪场在制备乳猪颗粒料时一定要控制好加工工艺。

7. 乳猪料的使用方法

（1）自由采食　一般定时添加（根据设备、环境、人员情况不同时间不一），每次添加要及时清除残余已污染的饲料。自由采食优点是省时、省功、省力，猪只采食均匀，乳猪发育相对均匀度好；缺点是饲料浪费较高，尤其是对补料设备要求高，否则饲料浪费严重。另外不容易及时观察乳猪采食情况。生产中常见到很多产床补料槽下面积累了很多被猪拱撒的饲料。

（2）分次饲喂　根据猪只日龄一般每天4～6餐，尽量少喂勤添，尤其是中小猪场。优点是利用乳猪抢食行为刺激猪只食欲和采食量的增加。分次饲喂饲料新鲜度好，生长发育快，并便于观察乳猪生长发育；缺点是人工成本相对浪费较高，猪只均匀度稍差。另外时间把握不好也易造成一次过量的采食而发生消化不良性腹泻。所以无论自由采食或是分次饲喂乳猪要有足够的料槽面积，使一窝乳猪能同时采食到饲料。在补料期间要补充充足的清洁饮水。

8．几种诱食方法介绍

（1）补料时间　应选择仔猪精神活跃的时候，一般是在上午 8—11 时，下午 2—4 时。此时仔猪活动较频繁，利于诱食。

（2）促进开食　将乳猪料调成糊状，在小猪开食前两天，饲养员将乳猪料涂在母猪乳房上，小猪吮奶时便接触到饲料，促进开食。或者将饲料塞到小猪嘴里，反复几次可以使小猪开食。

（3）少给勤添　仔猪具有"料少则抢，料多则厌"的特点。所以，少给勤添便会造成一个互相争食的气氛，有利进食。

（4）以大带小　仔猪有模仿和争食的习性，可让已会吃料的仔猪和不会吃料的仔猪放在一起吃料。仔猪经过模仿和争食，很快便能学会吃料。

（5）以母教子　在仔猪授有补饲间的情况下，可将母猪料槽放低，让仔猪在母猪采食，拣食饲料，训练仔猪开食。但母猪料槽内沿的高度不能超过 10 厘米，日粮中搭配仔猪喜食的饲料。

（6）滚筒诱食　将炒熟的香甜粒料放在一个周身有孔两端封好的滚筒内，作为玩具，让仔猪拱着滚动，拣食从筒中落到地上的粒料，促进开食。

第五节　生长育肥猪健康养殖关键技术

生长育肥猪的饲养是养猪生产中最后的一个环节，占用的资金多、耗料多，最终目的是让养猪生产者投入最少的饲料和劳动力，在尽可能短的时间内，生产出成本最低、数量最多、质量最好的猪肉供应市场，满足广大消费者日益增长的物质需求，并从中获取最大的经济利益。而影响生长育肥猪生长发育的因素较多，单靠某一种技术是难以达到这个目的的。为此，生产者一定要根据生长育肥猪的生理特点和生长发育规律，满足各种营养需要，采用科学的饲养管理和疫病防治技术，从而达到猪只胴体品质优良、成本低和效益高的目的。

一、生长育肥猪的生理特点

（一）不同体重阶段的生理特点

从猪的体重看，生长育肥猪的生长过程可分为生长期和育肥期两个阶段。

1．生长期的生理特点

体重 20～60 千克为生长期。此阶段猪的机体各组织、器官的生长发育功能不很完善，尤其是刚刚 20 千克体重的猪，其消化系统的功能较弱，消化液中某些有效成分不能满足猪的需要，影响了营养物质的吸收和利用，并且此时猪只胃

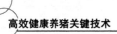

的容积较小，神经系统和机体对外界环境的抵抗力也正处于逐步完善阶段。这个阶段主要是骨骼和肌肉的生长，而脂肪的增长比较缓慢。

2. 肥育期的生理特点

体重60千克至出栏为肥育期。此阶段猪的各器官、系统的功能都逐渐完善，尤其是消化系统有了很大发展，对各种饲料的消化吸收能力都有很大改善；神经系统和机体对外界的抵抗力也逐步提高，逐渐能够快速适应周围温度、湿度等环境因素的变化。此阶段猪的脂肪组织生长旺盛，肌肉和骨骼的生长较为缓慢。

（二）不同生长阶段的增重规律及组织生长特点

猪在生长发育过程中，各阶段的增重及组织的生长是不同的，也是有规律的。

1. 体重的增长规律

在正常的饲料条件、饲养管理条件下，猪体的每月绝对增重，是随着年龄的增长而增长，而每月的相对增重（当月增重÷月初增重×100），是随着年龄的增长而下降，到了成年则稳定在一定的水平。就是说，小猪的生长速度比大猪快，一般猪在100千克前，猪的日增重由少到多；而在100千克以后，猪的日增重由多到少，至成年时停止生长。也就是说，猪的绝对增长呈现慢－快－慢的增长趋势，而相对生长率则以幼年时最高，然后逐渐下降。

2. 猪体内组织的增长规律

猪体骨骼、肌肉、脂肪、皮肤的生长强度也是不平衡的。一般骨骼是最先发育，也是最先停止的。骨骼是先向纵行方向长（即向长度长），后向横行方向长。肌肉继骨骼的生长之后而生长。脂肪在幼年沉积很少，而后期加强，直至成年。如初生仔猪体内脂肪含量只有2.5%，到体重100千克时含量高达30%左右。脂肪先长网油，再长板油。小肠生长强度随年龄增长而下降，大肠则随着年龄的增长而提高，胃则随年龄的增长而提高。总的来说，育肥期20～60千克为骨骼发育的高峰期，60～90千克为肌肉发育高峰期，100千克以后为脂肪发育的高峰期。所以，一般杂交商品猪应于90～110千克屠宰为适宜。

3. 猪体内化学成分的变化规律

猪体内蛋白质在20～100千克这个主要生长阶段沉积，实际变化不大，每日沉积蛋白质80～120克；水分则随年龄的增长而减少；矿物质从小到大一直保持比较稳定的水平。如体重10千克时，猪体组织内水分含量为73%左右，蛋白质含量为17%；到体重100千克时，猪体组织内水分含量只有49%，蛋白质含量只有12%。

二、生长育肥猪的营养需要

生长育肥猪的经济效益主要是通过生长速度、饲料利用率和瘦肉率来体现的，因此，要根据生长育肥猪的营养需要配制合理的日粮，以最大限度地提高瘦肉率和肉料比。

动物为能而食，一般情况下，猪日采食能量越多，日增重越快，饲料利用率越高，沉积脂肪也越多。但此时瘦肉率降低，胴体品质变差。蛋白质的需要更为复杂，为了获得最佳的肥育效果，不仅要满足蛋白质量的需求，还要考虑必需氨基酸之间的平衡和利用率。能量高使胴体品质降低，而适宜的蛋白质能够改善猪胴体品质，这就要求日粮具有适宜的能量蛋白比。由于猪是单胃杂食动物，对饲料粗纤维的利用率很有限，研究表明，在一定条件下，随饲料粗纤维水平的提高，能量摄入量减少，增重速度和饲料利用率降低。

因此猪日粮粗纤维不宜过高，肥育期应低于 8%。矿物质和维生素是猪正常生长和发育不可缺少的营养物质，长期过量或不足，将导致代谢紊乱，轻者增重减慢，严重的发生缺乏症或死亡。生长期为满足肌肉和骨骼的快速增长，要求能量、蛋白质、钙和磷的水平较高，饲粮含消化能 13.0 ～ 13.5 兆焦 / 千克，粗蛋白质水平为 15% ～ 16%，赖氨酸 0.55% ～ 0.65%，蛋氨酸 + 胱氨酸 0.37% ～ 0.42%，钙 0.50% ～ 0.55%，磷 0.40% ～ 0.45%。肥育期要控制能量，减少脂肪沉积，饲粮含消化能 12.2 ～ 12.9 兆焦 / 千克，粗蛋白质水平为 13% ～ 15%，赖氨酸 0.5%，钙 0.45%，磷 0.35% ～ 0.4%，蛋氨酸 + 胱氨酸 0.28%。

三、生长育肥猪的饲养

育肥猪是获得养猪生产最好经济效益的关键时期。育肥猪生产性能的发挥直接决定着一个猪场的盈利多少，所以搞好育肥猪阶段的管理，也就是猪场管理的锦上添花。

提高育肥猪的生产力，除了要选择优良的瘦肉型生长育肥猪品种和杂交组合、提高仔猪出生重和断奶重、适宜的饲粮营养以外，要重点关注以下饲养技术措施。

（一）选择适当的育肥方式

1. 一贯育肥法

就是从 25 ～ 100 千克均给予丰富营养，中期不减料，使之充分生长，以获得较高的日增重，要求在 4 个月龄体重达到 90 ～ 100 千克。

饲养方法：将生长育肥猪整个饲养期分成两个阶段，即前期 25 ～ 60 千克，后期 60 ～ 100 千克；或分成三个阶段，即前期 25 ～ 35 千克，中期 35 ～ 60 千克，后期 60 ～ 100 千克。各期采用不同营养水平和饲喂技术，但整个饲养期始终采用较高的营养水平，而在后期采用限量饲喂或降低日粮能量浓度方法，可达到增重速度快，饲养期短，生长育肥猪等级高，出栏率高和经济效益好的目的。

① 肥育小猪一定是选择二品种或三品种杂交仔猪，要求发育正常，70 日龄转群体重达到 25 千克以上，身体健康、无病。

② 肥育开始前 7 ～ 10 天，按品种、体重、强弱分栏、阉割、驱虫、防疫。

③ 正式肥育期 3 ～ 4 个月，要求日增重达 1.2 ～ 1.4 千克。

④ 日粮营养水平，要求前期（25 ～ 60 千克），每千克饲粮含粗蛋白质 15% ～ 16%，消化能 13.0 ～ 13.5 兆焦 / 千克；后期（60 ～ 100 千克），粗蛋白质 13% ～ 15%，消化能 12.2 ～ 12.9 兆焦 / 千克。同时注意饲料多种搭配和氨基酸、矿物质、维生素的补充。

⑤ 每天喂 2 ～ 3 餐，自由采食，前期每天喂料 1.2 ～ 2.0 千克，后期 2.1 ～ 3.0 千克。精料采用干湿喂，青料生喂，自由饮水，保持猪栏干燥、清洁，夏天要防暑、降温、驱蚊，冬天要关好门窗保暖，保持猪舍安静。

2. 前攻后限育肥法

过去养肉猪，多在出栏前 1 ～ 2 个月进行加料猛攻，结果使猪生产大量脂肪。这种育肥不能满足当今人们对瘦肉的需要。必须采用前攻后限的育肥法，以增加瘦肉生产。前攻后限的饲喂方法：仔猪在 60 千克前，采用高能量、高蛋白日粮，每千克混合料粗蛋白质 15% ～ 17%，消化能 13.0 ～ 13.5 兆焦，日喂 2 ～ 3 餐，每餐自由采食，以饱为度，尽量发挥小猪早期生长快的优势，要求日增重达 1 ～ 1.2 千克以上。在 60 ～ 100 千克阶段，采用中能量，中蛋白，每千克饲料含粗蛋白质 13% ～ 14%，消化能 2.2 ～ 12.9 兆焦，日喂两餐，采用限量饲喂，每天只吃 80% 的营养量，以减少脂肪沉积，要求日增重 0.6 ～ 0.7 千克。为了不使猪挨饿，在饲料中可增加粗料比例，使猪既能吃饱，又不会过肥。

3. 生长育肥猪原窝饲养

猪是群居动物，来源不同的猪并群时，往往出现剧烈的咬斗，相互攻击，强行争食，分群躺卧，各据一方，这一行为严重影响了猪群生产性能的发挥，个体间增重差异可达 13%。而原窝猪在哺乳期就已经形成群居秩序，生长育肥期仍保持不变，这对生长育肥猪生产极为有利。但在同窝猪整齐度稍差的情况下，难免出现些弱猪或体重轻的猪，可把来源、体重、体质、性格和吃食等方面相近似的猪合群饲养，同一群猪个体间体重差异不能过大，在小猪（前期）阶段群体内体重差异不宜超过 2 ～ 3 千克，分群后要保持群体的相对稳定。

（二）选择适当的喂法及餐数

1. 饲喂的方式

通常育肥的饲养方式，有"自由采食"和"定餐喂料"两种方式。这两种饲养方式各有优缺点。自由采食大家知道，省时省工，给料充足，猪的发育也比较整齐。但是缺点是容易导致猪的"厌食"；该方法还很容易造成饲料的浪费，因为料充足，猪有事儿没事儿到处拱，造成浪费比较大；也容易造成霉变，因为，以前添加的饲料如果没有清理干净，很容易在料槽底存积发生霉变。自由采食再一个缺点是：猪只不是同时采食，也不是同时睡觉，所以很难观察猪群的异常变化；也容易使部分饲养员养成懒惰的作风，因为把料加槽以后就没事儿，根本不进猪栏，不去观察猪群。

定餐喂料也有它的优点：可以提高猪的采食量，促进生长，缩短出栏时间。笔者做过详细的试验，同批次进行自由采食的猪和定餐喂料的猪相比，如果定餐喂料做得好，可以提前 7～10 天上市。定餐喂料的过程中，更易于观察猪群的健康状况。定餐喂料的缺点是：每天要分三四餐喂料，这样饲养员工作量加大了。另外，对饲养员的素质要求高了，每餐喂料要做到准确，难以控制；如果饲养员素质不高，责任心不强，很容易造成饲料浪费或者喂料不足的情况。喂料的原则就是：保证猪只充分喂养。充分喂养，就是让猪每餐吃饱、睡好，猪能吃多少就给它吃多少。

到底一头育肥猪一天要喂多少？很多人心里没数。现告诉大家一个简单的估算方法，一般每天喂料量是猪体重的 3%～5%。比如，20 千克的猪，按 5% 计算，那么一天大概要喂 1 千克料。以后每一个星期，在此基础上增加 150 克，这样慢慢添加，那么到了大猪 80 千克后，每天饲料的用量，就按其体重的 3% 计算。当然这个估计方法也不是绝对的，要根据天气、猪群的健康状况来定。

三餐喂料量是不一样的，提倡"早晚多，中午少"。一般晚餐占全天耗料量的 40%，早餐占 35%，中餐占 25%，为什么？因为晚上的时间比较长，采食的时间也长；早晨，因为猪经过一晚上的消化后，肠胃已经排空，采食量也增加了；中午因为时间比较短，且此时的饲喂以调节为主，如早上喂料多了，中午就少喂一点。相反，早上喂少了，中午就喂多一点。

2. 改熟料喂为生喂

青饲料、谷实类饲料、糠麸类饲料含有维生素和有助于猪消化的酶，这些饲料煮熟后，破坏了维生素和酶，引起蛋白质变性，降低了赖氨酸的利用率。有人总结 26 个系统试验的结果，谷实饲料由于煮熟过程的耗损和营养物质的破坏，利用率比生喂的降低了 10%。同时熟喂还增加设备、增加投资、增加劳动强度、耗损燃料。所以一定要改熟喂为生喂。

3. 改稀喂为干湿喂

有些人以为稀喂料，可以节约饲料。其实并非如此。猪快不快长，不是以猪肚子胀不胀为标准的，而是以猪吃了多少饲料，又主要是这些饲料中含有多少蛋白质、多少能量及其他们利用率为标准的。

稀料喂猪缺点很多。第一，水分多，营养干物质少，特别是煮熟的饲料再加水，干物质更少，影响猪对营养的采食量，造成营养的缺乏，必然长得慢。第二，水不等于饲料，因它缺乏营养干物质，如在日粮中多加水，喝到肚子里，时间不久，几泡尿就排出体外，猪就感到很饿，但又吃不着东西，结果情绪不安、跳栏、撬墙。第三，影响饲料营养的消化率。饲料的消化，依赖口腔、胃、肠、胰分泌的各种蛋白酶、淀粉酶、脂肪酶等酶系统，把营养物质消化、吸收。喂的饲料太稀，猪来不及咀嚼，连水带料进入胃、肠，影响消化，也影响胃、肠消化酶的活性，酶与饲料没有充分接触，即使接触，由于水把消化液冲淡，猪对饲料的利用率必然降低。第四，喂料过稀，易造成肚大下垂，屠宰率必然下降。

采用干湿喂是改善饲料饲养效果的重要措施，应先喂干湿料，后喂青料，自由饮水。这样既可增加猪对营养物质的采食量，又可减少因尿多造成的能量损耗。

4. 喂料要注意"先远后近"的原则，以提高猪的整齐度

有这样一个现象，越是靠近猪栏进门和靠近饲料间的这些猪栏里，猪都长得很快，越到后面猪栏猪越小，这是为什么？肯定是喂料不充足。所以要求饲养员喂料，并不是从前往后喂，而是反过来，要从后面往前面喂，为什么？因为，有些饲养员推一车料，从前往后喂，看到料快完了，就慢慢减少喂料量，最后就没有了，他也懒得再加料了。如果我从远往近喂的话，最后离饲料间近，饲养员补料也方便了，所以整齐度也提高了。

5. 保证猪抢食

养肥猪就要让它多吃，吃得越多长得越快。怎么让猪多吃？得让它去抢。如果喂料都是均衡的话，它就没有"抢"的意识了。如果每餐料供应都很充裕的话，猪就不会去抢了。所以，平时要求饲养员，每个星期，尽量让猪把槽里的料吃尽吃空两次。比如，星期一本来这一栋栏这餐应该喂四包饲料的，就只给喂三包，让猪只有一种饥饿感，到下一餐时，因为有些猪没吃饱，要抢料，采食量提高了；抢了几天以后，因喂料正常，"抢"的意识又淡化了。那么，到了星期四的中午，又进行控料一次，这样一来，这些猪又抢料。这样始终让猪处于一种"抢料"的状况，提高采食量和生长速度，进而即可提前出栏，增加效益。

（三）用料管理

育肥猪在不同阶段的营养要求不一样。某些猪场的育肥猪饲料始终只有一

种料。

1．要减少换料应激

饲料的种类和精、粗、青比例要保持相对稳定，不可变动太大，转群以后要进行换料。在变换饲料时，要逐渐进行，使猪有个适应和习惯的过程，这样有利于提高猪的食欲以及饲料的消化利用率。为了减少因换料给仔猪造成的应激，转入生长育肥舍后由保育料换生长料时应该过渡，实行"三天换料"或"五天换料"的方法。实行"三天换料"时，第一天，保育料和育肥料按2：1配比饲喂；第二天，保育料和育肥料按1：1；第三天保育料和育肥料按1：2。这样三天就过渡了。"五天换料"时，在转入生长育肥舍后第一天继续饲喂保育料，第二天开始过渡饲喂生长料，生长料：保育料为3：7；第三天，生长料：保育料为5：5，第四天，生长料：保育料为7：3，第五天开始全部饲喂生长料。

2．要减少饲料的无形浪费

有的人讲：饲料多喂是浪费，那就少给。其实，少给料同样也是一种浪费。因为，少给料以后，猪饥饿不安，到处游荡，消耗体能。这个"体能"从哪儿来？从饲料中来，要通过饲料的转化。这样，饲料的利用率就无形中降低了，料肉比就高了。另外猪饥饿嚎叫，也是消耗能量，也要通过饲料来转化，所以我们喂料要做到投料均匀，不能多，也不能少。这是喂料的要求。

（四）合理饮水

水是调节体温、饲料营养的消化吸收和剩余物排泄过程不可缺少的物质，水质不良会带入许多病原体，因此既要保证水量充足，又要保证水质。实际生产中，切忌以稀料代替饮水，否则造成不必要的饲料浪费。

生长育肥猪的饮水量随体重、环境温度、日粮性质和采食量等而变化。一般在冬季，生长育肥猪饮水量为采食风干饲料量的2～3倍或体重的10%左右；春秋季约为4倍或16%左右；夏季约为5倍或23%左右。饮水的设备以自动饮水器最佳。

四、生长育肥猪的管理

（一）做好入栏前的准备工作

有的饲养员可能经验不足，猪一卖完以后，马上进行冲栏、消毒，这当然不错，但是方法不对。猪群走完以后，首先我们要把猪栏进行浸泡，用水将猪栏地板、围栏打潮，每次间隔1～2个小时，把粪便软化，再进行冲洗，这样冲洗就快了，可节省时间，提高效率。还有的饲养员冲完栏以后，立即就进行消毒，这个方法不对。按正常的程序，是浸泡—冲洗干净—干燥—消毒—再干燥—再消毒，这样达到很好的效果。

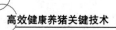

育肥猪入栏前，要做好各项准备工作，包括对猪栏进行修补、计划和人员安排等。比方说，育肥猪每栋计划进多少，哪个饲养员来饲养，这些都要提前做好安排，包括明天要转猪，天气是晴天还是雨天，都要有所了解。对设备、水电路进行检查，饮水器是否漏水？有没有堵塞？冬天入栏前猪舍内保暖怎样？都要考虑。

猪群入栏以后，首要的工作就是要进行合理的分群，要把公母猪进行分群，大小强弱要进行分群。为什么要进行分群？目的就是提高猪群的整齐度，保证"全进全出"。实际上，公母分群时间不应是在育肥阶段，在保育阶段已经完成。

1. 清洗

首先将空出的猪舍或圈栏彻底清扫干净，确保冲洗到边到头，到顶到底，任何部位无粪迹、无污垢等。

2. 检修

检查饮水器是否被堵塞；围栏、料槽有无损坏；电灯、温度计是否完好，及时修理。

3. 消毒

对于多数消毒剂来说，如果不先将欲消毒表面清洗干净，消毒剂是无法起到消毒效果的。一般来说粪便通常会使消毒剂丧失活性，从而保护其中的细菌和病毒不被消毒剂杀死；消毒剂需要与病原亲密接触并有足够时间才有效果。

先用 2%～3% 的氢氧化钠溶液喷洒、冲洗，刷洗墙壁、料槽、地面、门窗。消毒 1～2 个小时后，再用清水冲洗干净。舍内干燥后，再用其他消毒剂，如戊二醛、碘制剂等消毒液消毒 1 次。

4. 调温

将温度控制在 20℃左右。夏季准备好风扇、湿帘等，采取相应的降温措施；冬季采用双层吊顶，北窗用塑料薄膜封好，生炉子、通暖气等方法升温，温度要大于 18℃。

（二）转栏与分群调群

在仔猪 11 周龄始由保育舍转入生长育肥舍，可以采取大栏饲养，每圈 18 头左右。圈长 7.8 米，宽 2.2 米，栏高 1 米，每圈使用面积 17 米^2，每头生长育肥猪占用 0.85 米^2。为了提高仔猪的均匀整齐度，保证"全进全出"工艺流程的顺利运作，从仔猪转入开始根据其公母、体重、体质等进行合理组群，每栏中的仔猪体重要均匀，同时做到公母分开饲养。注意观察，以减少仔猪争斗现象的发生，对于个别病弱猪只要进行单独饲养特殊护理。

要根据猪的品种、性别、体重和吃食情况进行合理分群，以保证猪的生长发育均匀。分群时，一般应遵守"留弱不留强，拆多不拆少，夜并昼不并"的原则。分群后经过一段时间饲养，要随时进行调整分群。

刚转入猪与出栏猪使用同样的空间，会使猪舍利用率降低，而且猪在生长过程中出现的大小不均在出栏时体现出来。采用不同阶段猪舍养猪数量不同，既合理利用了猪舍空间，又使每批猪出栏时体重接近。保育转育肥一个栏可放18～20头；换中料时，将栏内体重相对较小的两头挑出重新组群；换大料时，再将每栏挑出一头体重小的猪，重新组群。挑出来的猪要精心照顾。有利于做到全进全出。每天巡栏时发现病僵、脱肛、咬尾时，及时调出，放入隔离栏；有疑似传染病的，及时隔离或扑杀。

（三）调教

1. 限量饲喂要防止强夺弱食

当调入生长育肥猪时，要注意所有猪都能均匀采食，除了要有足够长度的料槽外，对喜争食的猪要勤赶，使不敢采食的猪能得到采食，帮助建立群居秩序，分开排列，同时采食。

2. 采食、睡觉、排便"三定位"，保持猪栏干燥清洁

从仔猪转入之日起就应加强卫生定位工作。此项工作一般在仔猪转入1～3天内完成，越早越好，训练猪群吃料、睡觉、排便的"三定位"。

通常运用守候、勤赶、积粪、垫草等方法单独或几种同时使用进行调教。例如：当小生长育肥猪调入新猪栏时，已消毒好的猪床铺上少量垫草，料槽放入饲料，并在指定排便处堆放少量粪便，然后将小生长育肥猪赶入新猪栏。发现有的猪不在指定地点排便，应将其散拉的粪便铲到粪堆上，并结合守候和勤赶，这样，很快就会养成"三定位"的习惯，这样不仅能够保持猪圈清洁卫生，还有利于垫土积肥，减轻饲养员的劳动强度。猪圈应每天打扫，猪体要经常刷拭，这样既减少猪病，又有利于提高猪的日增重和饲料利用率。做好调教工作，关键在于抓得早，抓得勤。

（四）去势、防疫和驱虫

1. 去势

我国猪种性成熟早，一般多在生后35日龄左右，体重5～7千克时进行去势。近年来提倡仔猪生后早期（7日龄左右）去势，以手术恢复后。目前我国集约化养猪生产多数母猪不去势，公猪采用早期去势，这是有利生长育肥猪生产的措施。国外瘦肉型猪性成熟晚，幼母猪一般不去势生产生长育肥猪，但公猪因含有雄性激素，有难闻的膻气味，影响肉的品质，通常是将公猪去势用作生长育肥猪生产。

2. 防疫

预防猪瘟、猪丹毒、猪肺疫、仔猪副伤寒和病毒性痢疾等传染病，必须制定

科学的免疫程序进行预防接种。

3. 驱虫

生长育肥猪的寄生虫主要有蛔虫、姜片吸虫、疥螨和虱子等体内外寄生虫，通常在90日龄进行第一次驱虫，必要时在135日龄左右时再进行第二次驱虫。服用驱虫药后，应注意观察，若出现副作用时要及时解救。驱虫后排出的粪便要及时清除并堆制发酵，以杀死虫卵防再度感染。

（五）防止育肥猪过度运动和惊恐

生长猪在育肥过程中，应防止过度的运动，特别是激烈地争斗或追赶，过度运动不仅消耗体内能量，更严重的是容易使猪患上一种应激综合征，突然出现痉挛，四肢僵硬，严重时会造成猪只死亡。

（六）巡棚

坚持每天两次巡棚。主要检查棚内温度、湿度、通风情况，细致观察每头猪只的各项活动，及时发现异常猪只。当猪安静时，听呼吸有无异常，如喘、咳等；全部哄起时，听咳嗽判断有无深部咳嗽的现象，猪只采食时有无异常，如呕吐、采食量下降等，粪便有无异常，如下痢或便秘。育肥舍采用自由采食的方法，无法确定猪只是否停食，可根据每头猪的精神状态判断猪只健康状况。

五、生长育肥猪的环境管理

（一）保温与通风

温度可能会引起很多管理者的关注。育肥阶段的最适温度在20～25℃，那么每低于最适温度1℃，100千克体重的猪每天要多消耗30克饲料。这也是为什么每到冬季，料肉比高的原因。如果温度高于25℃，那么它散热困难，"体增热"增加。体增热一增加，就会耗能，因呼吸、循环、排泄这些相应地都要增加，料肉比就要升高。为什么经过寒冷的冬天和炎热的夏天，育肥猪的出栏时间往往会推迟，就是这个道理。平时还要做好高—低温之间的平稳过渡，舍内温度不要忽高忽低。温度骤变，很容易造成猪的应激。所以，一个合格的标准化猪场的场长，每天应关注天气的变化。

猪舍要保持干燥，就需要进行强制通风。为什么？现在大部分猪场没有强制通风，靠自然通风，但自然通风往往不能达到通风换气的要求，所以我们必须进行强制通风。据观察，90%以上的猪场，通风换气工作没做好。到底通风起什么作用？通风，不仅可以降低舍内的湿度、降温，还可以改善空气质量，提高舍内空气的含氧量，促进生猪生长。为什么到了秋天、冬天，猪场呼吸道病就来了？主要是通风换气没做好，这是猪场发生呼吸道病的重要原因之一。

集约化高密度饲养的生长育肥猪一年四季都需通风换气，通风可以排出猪舍中多余的水气，降低舍内湿度，防止围护结构内表面结露，同时可排出空气中的尘埃、微生物、有毒有害气体（如氨气、硫化氢、二氧化碳等），改善猪舍空气的卫生状况。

在冬季通风和保温是一对矛盾，有条件的企业可在满足温度要求的情况下，根据猪舍的湿度要求控制通风量。为了降低成本，应该在保证猪舍环境温度基本得以满足的情况下采取通风措施，但在冬季一定要防止"贼风"的出现。猪舍内气流以 0.1～0.2 米/秒为宜，最大不要超过 0.25 米/秒。

（二）防寒与防暑

温度过低会增加育肥猪的维持消耗和采食量，拖长育肥期，影响增重，浪费了饲料，降低经济效益；反之，过高则育肥猪食欲下降，采食量减少，增重速度和饲料转换效率降低，使经济效益下降。育肥猪最适宜的温度为 16～21℃。为了提高育肥猪的肥育效果，要做好防寒保温和防暑降温工作。

在夏季，尤其是气温过高、湿度又大时，必须采取防暑降温措施。打开通气口和门窗，在猪舍地面喷洒凉水，给育肥猪淋浴、冲凉降温。在运动场内搭遮阳凉棚，并供给充足清凉的饮水。必要时，用机械排风降温。

在冬季必须采取防寒保温措施。入冬前要维修好猪舍，使之更加严密。采取"卧满圈、挤着睡"，到舍外排放粪尿的高密度饲养方法是行之有效的。此外，在寒冷冬夜，于人睡觉之前，给育肥猪加喂一遍"夜食"，是增强育肥猪抗寒力、促进生长的好办法。若是简易敞圈，可罩上塑料大棚，夜间再放下草帘子，可以大大提高舍内、尤其是夜间的温度。这样，可以减轻育肥猪不必要的热能消耗和损失，增强肥育效果，增加经济效益。

（三）密度

尽可能保证密度不要过大，也不能过小，保证每一栏 10～16 头，这样比较合理。超过 18 头以上，猪群大小很容易分离。密度过小，不但栏舍的利用率下降，而且会影响采食量。

另外，每栋猪舍要留有空栏，这起什么作用呢？主要为以后的第二次、第三次分群做好准备，要把病、残、弱的隔离开。比方说进 300 头猪，不要所有的栏都装满猪，每栋最起码要留 5～6 个空栏。如果计划一栏猪正常情况下养 13 头，那么入栏时可以多放两三头，装上 16 头。过一两个星期后，就把大小差异明显的猪挑出来，重新分栏。这样保证出栏整齐度高，栏舍利用率也高。

猪群入栏，最重要的一点就要进行调教，即通常讲的"三点定位"。"采食区""休息区""排泄区"要定位，保证猪群养成良好的习惯。只要把猪群调教好了，饲养员的劳动量就减轻了，猪舍的环境卫生也好了。三点定位的关键是"排泄区"定位，猪群入栏后将猪赶到外面活动栏里去，让猪排粪排尿，经一天定位

基本能成功；如果栏舍没有活动栏，我们就把猪压在靠近窗户的那一边，粪便不要及时清除。

有的栏舍有门开向走道，往往猪一下地，如果不调教，猪很容易在门这个地方排泄，为什么？因保育猪在保育床上时，习惯在金属围栏边排泄，所以我们调教时要把这个肥猪舍的栏门这个地方"守住"，不能让它在这个地方排泄。转群第一天，我们要求饲养员对栏舍要不停地清扫粪便，并将粪便扫到靠近窗边的墙角，这样可以引导猪群固定在靠窗墙角排泄。

（四）湿度

湿度对猪的影响主要是通过影响机体的体热调节来影响猪的生产力和健康，它是与温度、气流、辐射等因素共同作用的结果。在适宜的湿度下，湿度对猪的生产力和健康影响不大。空气湿度过高使空气中带菌微粒沉降率提高，从而降低了咳嗽和肺炎的发病率，但是高湿度有利于病原微生物和寄生虫的滋生，容易患疥癣、湿疹等疾患。另外，高湿常使饲料发霉、垫草发霉，造成损失。猪舍内空气湿度过低，易引起皮肤和外露黏膜干裂，降低其防卫能力，使呼吸道及皮肤病发病率高。因此建议猪舍的相对湿度以 60% ~ 70% 为宜。

（五）光照

很多人认为，育肥猪还需要什么光照？到了冬天，有的猪场为了省钱，舍不得用透明薄膜钉窗户，窗户用五颜六色的塑料袋封着，这样很容易造成猪舍阴暗，舍内阴暗会致猪乱拉粪便，阴暗与潮湿往往是关联在一起的。

适宜的太阳光能加强机体组织的代谢过程，提高猪的抗病能力。然而过强的光照会引起猪的兴奋，减少休息时间，增加甲状腺的分泌，提高代谢率，影响增重和饲料转化率。育肥猪舍内的光照可暗淡些，只要便于猪采食和饲养管理工作即可，使猪得到充分休息。

（六）噪声

猪舍的噪声来自外界传入、舍内机械和猪只争斗等方面。噪声会使猪的活动量增加而影响增重，还会引起猪的惊恐，降低食欲。因此，要尽量避免突发性的噪声，噪声强度以不超过 85 分贝为宜。而优美动听的音乐可以兴奋神经，刺激食欲，提高代谢机能，就像人听音乐心情舒畅一样。有条件的猪场可以适当地放些轻音乐，对猪的生长是有利的。

（七）适时出栏

育肥猪饲喂到一定日龄和体重，就要适时出栏。中小型猪场一般在第 22 周 154 天后出栏，体重大概在 100 千克。每批肥猪出栏后，完善台账，做好总结、分析。

六、生长育肥猪免疫与保健

当前在养猪生产中实施免疫预防与药物保健时，在技术实施上程序存在不科学、不合理的问题比较突出，严重地影响到猪病的防控与猪只的健康生长和肥育，也阻碍了养猪业的持续发展。

当前育肥猪常发的疾病主要有两大类：各种原因引起的腹泻（主要为回肠炎、结肠炎、猪痢疾、沙门氏菌性肠炎等）和呼吸道疾病综合征。另外，猪瘟、弓形虫病、萎缩性鼻炎等也经常暴发。在饲养管理不善的猪场，这些疾病暴发后往往造成严重的经济损失。

通过加强育肥猪的饲养管理，改善营养和合理使用药物，可以将损失降到最低。

（一）实行全进全出

全进全出是猪场和养殖户控制感染性疾病的重要流程之一。如果做不到全进全出，易造成猪舍的疾病循环。因为舍内留下的猪往往是病猪或病原携带猪，等下批猪进来后，这些猪可作为传染源感染新进的猪，而后者又有部分发病，生长缓慢，或成为僵猪，又留了下来，成为新的传染源。

全进全出可提前 10 天出栏，显著提高日增重和饲养转化率。

（二）防疫和用药

育肥阶段需要接种的疫苗不多，只在 60～80 日龄接种一次口蹄疫疫苗。自繁自养猪应在哺乳、保育阶段接种疫苗，特别是猪瘟、伪狂犬病和丹毒、肺疫、副伤寒等疫苗。

从保育舍转到育肥舍是一次比较严重的应激，会降低猪的采食量和抵抗力。在转群后 1 周左右即可见部分猪发生全身细菌感染，出现败血症，或者在 12 周龄以后呼吸道疾病发病率提高。实际上，无论是呼吸道疾病还是肠炎，都可以从保育后期一直延续到生长育肥阶段，只是从保育舍转群后有加重的趋势。

在育肥阶段可定期投入下列药物，每吨饲料中添加 80% 支原净 125 克、10% 强力霉素 1.5 千克和饮水中每 500 千克加入 10% 氟苯尼考 120 克、10% 阿莫西林 100 克，可有效控制转群后感染引起的败血症或育肥猪的呼吸道疾病，还可预防甚至治疗肠炎和腹泻。

无论是呼吸道疾病还是肠炎、腹泻都会引起育肥猪生长缓慢和饲料转化率降低，造成育肥猪的生长不均，出栏时间不一，难以做到全进全出，最终影响经济效益。

外购仔猪，购回后应依次做完猪瘟、丹毒、肺疫、副伤寒、口蹄疫和蓝耳病等疫苗注射。如果已经发生了呼吸道疾病或急性出血性肠炎，则最好通过饮水给药。因为发病后猪的采食量会降低，而饮水量降低不明显，所以通过饮水给药比通过饲料给药效果好。如果是在病猪栏，可通过饮水给药，也可通过注射给药。

七、安全猪肉生产中的养殖控制及绿色饲料添加剂

随着人民生活水平的日益提高，特别是我国加入世界贸易组织后，猪肉产品的安全性问题也随之成为世人关注的热点。可以说，食品安全是人类文明和经济发展的必然，它不仅关系到消费者健康，也关系到国际食品贸易的基本要求。

安全猪肉是要从猪肉生产的源头抓起，贯穿于种猪、饲料、饲养、防疫、屠宰加工、运输、储藏以及销售全过程地有效控制，从而保障猪肉的安全性。

（一）猪肉产品安全问题不容忽视

使用抗生素、维生素、激素、重金属微量元素等药物，虽然对猪有促进生长、提高肉产量、抵抗疾病、增强机体免疫力的作用。然而，由于科学知识的缺乏或经济利益的驱使，养猪业中大剂量长时间滥用药物的现象普遍存在。滥用药物的直接后果是导致药物在猪肉中的残留，摄入人体后，影响人们的健康。

1. 药物添加剂对猪肉产品的污染及危害

饲料药物添加剂是猪肉里药物残留的主要来源。特别是禁用药品，如类固醇激素（己烯雌酚）、镇静剂（氯丙嗪、利血平、睡梦美）、β-促生长剂（杆菌肽锌）、β-兴奋剂（瘦肉精）、抗生素类（四环素、氯霉素、青霉素、磺胺等），给人们身体健康带来极大危害。资料显示，因食用含有"瘦肉精"猪肉而中毒。中毒者出现血压增高、心跳加快、脸色潮红、胸闷、气喘、心悸、出汗、手足颤抖、摇头等症状。其他，如氯霉素能引起人骨髓造血机能的损伤；磺胺类能破坏人的造血系统、诱发人的甲状腺癌；己烯雌酚，能引起女性早熟和男性的女性化；引起过敏反应的有青霉素、四环素、磺胺等，轻者出现皮肤瘙痒和荨麻疹，重者发生休克，甚至死亡。另外，长期滥用抗生素，还可导致细菌耐药性的增加，致使人患病时，用这些抗生素疗效不佳。

2. 超量使用微量元素，对猪肉品质的影响及对环境造成的危害

在"猪吃了就睡，拉黑粪，皮肤红"才是好饲料的误导下，大家竞相向饲料中添加铜制剂，使浓度高达250毫克/千克或更高，特别是在育肥阶段也大剂量使用后果更严重。众多研究证明，育肥猪饲料中含有4毫克/千克的铜，就能满足生长需要。当铜含量达到250毫克/千克时，使猪脂肪变软，发病率可高达80%。有资料显示，四川是我国猪肉生产大省，按四川饲料产量估计，每年需要的硫酸铜约180吨，而实际使用量高达3 000～4 000吨，有2 700～3 500吨排泄到环境中，造成环境污染，破坏土壤质地和微生物结构，影响农作物产量和养分含量。而且，直接影响动物健康和畜产品的食用安全。饲料中铜的含量高时，

锌、铁等元素的添加量也相应增加，同样会产生类似铜的环境污染和食后中毒后果。

3. 有机砷制剂对环境的污染

有机砷制剂阿散酸用作生长促进剂，广泛用于养殖业，可使肉猪皮肤发红。若大量使用可导致环境砷污染，危害人类健康。有人推测，若猪饲料中使用 90 毫克 / 千克浓度的阿散酸，约 20 年后人将难以在养猪场周围生存。

此外，饲料中天然有毒有害物质、饲料的生物污染、工业"三废"、农药等，都是导致猪肉安全问题的因素。

（二）严格控制影响猪肉品质的不安全因素

1. 猪源的选择

为保障安全猪肉的生产，无论是农户或专业户以及养猪工厂，要选择合格的瘦肉型猪种。目前，一般采用杜洛克、大白、长白猪为主。祖代为纯种，父母代为二元杂交的长大或大长猪，商品代为杜长或杜大长三元杂交或四元杂交猪，以便在品种特性上，保证饲料的转化率及优良肉质。

2. 饲料的安全性

安全饲料等于安全猪肉。生猪的生产离不开饲料，因此，把好饲料关，是直接关系到猪肉是否被污染的关键。

（1）饲料原料和全价饲料　在饲料工业快速发展的今天，全价饲料的应用得到了普及。然而，有不少养猪场和养猪专业户为了降低饲料成本，均是自己配制饲料。因此，在配制过程中一定要注意以下问题。

① 原料要来源于无公害区域和种植基地。

② 防止饲料的生物污染，如细菌、霉菌、病毒的污染。

③ 配方要合理，比如棉粕用量过多，易造成棉酚中毒。

④ 加工要适当，比如加工豆粕时偏生，蛋白酶抑制剂未能大量破坏，则引起仔猪腹泻；加工过度，发生美拉德反应，而降低赖氨酸的消化率。

⑤ 从外地购入成品饲料，要对生产厂家进行考察，最好使用已取得绿色食品标志厂家生产的产品。

（2）严格控制微量元素添加剂　微量元素添加剂无论是自配或购自专门的生产厂，均要按猪的各生长阶段的需要量添加，不能随意加大剂量。如铜制剂，明文规定仔猪饲料中铜的最大添加量应小于 200 毫克 / 千克。加入 WTO 后，我们面对的是挑战，有望在肥育猪饲料中不使用高铜、高锌、高铁添加剂。

3. 严禁使用违禁药物，控制抗生素作饲料添加剂，控制超剂量使用兽药

严禁使用违禁药物，控制抗生素作饲料添加剂的使用，不超剂量使用兽药，这是猪肉安全生产最关键的环节。为此，国家近年来颁布了《饲料和饲料添加

剂管理条例》《饲料药物添加剂使用规范》《兽药管理条例》《中华人民共和国食品卫生法》《饲料中盐酸克伦特罗的测定》以及无公害食品的卫生标准等一系列法规和管理办法。明文禁止使用 β–兴奋剂、镇静剂、激素类、砷制剂、高铜、高锌等作为生长肥育猪饲料添加剂，饲用抗生素减量替代使用。目前，在生产实际中超量使用的有喹乙醇、金霉素、杆菌肽锌、卡巴氧等。使用中存在把原料药直接拌料，把加药饲料贯通于猪的整个饲养过程；或在购回的成品饲料中，自行再添加药物，以及随意加大兽药剂量，不按疗程给药，使用药物成分不详的制剂（有的复方制剂中有不为药典规定的隐性成分）。这些都是造成猪肉不安全的因素。

改进的措施：如确实需要使用违禁药物以外的药物，一定要按规定量先把药制成预混剂，再添加到饲料中，并掌握好休药期，不能把加药饲料用于饲养后期。并按说明规定量合理使用兽药。同时，兽药使用（防疫、治疗）具体情况要建立登录制度，并把使用后的药物包装留存备查。对药物的生产厂家和来源进行登记，以便出现问题时查对核实。

为保证动物性食品安全和公共卫生安全，落实全国遏制动物源性细菌耐药行动计划，有步骤推动促生长用抗菌药物"退出行动"，按照农业农村部兽医局的统一部署，中国兽药典委员会风险评估与用药指导专业委员会对部分兽用抗菌药的使用风险进行了评估，并于 2017 年 6 月 29 日发布了《关于建议停止氨苯砷酸、洛克沙胂及喹乙醇作为药物饲料添加剂在食品动物上使用》的公示。

（三）安全猪肉生产与新型饲料添加剂

加速推广应用新型饲料添加剂十分重要。尤其是加入 WTO 后，更应加大推广力度。目前，我国在以下新型饲料添加剂研制方面，已取得了长足的进展。

1. 微生态制剂

微生态制剂也称益生素，亦称促生素、竞生素、生菌素、活菌剂等，是用动物体内正常的有益微生物，经特殊工艺制成的活菌制剂。其特点是：无毒无害且来源于自然，也不进入体内代谢过程，无残留无污染，是地道的绿色饲料添加剂。有资料显示，作为促生长剂使用，可使生长育肥猪增重提高 15%，饲料利用率提高 10.3%。

2. 甘露糖—寡聚糖

甘露糖—寡聚糖也称低聚糖，是一种非消化性食物成分，进入体内不被机体吸收，只能被肠道有益菌利用，促进有益菌群增殖，刺激肠道免疫细胞，提高免疫球蛋白 A 的生成。所以，饲料工业称之为化学益生素或益生元。据资料报道，在仔猪日粮中添加低聚糖日增重提高 8.7%，饲料报酬提高 5.4%。低聚糖类还可作为抗生素用于添加剂的替代品，具有用量少、无毒害、无残留、稳定性强、配伍性好的特点。

3. 酸化剂

有机酸类的柠檬酸、延胡索酸，可提高幼龄猪胃液的酸性，促进乳酸菌等耐酸菌的大量繁殖，而抵抗致病菌的侵入。因此，可降低猪病理性腹泻，提高断奶仔猪的增重和饲料转化率。

4. 中草药制剂

中草药添加剂具有营养、增强免疫、激素样、维生素、抗应激、抗微生物和促进生长等多种功能，可用于个体治疗、群体防治。有报道，在育肥猪日粮中添加 0.16% 的干辣椒粉可增重 14.5%，饲料消耗降低 12.65%。

生产安全猪肉，养殖阶段是重要的一环，核心是饲料的安全性问题。使用"绿色"饲料或天然饲料作添加剂，不会引起猪异常的生理过程和潜在的亚临床表现，还有利于猪正常生长，提高生产效益。用"绿色"饲料生产安全猪肉及产品，将保障人们的身体健康和出口创汇。

（四）安全猪肉生产要点

1. 安全猪肉生产饲料添加剂管理方法

① 不得使用 7 种违禁药物，如盐酸克伦特罗、沙丁胺醇、己烯雌酚等。

② 在小猪料中使用休药期较短的药物添加剂，如杆菌肽锌、硫酸黏杆菌素、磷酸泰乐菌素、支原净盐酸林可霉素、黄霉素、盐霉素等。

③ 在 45 千克以上大猪和种猪料中不使用药物添加剂。

④ 不使用高铜、高铁、高锌、有机砷、喹乙醇及镇静剂等。

2. 安全猪肉生产药品使用管理方法

（1）药品采购计划由兽医师、场长签字后，实行专人采购　禁用假冒伪劣兽药、麻醉药、兴奋药、化学保定药、骨骼肌松弛药、未经国家畜牧兽医部门批准采用基因工程方法生产的兽药和未经农业部（现农业农村部）批准或已淘汰的兽药。做好药品的入库、领用、用药记录。

（2）严格按休药期用药　目前允许使用的抗寄生虫药和抗菌类药，已有双甲脒、硫酸链霉素等 19 种药物规定了 2～45 天休药期。

（3）设立肥育猪用药专柜　只使用休药期短的药品，如盐酸林可霉素、氟哌酸等。

3. 安全猪肉生产疾病控制方法

（1）隔离　猪场生产实行封闭式管理，饲养管理人员作息在猪场范围内；做好运送饲料车辆、出猪车辆消毒工作；做好引入种猪的隔离检疫工作。

（2）消毒　猪场每周五对舍外环境进行 1 次例行消毒，每周一、周四对舍内进行消毒。

（3）全进全出　通过扩建、改建，做到产仔舍、保育舍全进全出，对肥猪舍也有意识整栋猪舍空栏消毒，对产仔舍、保育舍空栏清洗干净后进行熏蒸消毒。

（4）免疫　除做好一般的猪瘟、乙型脑炎、细小病毒病、链球菌病、副伤寒等免疫工作外，加强做好大肠杆菌、伪狂犬病、蓝耳病、喘气病、胸膜肺炎、传染性胃肠炎等疾病的免疫工作。

4. 安全猪肉生产环境质量控制方法

粪尿处理。在猪场下风向建一贮粪池，人工收集猪粪入池，卖给周边农户，用于养鱼以及作蔬菜、花木、水稻的有机肥料。其他猪粪尿流入沉淀池，经三级沉淀，厌氧及耗氧发酵氧化分解后，再排入水库用于养鱼，以及灌溉农田等。

第五章　药物使用与兽医安全保障

第一节　安全合理用药

一、《兽药管理条例》对兽药安全合理使用的规定

兽药的安全使用是指兽药使用既要保障动物疾病的有效治疗，又要保障对动物和人的安全。建立用药记录是防止临床滥用兽药，保障遵守兽药的休药期，以避免或减少兽药残留，保障动物产品质量的重要手段。2004年11月1日起施行的《兽药管理条例》，历经2014年7月29日国务院令第653号部分修订、2016年2月6日国务院令第666号部分修订、2020年3月27日国务院令726令部分修订等多次修订后，已经逐步完善。新修订的《兽药管理条例》明确要求兽药使用单位，要遵守国务院兽医行政管理部门制定的兽药安全使用规定，并建立用药记录。

兽药安全使用规定，是指农业部发布的关于安全使用兽药以确保动物安全和人的食品安全等方面的有关规定，如饲料药物添加剂使用规范、食品动物禁用的兽药及其他化合物清单、动物性食品中兽药最高残留限量、兽用休药期规定，以及兽用处方药和非处方药分类管理办法等文件。用药记录是指由兽医使用者所记录的关于预防治疗诊断动物疾病所使用的兽药名称、剂量、用法、疗程、用药开始日期、预计停药日期、产品批号、兽药生产企业名称、处方人、用药人等的书面材料和档案。

为确保动物性产品的安全，饲养者除了应遵守休药期规定外，还应确保动物及其产品在用药期、休药期内不用于食品消费。如泌乳期奶牛在发生乳房炎而使用抗菌药等进行治疗期间，其所产牛奶应当废弃，不得用作食品。

新《兽药管理条例》还规定，禁止将原料药直接添加到饲料及动物饮水中或者直接饲喂动物。因为，将原料药直接添加到动物饲料或饮水中，一是剂量难以掌握或是稀释不均匀有可能引起中毒死亡，二是国家规定的休药期一般是针对制剂规定的，原料药没有休药期数据会造成严重的兽药残留问题。

临床合理用药，既要做到有效地防治畜禽的各种疾病，又要避免对动物机体

造成毒性损害或降低动物的生产性能，因此，必须全面考虑动物的种属、年龄、性别等对药物作用的影响，选择适宜的药物、适宜的剂型、给药途径、剂量与疗程等，科学合理地加以使用。

（一）新《兽药管理条例》关于兽药使用的主要内容

第38条　兽药使用单位，应当遵守国务院兽医行政管理部门制定的兽药安全使用规定，并建立用药记录。

第39条　禁止使用假、劣兽药以及国务院兽医行政管理部门规定禁止使用的药品和其他化合物。禁止使用的药品和其他化合物目录由国务院兽医行政管理部门制定公布。

第40条　有休药期规定的兽药用于食用动物时，饲养者应当向购买者或者屠宰者提供准确、真实的用药记录；购买者或者屠宰者应当确保动物及其产品在用药期、休药期内不被用于食品消费。

第41条　国务院兽医行政管理部门，负责制定公布在饲料中允许添加的药物饲料添加剂品种目录。

禁止在饲料和动物饮水中添加激素类药品和国务院兽医行政管理部门规定的其他禁用药品。

经批准可以在饲料中添加的兽药，应当由兽药生产企业制成药物饲料添加剂后方可添加。禁止将原料药直接添加到饲料及动物饮用水中或者直接饲喂动物。

禁止将人用药品用于动物。

第42条　国务院兽医行政管理部门，应当制订并组织实施国家动物及动物产品兽药残留监控计划。

县级以上人民政府兽医行政管理部门，负责组织对动物产品中兽药残留量的检测。兽药残留检测结果，由国务院兽医行政管理部门或者省、自治区、直辖市人民政府兽医行政管理部门按照权限予以公布。

动物产品的生产者、销售者对检测结果有异议的，可以自收到检测结果之日起7个工作日内向组织实施兽药残留检测的兽医行政管理部门或者其上级兽医行政管理部门提出申请，由受理申请的兽医行政管理部门指定检验机构进行复检。

兽药残留限量标准和残留检测方法，由国务院兽医行政管理部门制定发布。

第43条　禁止销售含有违禁药物或者兽药残留量超过标准的食用动物产品。

（二）食品动物禁用的兽药及其化合物清单

中华人民共和国农业农村部公告第250号（2019年12月27日）发布了食品动物中禁止使用的药品及其他化合物清单（表5-1），原农业部公告第193号、235号、560号等文件中的相关内容同时废止。

表 5-1　食品动物中禁止使用的药品及其他化合物清单

序号	兽药及其他化合物名称
1	酒石酸锑钾（Antimony potassium tartrate）
2	β-兴奋剂类（β-agontists）类及其盐、酯
3	汞制剂：氯化亚汞（甘汞）（Calomel）、醋酸汞（Mercurous acctate）、硝酸亚汞（Mercurous niterate）、吡啶基醋酸汞（Pyridyl mercurous acetate）
4	毒杀芬（氯化烯）（Camahechlor）
5	卡巴氧（Carbadox）及其盐、酯
6	呋喃丹（克百威）（Carbofuran）
7	氯霉素（Chloramphenicol）及其盐、酯
8	杀虫脒（克死螨）（Chlordimeform）
9	氨苯砜（Dapsone）
10	硝基呋喃类：呋喃西林（Furacilinum）、呋喃妥因（Furadantin）、呋喃他酮（Furaltadone）、呋喃唑酮（Furazolidone）、呋喃苯烯酸钠（Nifurstyrenate sodium）
11	林丹（Lindane）
12	孔雀石绿（Malachite green）
13	类固醇激素：醋酸美仑孕酮（Melengestrol Acetate）、甲基睾丸酮（Methyltestosterone）、群勃龙（去甲雄三烯醇酮）（Trenbolone）、玉米赤霉醇（Zeranal）
14	安眠酮（Methaqualone）
15	硝呋烯腙（Nitrovin）
16	五氯酚酸钠（Pentachlorophenol sodium）
17	硝基咪唑类：洛硝达唑（Ronidazole）、替硝唑（Tinidazole）
18	硝基酚钠（Sodium nitrophenolate）
19	己二烯雌酚（Dienoestrol）、己烯雌酚（Diethylstilbestrol）、己烷雌酚（Hexoestrol）及其盐、酯
20	锥虫砷胺（Tryparsamile）
21	万古霉素（Vancomycin）及其盐、酯

中华人民共和国农业部于 2015 年 9 月 1 日再次发布第 2292 号公告，经评价，认为洛美沙星、培氟沙星、氧氟沙星、诺氟沙星 4 种原料药的各种盐、酯及其各种制剂可能对养殖业、人体健康造成危害或者存在潜在风险。根据《兽药管理条例》第六十九条规定，决定在食品动物中停止使用洛美沙星、培氟沙星、氧氟沙星、诺氟沙星 4 种兽药，撤销相关兽药产品批准文号。公告指出，自公告发布之日起，除用于非食品动物的产品外，停止受理洛美沙星、培氟沙星、氧氟沙星、诺氟沙星 4 种原料药的各种盐、酯及其各种制剂的兽药产品批准文号的申请。自 2015 年 12 月 31 日起，停止生产用于食品动物的洛美沙星、培氟沙星、氧氟沙星、

诺氟沙星4种原料药的各种盐、酯及其各种制剂，涉及的相关企业的兽药产品批准文号同时撤销。2015年12月31日前生产的产品，可以在2016年12月31日前流通使用。自2016年12月31日起，停止经营、使用用于食品动物的洛美沙星、培氟沙星、氧氟沙星、诺氟沙星4种原料药的各种盐、酯及其各种制剂。

2017年农业部发布2583号公告，禁止非泼罗尼及相关制剂用于食品动物。

农业部于2018年1月11日再次发布公告第2638号，自公告发布之日起，停止受理喹乙醇、氨苯胂酸、洛克沙胂3种兽药的原料药及各种制剂兽药产品批准文号的申请。自2018年5月1日起，停止生产喹乙醇、氨苯胂酸、洛克沙胂等3种兽药的原料药及各种制剂，相关企业的兽药产品批准文号同时注销。2018年4月30日前生产的产品，可在2019年4月30日前流通使用。自2019年5月1日起，停止经营、使用喹乙醇、氨苯胂酸、洛克沙胂3种兽药的原料药及各种制剂。

（三）禁止在饲料和动物饮用水中使用的药物品种目录

农业部公告第176号规定，凡生产含有药物饲料添加剂的饲料产品，必须严格执行《饲料药物添加剂使用规范》（168号公告）的规定。凡生产含有《规范》附录一中的饲料药物添加剂的饲料产品，必须执行《饲料标签》标准的规定。

禁止在饲料和动物饮用水中使用的药物品种目录。

1. 肾上腺素受体激动剂

（1）盐酸克仑特罗（Clenbuterol Hydrochloride） 中华人民共和国药典（以下简称药典）2000年二部P605。β2肾上腺素受体激动药。

（2）沙丁胺醇（Salbutamol） 药典2000年二部P316。β2肾上腺素受体激动药。

（3）硫酸沙丁胺醇（Salbutamol Sulfate） 药典2000年二部P870。β2肾上腺素受体激动药。

（4）莱克多巴胺（Ractopamine） 一种β兴奋剂，美国食品和药物管理局（FDA）已批准，中国未批准。

（5）盐酸多巴胺（Dopamine Hydrochloride） 药典2000年二部P591。多巴胺受体激动药。

（6）西马特罗（Cimaterol） 美国氰胺公司开发的产品，一种β兴奋剂，FDA未批准。

（7）硫酸特布他林（Terbutaline Sulfate） 药典2000年二部P890。β2肾上腺素受体激动药。

2. 性激素

（8）己烯雌酚（Diethylstibestrol） 药典2000年二部P42。雌激素类药。

（9）雌二醇（Estradiol） 药典 2000 年二部 P1005。雌激素类药。

（10）戊酸雌二醇（Estradiol Valerate） 药典 2000 年二部 P124。雌激素类药。

（11）苯甲酸雌二醇（Estradiol Benzoate） 药典 2000 年二部 P369。雌激素类药。中华人民共和国兽药典（以下简称兽药典）2000 年版一部 P109。雌激素类药。用于发情不明显动物的催情及胎衣滞留、死胎的排出。

（12）氯烯雌醚（Chlorotrianisene） 药典 2000 年二部 P919。

（13）炔诺醇（Ethinylestradiol） 药典 2000 年二部 P422。

（14）炔诺醚（Quinestrol） 药典 2000 年二部 P424。

（15）醋酸氯地孕酮（Chlormadinone acetate） 药典 2000 年二部 P1037。

（16）左炔诺孕酮（Levonorgestrel） 药典 2000 年二部 P107。

（17）炔诺酮（Norethisterone） 药典 2000 年二部 P420。

（18）绒毛膜促性腺激素（绒促性素）（Chorionic Gonadotrophin） 药典 2000 年二部 P534。促性腺激素药。兽药典 2000 年版一部 P146。激素类药。用于性功能障碍、习惯性流产及卵巢囊肿等。

（19）促卵泡生长激素（尿促性素主要含卵泡刺激 FSHT 和黄体生成素 LH）（Menotropins） 药典 2000 年二部 P321。促性腺激素类药。

3. 蛋白同化激素

（20）碘化酪蛋白（Iodinated Casein） 蛋白同化激素类，为甲状腺素的前驱物质，具有类似甲状腺素的生理作用。

（21）苯丙酸诺龙及苯丙酸诺龙注射液（Nandrolone phenylpropionate） 药典 2000 年二部 P365。

4. 精神药品

（22）（盐酸）氯丙嗪（Chlorpromazine Hydrochloride） 药典 2000 年二部 P676。抗精神病药。兽药典 2000 年版一部 P177。镇静药。用于强化麻醉以及使动物安静等。

（23）盐酸异丙嗪（Promethazine Hydrochloride） 药典 2000 年二部 P602。抗组胺药。兽药典 2000 年版一部 P164。抗组胺药。用于变态反应性疾病，如荨麻疹、血清病等。

（24）安定（地西泮）（Diazepam） 药典 2000 年二部 P214。抗焦虑药、抗惊厥药。兽药典 2000 年版一部 P61。镇静药、抗惊厥药。

（25）苯巴比妥（Phenobarbital） 药典 2000 年二部 P362。镇静催眠药、抗惊厥药。兽药典 2000 年版一部 P103。巴比妥类药。缓解脑炎、破伤风、士的宁中毒所致的惊厥。

（26）苯巴比妥钠（Phenobarbital Sodium） 兽药典 2000 年版一部 P105。巴比妥类药。缓解脑炎、破伤风、士的宁中毒所致的惊厥。

（27）巴比妥（Barbital） 兽药典 2000 年版一部 P27。中枢抑制和增强解热镇痛。

（28）异戊巴比妥（Amobarbital） 药典 2000 年二部 P252。催眠药、抗惊厥药。

（29）异戊巴比妥钠（Amobarbital Sodium） 兽药典 2000 年版一部 P82。巴比妥类药。用于小动物的镇静、抗惊厥和麻醉。

（30）利血平（Reserpine） 药典 2000 年二部 P304。抗高血压药。

（31）艾司唑仑（Estazolam）

（32）甲丙氨酯（Meprobamate）

（33）咪达唑仑（Midazolam）

（34）硝西泮（Nitrazepam）

（35）奥沙西泮（Oxazepam）

（36）匹莫林（Pemoline）

（37）三唑仑（Triazolam）

（38）唑吡旦（Zolpidem）

（39）其他国家管制的精神药品

5. 各种抗生素滤渣

（40）抗生素滤渣 该类物质是抗生素类产品生产过程中产生的"工业三废"，因含有微量抗生素成分，在饲料和饲养过程中使用后对动物有一定的促生长作用。但对养殖业的危害很大，一是容易引起耐药性，二是由于未做安全性试验，存在各种安全隐患。

（四）食品动物禁用兽药的有关公告

①食品动物禁用的兽药及其他化合物清单，农业部公告 193 号。

②禁止在饲料和动物饮用水中使用的药物品种目录，农业部公告 176 号。

③禁止在饲料和动物饮水中使用的物质，农业部公告 1519 号。

④兽药地方标准废止目录，序号 1 为 193 号公告的禁用品种补充，序号 2-5 为废止品种，农业部公告 560 号。

⑤兽药地升标汇编，废止目录见农业部 1435 号公告、1506 号公告、1759 号公告。

⑥在食品动物中停止使用洛美沙星、培氟沙星、氧氟沙星、诺氟沙星 4 种原料药的各种盐、酯及其各种制剂，2016 年农业部公告 2292 号。

⑦禁止非泼罗尼及相关制剂用于食品动物，2017 年农业部公告 2583 号。

⑧ 在食品动物中停止使用喹乙醇、氨苯胂酸、洛克沙胂 3 种兽药，2018 年农业部公告第 2638 号。

截至目前，涉及食品动物禁用的兽药及其他化合物品种清单，见表 5-2。

表 5-2　食品动物禁用的兽药及其他化合物品种清单

序号	药物名称	英文名	类别	引用依据
1	克仑特罗	Clenbuterol	β-2 肾上腺素受体激动药	农业部第 235 号公告
2	盐酸克仑特罗	Clenbuterol Hydrochloride	β-2 肾上腺素受体激动药	农业部第 176 号公告
3	沙丁胺醇	Salbutamol	β-2 肾上腺素受体激动药	农业部第 176 号、235 号公告
4	硫酸沙丁胺醇	Salbutamol Sulfate	β-2 肾上腺素受体激动药	农业部第 176 号公告
5	莱克多巴胺	Ractopamine	β-2 肾上腺素受体激动药	农业部第 176 号公告
6	盐酸多巴胺	Dopamine Hydrochloride	多巴胺受体激动药	农业部第 176 号公告
7	西马特罗	Cimaterol	β 兴奋剂	农业部第 176 号、235 号公告
8	硫酸特布他林	Terbutaline Sulfate	β-2 肾上腺素受体激动药	农业部第 176 号公告
9	苯乙醇胺	APhenylethanolamineA	β - 肾上腺素受体激动剂	农业部第 1519 号公告
10	班布特罗	Bambuterol	β - 肾上腺素受体激动剂	农业部第 1519 号公告
11	盐酸齐帕特罗	Zilpaterol Hydrochloride	β - 肾上腺素受体激动剂	农业部第 1519 号公告
12	盐酸氯丙那林	Clorprenaline Hydrochloride	β - 肾上腺素受体激动剂	农业部第 1519 号公告
13	马布特罗	Mabuterol	β - 肾上腺素受体激动剂	农业部第 1519 号公告
14	西布特罗	Cimbuterol	β - 肾上腺素受体激动剂	农业部第 1519 号公告
15	溴布特罗	Brombuterol	β - 肾上腺素受体激动剂	农业部第 1519 号公告
16	酒石酸阿福特罗	Arformoterol Tartrate	β - 肾上腺素受体激动剂	农业部第 1519 号公告

（续表）

序号	药物名称	英文名	类别	引用依据
17	富马酸福莫特罗	Formoterol Fumatrate	β-肾上腺素受体激动剂	农业部第 1519 号公告
18	盐酸可乐定	Clonidine Hydrochloride	抗高血压药	农业部第 1519 号公告
19	盐酸赛庚啶	Cyproheptadine Hydrochloride	抗组胺药	农业部第 1519 号公告
20	己烯雌酚	Diethylstibestrol	雌激素类药	农业部第 176 号、235 号公告
21	玉米赤霉醇	Zeranol	具有雌激素样作用的物质	农业部第 193 号、235 号公告
22	去甲雄三烯醇酮	Trenbolone	具有雌激素样作用的物质	农业部第 193 号、235 号公告
23	醋酸甲孕酮及制剂	Mengestrol，Acetate	具有雌激素样作用的物质	农业部第 193 号、235 号公告
24	雌二醇	Estradiol	雌激素类药	农业部第 176 号公告
25	戊酸雌二醇	Estradiol Valerate	雌激素类药	农业部第 176 号公告
26	苯甲酸雌二醇	Estradiol Benzoate	雌激素类药	农业部第 176 号、193 号公告
27	氯烯雌醚	Chlorotrianisene	雌激素类药	农业部第 176 号公告
28	炔诺醇	Ethinylestradiol	雌激素类药	农业部第 176 号公告
29	炔诺醚	Quinestrol	雌激素类药	农业部第 176 号公告
30	醋酸氯地孕酮	Chlormadinoneacetate	雌激素类药	农业部第 176 号公告
31	左炔诺孕酮	Levonorgestrel	雌激素类药	农业部第 176 号公告
32	炔诺酮	Norethisterone	雌激素类药	农业部第 176 号公告
33	绒毛膜促性腺激素（绒促性素）	Chorionic Gonadotrophin	激素类药	农业部第 176 号公告
34	促卵泡生长激素（尿促性素主要含卵泡刺激 FSHT 和黄体生成素 LH）	Menotropins	促性腺激素类药	农业部第 176 号公告

（续表）

序号	药物名称	英文名	类别	引用依据
35	碘化酪蛋白	Iodinated Casein	蛋白同化激素类	农业部第176号公告
36	苯丙酸诺龙及苯丙酸诺龙注射液	Nandrolonephenylpropionate	蛋白同化激素类	农业部第176号、193号公告
37	（盐酸）氯丙嗪	Chlorpromazine Hydrochloride	抗精神病药，镇静药	农业部第176号公告
38	氯丙嗪	Chlorpromazine	促生长类	农业部第193号公告
39	盐酸异丙嗪	Promethazine Hydrochloride	抗组胺药	农业部第176号公告
40	安定（地西泮）	Diazepam	抗焦虑药、抗惊厥药	农业部第176号、193号公告
41	苯巴比妥	Phenobarbital	镇静催眠药、抗惊厥药	农业部第176号公告
42	苯巴比妥钠	Phenobarbital Sodium	巴比妥类药	农业部第176号公告
43	巴比妥	Barbital	巴比妥类药	农业部第176号公告
44	异戊巴比妥	Amobarbital	催眠药、抗惊厥药	农业部第176号公告
45	异戊巴比妥钠	Amobarbital Sodium	巴比妥类药	农业部第176号公告
46	利血平	Reserpine	抗高血压药	农业部第176号公告
47	艾司唑仑	Estazolam	精神药品	农业部第176号公告
48	甲丙氨脂	Meprobamate	精神药品	农业部第176号公告
49	咪达唑仑	Midazolam	精神药品	农业部第176号公告
50	硝西泮	Nitrazepam	精神药品	农业部第176号公告
51	奥沙西泮	Oxazepam	精神药品	农业部第176号公告
52	匹莫林	Pemoline	精神药品	农业部第176号公告
53	三唑仑	Triazolam	精神药品	农业部第176号公告

（续表）

序号	药物名称	英文名	类别	引用依据
54	唑吡旦	Zolpidem	精神药品	农业部第 176 号公告
55	氯霉素	Chloramphenicol	抗生素类	农业部第 193 号公告
56	琥珀氯霉素	Chloramphenicol Succinate	抗生素类	农业部第 193 号公告
57	氨苯砜	dapsone	抗生素类	农业部第 193 号、235 号公告
58	呋喃唑酮	Furazolidone	硝基呋喃类	农业部第 193 号、235 号公告
59	呋喃它酮	Furaltadone	硝基呋喃类	农业部第 193 号、235 号公告
60	呋喃苯烯酸钠	Nifurstyrenatesodium	硝基呋喃类	农业部第 193 号、235 号公告
61	硝基酚钠	Sodiumnitrophenolate	硝基化合物	农业部第 193 号、235 号公告
62	硝呋烯腙	Nitrovin	硝基化合物	农业部第 193 号、235 号公告
63	安眠酮	Methaqualone	催眠、镇静类	农业部第 193 号、235 号公告
64	林丹	Lindane	杀虫剂	农业部第 193 号、235 号公告
65	毒杀芬（氯化烯）	Camahechlor	杀虫剂、清塘剂	农业部第 193 号、235 号公告
66	呋喃丹（克百威）	Carbofuran	杀虫剂	农业部第 193 号、235 号公告
67	杀虫脒（克死螨）	Chlordimeform	杀虫剂	农业部第 193 号、235 号公告
68	双甲脒	Amitraz	杀虫剂	农业部第 193 号、235 号公告
69	酒石酸锑钾	Antimonypotassiumtartrate	杀虫剂	农业部第 193 号、235 号公告
70	锥虫胂胺	Tryparsamide	杀虫剂	农业部第 193 号、235 号公告
71	孔雀石绿	Malachitegreen	抗菌、杀虫剂	农业部第 193 号、235 号公告
72	五氯酚酸钠	Pentachlorophenolsodium	杀螺剂	农业部第 193 号、235 号公告

（续表）

序号	药物名称	英文名	类别	引用依据
73	氯化亚汞（甘汞）	Calomel	杀虫剂	农业部第193号、235号公告
74	硝酸亚汞	Mercurousnitrate	杀虫剂	农业部第193号、235号公告
75	醋酸汞	Mercurousacetate	杀虫剂	农业部第193号、235号公告
76	吡啶基醋酸汞	Pyridylmercurousacetate	杀虫剂	农业部第193号、235号公告
77	甲基睾丸酮	Methyltestosterone	促生长类	农业部第193号、235号公告
78	丙酸睾酮	Testosterone Propionate	促生长类	农业部第193号公告
79	甲硝唑	Metronidazole	促生长类	农业部第193号公告
80	地美硝唑	Dimetronidazole	促生长类	农业部第193号公告
81	洛硝达唑	Ronidazole	抗生素类	农业部第235号公告
82	群勃龙	Trenbolone	激素类药	农业部第235号公告
83	呋喃妥因	Furadantin	硝基呋喃类	农业部第560号公告
84	替硝唑	tinidazole	硝基咪唑类	农业部第560号公告
85	卡巴氧	carbadox	喹噁啉类	农业部第560号公告
86	万古霉素	vancomycin	抗生素类	农业部第560号公告
87	金刚烷胺	amantadine	抗病毒类	农业部第560号公告
88	金刚乙胺	rimantadine	抗病毒类	农业部第560号公告
89	阿昔洛韦	acyclovir	抗病毒类	农业部第560号公告
90	吗啉（双）胍（病毒灵）	moroxydine	抗病毒类	农业部第560号公告
91	利巴韦林	ribavirin	抗病毒类	农业部第560号公告

序号	药物名称	英文名	类别	引用依据
92	头孢哌酮	cefoperazone	抗生素、合成抗菌药及农药	农业部第560号公告
93	头孢噻肟	cefotaxime	抗生素、合成抗菌药及农药	农业部第560号公告
94	头孢曲松（头孢三嗪）	cefatriaxone	抗生素、合成抗菌药及农药	农业部第560号公告
95	头孢噻吩	cephalothin	抗生素、合成抗菌药及农药	农业部第560号公告
96	头孢拉啶	cefradine	抗生素、合成抗菌药及农药	农业部第560号公告
97	头孢唑啉	cefazolin	抗生素、合成抗菌药及农药	农业部第560号公告
98	头孢噻啶	cefaloridine	抗生素、合成抗菌药及农药	农业部第560号公告
99	罗红霉素	Roxithromycin	抗生素、合成抗菌药及农药	农业部第560号公告
100	克拉霉素	Clarithromycin	抗生素、合成抗菌药及农药	农业部第560号公告
101	阿奇霉素	Azithromycin	抗生素、合成抗菌药及农药	农业部第560号公告
102	磷霉素	phosphonomycin	抗生素、合成抗菌药及农药	农业部第560号公告
103	硫酸奈替米星	netilmicin	抗生素、合成抗菌药及农药	农业部第560号公告
104	氟罗沙星	fleroxacin	抗生素、合成抗菌药及农药	农业部第560号公告
105	司帕沙星	sparfloxacin	抗生素、合成抗菌药及农药	农业部第560号公告
106	甲替沙星	Methylhydrochloride	抗生素、合成抗菌药及农药	农业部第560号公告
107	氯林可霉素	chlorodeoxylincomycin	抗生素、合成抗菌药及农药	农业部第560号公告
108	氯洁霉素	clindamycin	抗生素、合成抗菌药及农药	农业部第560号公告
109	妥布霉素	tobramycin	抗生素、合成抗菌药及农药	农业部第560号公告
110	胍哌甲基四环素	guamecycline	抗生素、合成抗菌药及农药	农业部第560号公告

（续表）

序号	药物名称	英文名	类别	引用依据
111	盐酸甲烯土霉素（美他环素）	methacyclinehydrochloride	抗生素、合成抗菌药及农药	农业部第560号公告
112	两性霉素	amphotericin	抗生素、合成抗菌药及农药	农业部第560号公告
113	利福霉素	rifamycin	抗生素、合成抗菌药及农药	农业部第560号公告
114	双嘧达莫	dipyridamole	预防血栓栓塞性疾病	农业部第560号公告
115	聚肌胞	polyI-C	解热镇痛类	农业部第560号公告
116	氟胞嘧啶	flucytosine	解热镇痛类	农业部第560号公告
117	代森铵	ambam	农用杀虫菌剂	农业部第560号公告
118	磷酸伯氨喹	primaquinephosphate	解热镇痛类	农业部第560号公告
119	磷酸氯喹	chloroquinephosphate	抗疟疾药	农业部第560号公告
120	异噻唑啉酮	isothiazolinone	防腐杀菌	农业部第560号公告
121	盐酸地酚诺酯	Diphenoxylate	解热镇痛	农业部第560号公告
122	盐酸溴己新	bromhexinehydrochloride	祛痰药	农业部第560号公告
123	西咪替丁	cimetidine	解热镇痛类	农业部第560号公告
124	盐酸甲氧氯普胺	Reclomide	解热镇痛类	农业部第560号公告
125	甲氧氯普胺（盐酸胃复安）	maxolon	解热镇痛类	农业部第560号公告
126	比沙可啶	bisacodyl	泻药	农业部第560号公告
127	二羟丙茶碱	dihydroxypropyltheophylline	平喘药	农业部第560号公告
128	白细胞介素-2	interleukin-2	解热镇痛类	农业部第560号公告
129	别嘌醇	allopurinol	解热镇痛类	农业部第560号公告

（续表）

序号	药物名称	英文名	类别	引用依据
130	多抗甲素（α-甘露聚糖肽）	polyactin	解热镇痛类	农业部第 560 号公告
131	注射用的抗生素与安乃近、氟喹诺酮类等化学合成药物的复方制剂	Analginum、Fluoroquinolone	复方制剂	农业部第 560 号公告
132	镇静类药物与解热镇痛药等治疗药物组成的复方制剂	hypnogenesis	复方制剂	农业部第 560 号公告
133	洛美沙星	lomefloxacin	抗菌类	农业部第 2292 号公告
134	培氟沙星	Pefloxacin	抗菌类	农业部第 2292 号公告
135	氧氟沙星	Ofloxacin	抗菌类	农业部第 2292 号公告
136	诺氟沙星	Norfloxacin	抗菌类	农业部第 2292 号公告
137	非泼罗尼	Fipronil	杀虫剂	农业部第 2583 号公告
138	喹乙醇	Oloquindox	抗菌类	农业部第 2638 号公告
139	氨苯胂酸	Arsanilic acid	抗菌类	农业部第 2638 号公告
140	洛克沙胂	Roxarsone	促生长剂	农业部第 2638 号公告

二、注意动物的种属、年龄、性别和个体差异

　　多数药物对各种动物都能产生类似的作用，但由于各种动物的解剖结构、生理机能及生化反应的不同，对同一药物的反应存在一定差异即种属差异，多为量的差异，少数表现为质的差异。如反刍兽对二甲苯胺噻唑比较敏感，剂量较小即可出现肌肉松弛镇静作用，而猪对此药则不敏感，剂量较大也达不到理想的肌肉松弛镇静效果；酒石酸锑钾能引起猪呕吐，但对反刍动物则呈现反刍促进作用。

　　家畜的年龄、性别不同，对药物的反应亦有差异。一般来说，幼龄、老龄动

物的药酶活性较低，对药物的敏感性较高，故用量宜适当减少；雌性动物比雄性动物对药物的敏感性要高，在发情期、妊娠期和哺乳期用药，除了一些专用药外，使用其他药物必须考虑母畜的生殖特性。如泻药、利尿药、子宫兴奋药及其他刺激性强的药物，使用不慎可引起流产、早产和不孕等，要尽量避免使用。有些药物如四环素类、氨基苷类等可通过胎盘或乳腺进入胎儿或新生动物体内而影响其生长发育，甚至致畸，故妊娠期、哺乳期要慎用或禁用。某些药物如青霉素肌内注射后可渗入牛奶、羊奶中，人食用后前者可引起过敏反应，后者可引起灰婴综合征，故泌乳牛、泌乳羊应禁用。在年龄、体重相近的情况下，同种动物中的不同个体，对药物的敏感性也存在差异，称为个体差异。如青霉素等药物可引起某些动物的过敏反应等，临床用药时应予注意。

三、注意药物的给药方法、剂量与疗程

不同的给药途径可直接影响药物的吸收速度和血药浓度的高低，从而决定着药物作用出现得快慢、维持时间长短和药效的强弱，有时还会引起药物作用性质的改变。如硫酸镁内服致泻，而静脉注射则产生中枢神经抑制作用；又如新霉素内服可治疗细菌性肠炎，因很少吸收，故无明显的肾脏毒性，肌内注射给药时肾脏毒性很大，严重者引起死亡，故不可注射给药，而气雾给药时可用于猪传染性萎缩性鼻炎等呼吸系统疾病的治疗。故临床上应根据病情缓急、用药目的及药物本身的性质来确定适宜的给药方法。对危重病例，宜采用注射给药；治疗肠道感染或驱除肠道寄生虫时，宜内服给药；对集约化饲养的畜禽，一般应采用群体用药法，以减轻应激反应；治疗呼吸系统疾病，最好采用呼吸道给药。

药物的剂量是决定药物效应的关键因素，通常是指防治疾病的用量。用药量过小不产生任何效应，在一定范围内，剂量越大作用越强，但用量过大则会引起中毒甚至死亡。临床用药要做到安全有效，就必须严格掌握药物的剂量范围，用药量应准确，并按规定的时间和次数用药。对安全范围小的药物，应按规定的用法用量使用，不可随意加大剂量。

为达到治愈疾病的目的，大多数药物都要连续或间歇性地反复用药一段时间，称之为疗程。疗程的长短多取决于动物饲养情况、疾病性质和病情需要。一般而言，对散养的动物常见病，对症治疗药物如解热药、利尿药、镇痛药等，一旦症状缓解或改善，可停止使用或进一步作对因治疗；而对集约化饲养的动物感染性疾病，如细菌或霉形体性传染病，一定要用药至彻底杀灭入侵的病原体，即治疗要彻底，疗程要足够，一般用药需 3～5 天。疗程不足或症状改善即停止用药，一是易导致病原体产生耐药性，二是疾病易复发。

四、注意药物的配伍禁忌

临床上为了提高疗效，减少药物的不良反应，或治疗不同的并发症，常须同时或短期内先后使用两种或两种以上的药物，称联合用药。由于药物间的相互作用，联用后可使药效增强（协同作用）或不良反应减轻，也可使药效降低、消失（拮抗作用）或出现不应有的不良反应，后者称之为药理性配伍禁忌。联合用药合理，可利用增强作用提高疗效，如磺胺药与增效剂联用，抗菌效能可增强数倍至几十倍；亦可利用拮抗作用来减少副作用或作解毒，如用阿托品对抗水合氯醛引起的支气管腺体分泌的副作用，用中枢兴奋药解救中枢抑制药过量中毒等。但联用不当，则会降低疗效或对机体产生毒性损害。如含钙、镁、铝、铁的药物与四环素合用，因可形成难溶性的络合物，而降低四环素的吸收和作用；又如苯巴比妥可诱导肝药酶的活性，可使同用的维生素 K 减效，并可引起出血。故联合用药时，既要注意药物本身的作用，还要十分注意药物之间的相互作用。

当药物在体外配伍如混用时，亦会因相互作用而出现物理化学变化，导致药效降低或失效，甚至引起毒性反应，这些称为理化性配伍禁忌。如乙酰水杨酸与碱性药物配成散剂，在潮湿时易引起分解；维生素 C 溶液与苯巴比妥钠配伍时，能使后者析出，同时前者亦部分分解；吸附药与抗菌药配合，抗菌药被吸附而使疗效降低等；还有出现产气、变色、燃烧、爆炸等。此外，水溶剂与油溶剂配合时会分层；含结晶水的药物相互配伍时，由于条件的改变使其中的结晶水析出，使固体药物变成半固体或泥糊状态；两种固体混合时，可由于熔点的降低而变成溶液（液化）等。理化性配伍禁忌，主要是酸性碱性药物间的配伍问题。

无论是药理性还是理化性配伍禁忌，都会影响到药物的疗效与安全性，必须引起足够的重视。通常一种药物可有效治疗的不应使用多种药物，少数几种药物可解决问题的，不必使用许多药物进行治疗，即做到少而精、安全有效，避免盲目配伍。

五、注意药物在动物性产品中的残留

在集约化养殖业中，药物除了防治动物疾病的传统用途外，有些还作为饲料添加剂以促进生长，提高饲料报酬，改善畜产品质量，提高养殖的经济效益。但在产生有益作用的同时，往往又残留在动物性食品（肉、蛋、奶及其产品）中，间接危害人类的健康。所谓药物残留是指给动物应用兽药或饲料添加剂后，药物的原型及其代谢物蓄积或贮存在动物的组织、细胞、器官或可食性产品中。残留量以每千克（或每升）食品中的药物及其衍生物残留的重量表示，如毫克／千克或毫克/升、微克/千克或微克/升。兽药残留对人类健康主要有3个方面的影响。一是对消费者的毒性作用。主要有致畸、致突变或致癌作用（如硝基呋喃类、砷制剂已被证明有致癌作用，许多国家已禁用于食品动物）、急慢性毒性（如人食用含有盐酸克仑特罗的猪肺可发生急性中毒等）、激素样作用（如人吃了含有雌激素或同化激素的食品则会干扰人的激素功能）、过敏反应等。二是对人类肠道微生物的不良影响，使部分敏感菌受到抑制或被杀死，致使平衡破坏。有些条件性致病菌（如大肠杆菌）可能大量繁殖，或体外病原菌侵入，损害人类健康。三是使人类病原菌耐药性增加。抗菌药物在动物性食品中的残留可能使人类的病原菌长期接触这些低浓度的药物，从而产生耐药性；再者，食品动物使用低剂量抗菌药物作促生长剂时容易产生耐药性。临床致病菌耐药性的不断增加，使抗菌药的药效降低，使用寿命缩短。

为保证人类的健康，许多国家对用于食品动物的抗生素、合成抗菌药、抗寄生虫药、激素等，规定了最高残留限量和休药期。最高残留限量（MRL）原称允许残留量，是指允许在动物性食品表面或内部残留药物的最高量。具体地说，是指在屠宰以及收获、加工、储存和销售等特定时期，直到被人消费时，动物性食品中药物残留的最高允许量。如违反规定，肉、蛋、奶中的药物残留量超过规定浓度，则将受到严厉处罚。近年来，因药物残留问题，严重影响了我国禽肉、兔肉、羊肉、牛肉的对外出口，故给食品动物用药时，必须注意有关药物的休药期规定。所谓休药期，系指允许屠宰畜禽及其产品（乳、蛋）允许上市前的停药时间。规定休药期，是为了减少或避免畜产品中药物的超量残留，由于动物种属、药物种类、剂型、用药剂量和给药途径不同，休药期长短亦有很大差别，故在食品动物或其产品上市前的一段时间内，应遵守休药期规定停药一定时间，以免造成出口产品的经济损失或影响人们的健康。对有些药物，还提出有应用限制，如有些药物禁用于犊牛，有些禁用于产蛋鸡群或泌乳牛等，使用药物时都须十分注意。

农业部发布了中华人民共和国农业部8号令（2017年），修改和废止了部分规章、规范性文件中，兽药停药期规定（2003年5月22日农业部公告第278号）的部分兽药品种条款被废止（表5 3），并确定了部分不需制订停药期规定的品种（表5-4）。

2015年和2016年农业部分别发布的禁限用兽药清单、兽药休药期规定和兽用处方药品种目录公告中禁止洛美沙星、培氟沙星、氧氟沙星、诺氟沙星4种人兽共用的抗菌药用于动物抗病，禁止硫酸粘菌素预混剂用于动物促生长。

表 5-3 兽药停药期规定

	兽药名称	执行标准	停药期
1	乙酰甲喹片	兽药规范 92 版	牛、猪 35 日
2	二氢吡啶	部颁标准	牛、肉鸡 7 日，弃奶期 7 日
3	二硝托胺预混剂	兽药典 2000 版	鸡 3 日，产蛋期禁用
4	土霉素片	兽药典 2000 版	牛、羊、猪 7 日，禽 5 日，弃蛋期 2 日，弃奶期 3 日
5	土霉素注射液	部颁标准	牛、羊、猪 28 日，弃奶期 7 日
6	马杜霉素预混剂	部颁标准	鸡 5 日，产蛋期禁用
7	双甲脒溶液	兽药典 2000 版	牛、羊 21 日，猪 8 日，弃奶期 48 小时，禁用于产奶羊和水生动物杀虫剂
8	巴胺磷溶液	部颁标准	羊 14 日
9	水杨酸钠注射液	兽药规范 65 版	牛 0 日，弃奶期 48 小时
10	四环素片	兽药典 90 版	牛 12 日、猪 10 日、鸡 4 日，产蛋期禁用，产奶期禁用
11	甲砜霉素片	部颁标准	28 日，弃奶期 7 日
12	甲砜霉素散	部颁标准	28 日，弃奶期 7 日，鱼 500 度日
13	甲基前列腺素 F2a 注射液	部颁标准	牛 1 日，猪 1 日，羊 1 日
14	甲硝唑片	兽药典 2000 版	牛 28 日。禁用于促生长
15	甲磺酸达氟沙星注射液	部颁标准	猪 25 日
16	甲磺酸达氟沙星粉	部颁标准	鸡 5 日，产蛋鸡禁用
17	甲磺酸达氟沙星溶液	部颁标准	鸡 5 日，产蛋鸡禁用
18	甲磺酸培氟沙星可溶性粉	部颁标准	农业部 2292 号公告已全面禁用
19	甲磺酸培氟沙星注射液	部颁标准	农业部 2292 号公告已全面禁用
20	甲磺酸培氟沙星颗粒	部颁标准	农业部 2292 号公告已全面禁用
21	亚硒酸钠维生素 E 注射液	兽药典 2000 版	牛、羊、猪 28 日
22	亚硒酸钠维生素 E 预混剂	兽药典 2000 版	牛、羊、猪 28 日
23	亚硫酸氢钠甲萘醌注射液	兽药典 2000 版	0 日
24	伊维菌素注射液	兽药典 2000 版	牛、羊 35 日，猪 28 日，泌乳期禁用
25	吉他霉素片	兽药典 2000 版	猪、鸡 7 日，产蛋期禁用
26	吉他霉素预混剂	部颁标准	猪、鸡 7 日，产蛋期禁用
27	地西泮注射液	兽药典 2000 版	28 日
28	地克珠利预混剂	部颁标准	鸡 5 日，产蛋期禁用
29	地克珠利溶液	部颁标准	鸡 5 日，产蛋期禁用
30	地美硝唑预混剂	兽药典 2000 版	猪、鸡 28 日，产蛋期禁用

（续表）

	兽药名称	执行标准	停药期
31	地塞米松磷酸钠注射液	兽药典 2000 版	牛、羊、猪 21 日，弃奶期 3 日
32	安乃近片	兽药典 2000 版	牛、羊、猪 28 日，弃奶期 7 日
33	安乃近注射液	兽药典 2000 版	牛、羊、猪 28 日，弃奶期 7 日
34	安钠咖注射液	兽药典 2000 版	牛、羊、猪 28 日，弃奶期 7 日
35	那西肽预混剂	部颁标准	鸡 7 日，产蛋期禁用
36	吡喹酮片	兽药典 2000 版	28 日，弃奶期 7 日
37	芬苯哒唑片	兽药典 2000 版	牛、羊 21 日，猪 3 日，弃奶期 7 日
38	芬苯哒唑粉（苯硫苯咪唑粉剂）	兽药典 2000 版	牛、羊 14 日，猪 3 日，弃奶期 5 日
39	苄星邻氯青霉素注射液	部颁标准	牛 28 日，产犊后 4 天禁用，泌乳期禁用
40	阿司匹林片	兽药典 2000 版	0 日
41	阿苯达唑片	兽药典 2000 版	牛 14 日，羊 4 日，猪 7 日，禽 4 日，弃奶期 60 小时
42	阿莫西林可溶性粉	部颁标准	鸡 7 日，产蛋鸡禁用
43	阿维菌素片	部颁标准	羊 35 日，猪 28 日，泌乳期禁用
44	阿维菌素注射液	部颁标准	羊 35 日，猪 28 日，泌乳期禁用
45	阿维菌素粉	部颁标准	羊 35 日，猪 28 日，泌乳期禁用
46	阿维菌素胶囊	部颁标准	羊 35 日，猪 28 日，泌乳期禁用
47	阿维菌素透皮溶液	部颁标准	牛、猪 42 日，泌乳期禁用
48	乳酸环丙沙星可溶性粉	部颁标准	禽 8 日，产蛋鸡禁用
49	乳酸环丙沙星注射液	部颁标准	牛 14 日，猪 10 日，禽 28 日，弃奶期 84 小时
50	乳酸诺氟沙星可溶性粉	部颁标准	农业部 2292 号公告已全面禁用
51	注射用三氮脒	兽药典 2000 版	28 日，弃奶期 7 日
52	注射用苄星青霉素（注射用苄星青霉素 G）	兽药规范 78 版	牛、羊 4 日，猪 5 日，弃奶期 3 日
53	注射用乳糖酸红霉素	兽药典 2000 版	牛 14 日，羊 3 日，猪 7 日，弃奶期 3 日
54	注射用苯巴比妥钠	兽药典 2000 版	28 日，弃奶期 7 日
55	注射用苯唑西林钠	兽药典 2000 版	牛、羊 14 日，猪 5 日，弃奶期 3 日
56	注射用青霉素钠	兽药典 2000 版	0 日，弃奶期 3 日
57	注射用青霉素钾	兽药典 2000 版	0 日，弃奶期 3 日
58	注射用氨苄青霉素钠	兽药典 2000 版	牛 6 日，猪 15 日，弃奶期 48 小时
59	注射用盐酸土霉素	兽药典 2000 版	牛、羊、猪 8 日，弃奶期 48 小时
60	注射用盐酸四环素	兽药典 2000 版	牛、羊、猪 8 日，弃奶期 48 小时

（续表）

	兽药名称	执行标准	停药期
61	注射用酒石酸泰乐菌素	部颁标准	牛 28 日，猪 21 日，弃奶期 96 小时
62	注射用喹嘧胺	兽药典 2000 版	28 日，弃奶期 7 日
63	注射用氯唑西林钠	兽药典 2000 版	牛 10 日，弃奶期 2 日
64	注射用硫酸双氢链霉素	兽药典 90 版	牛、羊、猪 18 日，弃奶期 72 小时
65	注射用硫酸卡那霉素	兽药典 2000 版	28 日，弃奶期 7 日
66	注射用硫酸链霉素	兽药典 2000 版	牛、羊、猪 18 日，弃奶期 72 小时
67	环丙氨嗪预混剂（1%）	部颁标准	鸡 3 日
68	苯丙酸诺龙注射液	兽药典 2000 版	28 日，弃奶期 7 日
69	苯甲酸雌二醇注射液	兽药典 2000 版	28 日，弃奶期 7 日
70	复方水杨酸钠注射液	兽药规范 78 版	28 日，弃奶期 7 日
71	复方甲苯咪唑粉	部颁标准	鳗 150 度日
72	复方阿莫西林粉	部颁标准	鸡 7 日，产蛋期禁用
73	复方氨苄西林片	部颁标准	鸡 7 日，产蛋期禁用
74	复方氨苄西林粉	部颁标准	鸡 7 日，产蛋期禁用
75	复方氨基比林注射液	兽药典 2000 版	28 日，弃奶期 7 日
76	复方磺胺对甲氧嘧啶片	兽药典 2000 版	28 日，弃奶期 7 日
77	复方磺胺对甲氧嘧啶钠注射液	兽药典 2000 版	28 日，弃奶期 7 日
78	复方磺胺甲噁唑片	兽药典 2000 版	28 日，弃奶期 7 日
79	复方磺胺氯哒嗪钠粉	部颁标准	猪 4 日，鸡 2 日，产蛋期禁用
80	复方磺胺嘧啶钠注射液	兽药典 2000 版	牛、羊 12 日，猪 20 日，弃奶期 48 小时
81	枸橼酸乙胺嗪片	兽药典 2000 版	28 日，弃奶期 7 日
82	枸橼酸哌嗪片	兽药典 2000 版	牛、羊 28 日，猪 21 日，禽 14 日
83	氟苯尼考注射液	部颁标准	猪 14 日，鸡 28 日，鱼 375 度日
84	氟苯尼考粉	部颁标准	猪 20 日，鸡 5 日，鱼 375 度日
85	氟苯尼考溶液	部颁标准	鸡 5 日，产蛋期禁用
86	氟胺氰菊酯条	部颁标准	流蜜期禁用
87	氢化可的松注射液	兽药典 2000 版	0 日
88	氢溴酸东莨菪碱注射液	兽药典 2000 版	28 日，弃奶期 7 日
89	洛克沙胂预混剂	部颁标准	5 日，产蛋期禁用。2018 年农业部公告第 2638 号，自 2019 年 5 月 1 日起，食品动物全面禁用
90	蒽诺沙星片	兽药典 2000 版	鸡 8 日，产蛋鸡禁用
91	蒽诺沙星可溶性粉	部颁标准	鸡 8 日，产蛋鸡禁用
92	蒽诺沙星注射液	兽药典 2000 版	牛、羊 14 日，猪 10 日，兔 14 日

（续表）

	兽药名称	执行标准	停药期
93	蒽诺沙星溶液	兽药典 2000 版	禽 8 日，产蛋鸡禁用
94	氧阿苯达唑片	部颁标准	羊 4 日
95	氧氟沙星片 58	部颁标准	农业部 2292 号公告已全面禁用
96	氧氟沙星可溶性粉	部颁标准	农业部 2292 号公告已全面禁用
97	氧氟沙星注射液	部颁标准	农业部 2292 号公告已全面禁用
98	氧氟沙星溶液（碱性）	部颁标准	农业部 2292 号公告已全面禁用
99	氧氟沙星溶液（酸性）	部颁标准	农业部 2292 号公告已全面禁用
100	氨苯胂酸预混剂	部颁标准	5 日，产蛋鸡禁用。2018 年农业部公告第 2638 号，自 2019 年 5 月 1 日起，食品动物全面禁用
101	氨茶碱注射液	兽药典 2000 版	28 日，弃奶期 7 日
102	海南霉素钠预混剂	部颁标准	鸡 7 日，产蛋期禁用
103	烟酸诺氟沙星可溶性粉	部颁标准	农业部 2292 号公告已全面禁用
104	烟酸诺氟沙星注射液	部颁标准	农业部 2292 号公告已全面禁用
105	烟酸诺氟沙星溶液	部颁标准	农业部 2292 号公告已全面禁用
106	盐酸二氟沙星片	部颁标准	鸡 1 日
107	盐酸二氟沙星注射液	部颁标准	猪 45 日
108	盐酸二氟沙星粉	部颁标准	鸡 1 日
109	盐酸二氟沙星溶液	部颁标准	鸡 1 日
110	盐酸大观霉素可溶性粉	兽药典 2000 版	鸡 5 日，产蛋期禁用
111	盐酸左旋咪唑	兽药典 2000 版	牛 2 日，羊 3 日，猪 3 日，禽 28 日，泌乳期禁用
112	盐酸左旋咪唑注射液	兽药典 2000 版	牛 14 日，羊 28 日，猪 28 日，泌乳期禁用
113	盐酸多西环素片	兽药典 2000 版	28 日
114	盐酸异丙嗪片	兽药典 2000 版	28 日
115	盐酸异丙嗪注射液	兽药典 2000 版	28 日，弃奶期 7 日
116	盐酸沙拉沙星可溶性粉	部颁标准	鸡 0 日，产蛋期禁用
117	盐酸沙拉沙星注射液	部颁标准	猪 0 日，鸡 0 日，产蛋期禁用
118	盐酸沙拉沙星溶液	部颁标准	鸡 0 日，产蛋期禁用
119	盐酸沙拉沙星片	部颁标准	鸡 0 日，产蛋期禁用
120	盐酸林可霉素片	兽药典 2000 版	猪 6 日
121	盐酸林可霉素注射液	兽药典 2000 版	猪 2 日
122	盐酸环丙沙星、盐酸小檗碱预混剂	部颁标准	500 度日
123	盐酸环丙沙星可溶性粉	部颁标准	28 日，产蛋鸡禁用

（续表）

	兽药名称	执行标准	停药期
124	盐酸环丙沙星注射液	部颁标准	28 日，产蛋鸡禁用
125	盐酸苯海拉明注射液	兽药典 2000 版	28 日，弃奶期 7 日
126	盐酸洛美沙星片	部颁标准	农业部 2292 号公告已全面禁用
127	盐酸洛美沙星可溶性粉	部颁标准	农业部 2292 号公告已全面禁用
128	盐酸洛美沙星注射液	部颁标准	农业部 2292 号公告已全面禁用
129	盐酸氨丙啉、乙氧酰胺苯甲酯、磺胺喹噁啉预混剂	兽药典 2000 版	鸡 10 日，产蛋鸡禁用
130	盐酸氨丙啉、乙氧酰胺苯甲酯预混剂	兽药典 2000 版	鸡 3 日，产蛋期禁用
131	盐酸氯丙嗪片	兽药典 2000 版	28 日，弃奶期 7 日。禁用于促生长
132	盐酸氯丙嗪注射液	兽药典 2000 版	28 日，弃奶期 7 日。禁用于促生长
133	盐酸氯苯胍片	兽药典 2000 版	鸡 5 日，兔 7 日，产蛋期禁用
134	盐酸氯苯胍预混剂	兽药典 2000 版	鸡 5 日，兔 7 日，产蛋期禁用
135	盐酸氯胺酮注射液	兽药典 2000 版	28 日，弃奶期 7 日
136	盐酸赛拉唑注射液	兽药典 2000 版	28 日，弃奶期 7 日
137	盐酸赛拉嗪注射液	兽药典 2000 版	牛、羊 14 日，鹿 15 日
138	盐霉素钠预混剂	兽药典 2000 版	鸡 5 日，产蛋期禁用
139	诺氟沙星、盐酸小檗碱预混剂	部颁标准	农业部 2292 号公告已全面禁用
140	酒石酸吉他霉素可溶性粉	兽药典 2000 版	鸡 7 日，产蛋期禁用
141	酒石酸泰乐菌素可溶性粉	兽药典 2000 版	鸡 1 日，产蛋期禁用
142	维生素 B_{12} 注射液	兽药典 2000 版	0 日
143	维生素 B_1 片	兽药典 2000 版	0 日
144	维生素 B_1 注射液	兽药典 2000 版	0 日
145	维生素 B_2 片	兽药典 2000 版	0 日
146	维生素 B_2 注射液	兽药典 2000 版	0 日
147	维生素 B_6 片	兽药典 2000 版	0 日
148	维生素 B_6 注射液	兽药典 2000 版	0 日
149	维生素 C 片	兽药典 2000 版	0 日
150	维生素 C 注射液	兽药典 2000 版	0 日
151	维生素 C 磷酸酯镁、盐酸环丙沙星预混剂	部颁标准	500 度日
152	维生素 D_3 注射液	兽药典 2000 版	28 日，弃奶期 7 日
153	维生素 E 注射液	兽药典 2000 版	牛、羊、猪 28 日
154	维生素 K_1 注射液	兽药典 2000 版	0 日

（续表）

	兽药名称	执行标准	停药期
155	喹乙醇预混剂	兽药典 2000 版	猪 35 日，禁用于禽、鱼、35 千克以上的猪。2019 年 5 月 1 日起，食品动物全面禁用
156	奥芬达唑片（苯亚砜哒唑）	兽药典 2000 版	牛、羊、猪 7 日，产奶期禁用
157	普鲁卡因青霉素注射液	兽药典 2000 版	牛 10 日，羊 9 日，猪 7 日，弃奶期 48 小时
158	氯羟吡啶预混剂	兽药典 2000 版	鸡 5 日，兔 5 日，产蛋期禁用
159	氯氰碘柳胺钠注射液	部颁标准	28 日，弃奶期 28 日
160	氯硝柳胺片	兽药典 2000 版	牛、羊 28 日
161	氰戊菊酯溶液	部颁标准	28 日
162	硝氯酚片	兽药典 2000 版	28 日
163	硝碘酚腈注射液（克虫清）	部颁标准	羊 30 日，弃奶期 5 日
164	硫氰酸红霉素可溶性粉	兽药典 2000 版	鸡 3 日，产蛋期禁用
165	硫酸卡那霉素注射液（单硫酸盐）	兽药典 2000 版	28 日
166	硫酸安普霉素可溶性粉	部颁标准	猪 21 日，鸡 7 日，产蛋期禁用
167	硫酸安普霉素预混剂	部颁标准	猪 21 日
168	硫酸庆大 – 小诺霉素注射液	部颁标准	猪、鸡 40 日
169	硫酸庆大霉素注射液	兽药典 2000 版	猪 40 日
170	硫酸黏菌素可溶性粉	部颁标准	7 日，产蛋期禁用。2016 年已禁止硫酸黏菌素预混剂用于动物促生长
171	硫酸黏菌素预混剂	部颁标准	7 日，产蛋期禁用。2016 年已禁止硫酸黏菌素预混剂用于动物促生长
172	硫酸新霉素可溶性粉	兽药典 2000 版	鸡 5 日，火鸡 14 日，产蛋期禁用
173	越霉素 A 预混剂	部颁标准	猪 15 日，鸡 3 日，产蛋期禁用
174	碘硝酚注射液	部颁标准	羊 90 日，弃奶期 90 日
175	碘醚柳胺混悬液	兽药典 2000 版	牛、羊 60 日，泌乳期禁用
176	精制马拉硫磷溶液	部颁标准	28 日
177	精制敌百虫片	兽药规范 92 版	28 日
178	蝇毒磷溶液	部颁标准	28 日
179	醋酸地塞米松片	兽药典 2000 版	马、牛 0 日
180	醋酸泼尼松片	兽药典 2000 版	0 日
181	醋酸氟孕酮阴道海绵	部颁标准	羊 30 日，泌乳期禁用
182	醋酸氢化可的松注射液	兽药典 2000 版	0 日

（续表）

	兽药名称	执行标准	停药期
183	磺胺二甲嘧啶片	兽药典 2000 版	牛 10 日，猪 15 日，禽 10 日
184	磺胺二甲嘧啶钠注射液	兽药典 2000 版	28 日
185	磺胺对甲氧嘧啶，二甲氧苄氨嘧啶片	兽药规范 92 版	28 日
186	磺胺对甲氧嘧啶、二甲氧苄氨嘧啶预混剂	兽药典 90 版	28 日，产蛋期禁用
187	磺胺对甲氧嘧啶片	兽药典 2000 版	28 日
188	磺胺甲噁唑片	兽药典 2000 版	28 日
189	磺胺间甲氧嘧啶片	兽药典 2000 版	28 日
190	磺胺间甲氧嘧啶钠注射液	兽药典 2000 版	28 日
191	磺胺脒片	兽药典 2000 版	28 日
192	磺胺喹噁啉、二甲氧苄氨嘧啶预混剂	兽药典 2000 版	鸡 10 日，产蛋期禁用
193	磺胺喹噁啉钠可溶性粉	兽药典 2000 版	鸡 10 日，产蛋期禁用
194	磺胺氯吡嗪钠可溶性粉	部颁标准	火鸡 4 日、肉鸡 1 日，产蛋期禁用
195	磺胺嘧啶片	兽药典 2000 版	牛 28 日
196	磺胺嘧啶钠注射液	兽药典 2000 版	牛 10 日，羊 18 日，猪 10 日，弃奶期 3 日
197	磺胺噻唑片	兽药典 2000 版	28 日
198	磺胺噻唑钠注射液	兽药典 2000 版	28 日
199	磷酸左旋咪唑片	兽药典 90 版	牛 2 日，羊 3 日，猪 3 日，禽 28 日，泌乳期禁用
200	磷酸左旋咪唑注射液	兽药典 90 版	牛 14 日，羊 28 日，猪 28 日，泌乳期禁用
201	磷酸哌嗪片（驱蛔灵片）	兽药典 2000 版	牛、羊 28 日，猪 21 日，禽 14 日
202	磷酸泰乐菌素预混剂	部颁标准	鸡、猪 5 日

表 5-4　不需要制订停药期的兽药品种

	兽药名称	标准来源
1	乙酰胺注射液	兽药典 2000 版
2	二甲硅油	兽药典 2000 版
3	二巯丙磺钠注射液	兽药典 2000 版
4	三氯异氰脲酸粉	部颁标准
5	大黄碳酸氢钠片	兽药规范 92 版
6	山梨醇注射液	兽药典 2000 版

（续表）

	兽药名称	标准来源
7	马来酸麦角新碱注射液	兽药典 2000 版
8	马来酸氯苯那敏片	兽药典 2000 版
9	马来酸氯苯那敏注射液	兽药典 2000 版
10	双氢氯噻嗪片	兽药规范 78 版
11	月苄三甲氯铵溶液	部颁标准
12	止血敏注射液	兽药规范 78 版
13	水杨酸软膏	兽药规范 65 版
14	丙酸睾酮注射液	兽药典 2000 版
15	右旋糖酐铁钴注射液（铁钴针注射液）	兽药规范 78 版
16	右旋糖酐 40 氯化钠注射液	兽药典 2000 版
17	右旋糖酐 40 葡萄糖注射液	兽药典 2000 版
18	右旋糖酐 70 氯化钠注射液	兽药典 2000 版
19	叶酸片	兽药典 2000 版
20	四环素醋酸可的松眼膏	兽药规范 78 版
21	对乙酰氨基酚片	兽药典 2000 版
22	对乙酰氨基酚注射液	兽药典 2000 版
23	尼可刹米注射液	兽药典 2000 版
24	甘露醇注射液	兽药典 2000 版
25	甲基硫酸新斯的明注射液	兽药规范 65 版
26	亚硝酸钠注射液	兽药典 2000 版
28	安络血注射液	兽药规范 92 版
29	次硝酸铋（碱式硝酸铋）	兽药典 2000 版
30	次碳酸铋（碱式碳酸铋）	兽药典 2000 版
31	呋塞米片	兽药典 2000 版
32	呋塞米注射液	兽药典 2000 版
33	辛氨乙甘酸溶液	部颁标准
34	乳酸钠注射液	兽药典 2000 版
35	注射用异戊巴比妥钠	兽药典 2000 版
36	注射用血促性素	兽药规范 92 版
37	注射用抗血促性素血清	部颁标准
38	注射用垂体促黄体素	兽药规范 78 版
39	注射用促黄体素释放激素 A2	部颁标准
40	注射用促黄体素释放激素 A3	部颁标准

	兽药名称	标准来源
41	注射用绒促性素	兽药典 2000 版
42	注射用硫代硫酸钠	兽药规范 65 版
43	注射用解磷定	兽药规范 65 版
44	苯扎溴铵溶液	兽药典 2000 版
45	青蒿琥酯片	部颁标准
46	鱼石脂软膏	兽药规范 78 版
47	复方氯化钠注射液	兽药典 2000 版
48	复方氯胺酮注射液	部颁标准
49	复方磺胺噻唑软膏	兽药规范 78 版
50	复合维生素 B 注射液	兽药规范 78 版
51	宫炎清溶液	部颁标准
52	枸橼酸钠注射液	兽药规范 92 版
53	毒毛花苷 K 注射液	兽药典 2000 版
54	氢氯噻嗪片	兽药典 2000 版
55	洋地黄毒苷注射液	兽药规范 78 版
56	浓氯化钠注射液	兽药典 2000 版
57	重酒石酸去甲肾上腺素注射液	兽药典 2000 版
58	烟酰胺片	兽药典 2000 版
59	烟酰胺注射液	兽药典 2000 版
60	烟酸片	兽药典 2000 版
61	盐酸大观霉素、盐酸林可霉素可溶性粉	兽药典 2000 版
62	盐酸利多卡因注射液	兽药典 2000 版
63	盐酸肾上腺素注射液	兽药规范 78 版
64	盐酸甜菜碱预混剂	部颁标准
65	盐酸麻黄碱注射液	兽药规范 78 版
66	萘普生注射液	兽药典 2000 版
67	酚磺乙胺注射液	兽药典 2000 版
68	黄体酮注射液	兽药典 2000 版
69	氯化胆碱溶液	部颁标准
70	氯化钙注射液	兽药典 2000 版
71	氯化钙葡萄糖注射液	兽药典 2000 版
72	氯化氨甲酰甲胆碱注射液	兽药典 2000 版

（续表）

	兽药名称	标准来源
73	氯化钾注射液	兽药典 2000 版
74	氯化琥珀胆碱注射液	兽药典 2000 版
75	氯甲酚溶液	部颁标准
76	硫代硫酸钠注射液	兽药典 2000 版
77	硫酸新霉素软膏	兽药规范 78 版
78	硫酸镁注射液	兽药典 2000 版
79	葡萄糖酸钙注射液	兽药典 2000 版
80	溴化钙注射液	兽药规范 78 版
81	碘化钾片	兽药典 2000 版
82	碱式碳酸铋片	兽药典 2000 版
83	碳酸氢钠片	兽药典 2000 版
84	碳酸氢钠注射液	兽药典 2000 版
85	醋酸泼尼松眼膏	兽药典 2000 版
86	醋酸氟轻松软膏	兽药典 2000 版
87	硼葡萄糖酸钙注射液	部颁标准
88	输血用枸橼酸钠注射液	兽药规范 78 版
89	硝酸士的宁注射液	兽药典 2000 版
90	醋酸可的松注射液	兽药典 2000 版
91	碘解磷定注射液	兽药典 2000 版
92	中药及中药成分制剂、维生素类、微量元素类、兽用消毒剂、生物制品类等五类产品（产品质量标准中有除外）	

　　为了保证动物性产品的安全，近年来各国都对食品动物禁用药物品种作了明确的规定，我国兽药管理部门也规定了禁用药品清单。规模化养殖场专职兽医和食品动物饲养人员均应严格执行这些规定，严禁非法使用违禁药物。为避免兽药残留，还要严格执行兽药使用的登记制度，兽药及养殖人员必须对使用兽药的品种、剂型、剂量、给药途径、疗程或添加时间等进行登记，以备检查；还应避免标签外用药，以保证动物性食品的安全。

六、无公害畜产品审阅注意事项

　　① 用药品种目录中应无禁用药清单中品种。使用品种符合允许使用药物添加剂目录。

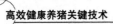
② 具有禁止应用禁用药、激素类、原料药相关规定。具有符合停药期相关规定要求。

③ 对用药记录，查看与规定应用药物目录是否一致；治疗药物有无治疗期，使用药物添加剂是否停药期。

④ 对检验报告，检验报告禁用药等不得检出的检测结果符合规定；检测限符合相关要求。

第二节　兽药的合理选购和储存

一、正确选购兽药

近年来，随着畜牧业生产的快速发展和疾病的不断变化，兽药用量也大大增加，一批批兽药生产企业迅速崛起，兽药市场异常繁荣。与此同时，一些假、劣兽药也相继流入市场。按照兽药管理法规规定，假兽药是指：以非兽药冒充兽药的；兽药所含成分的种类、名称与国家标准、专业标准或者地方标准不符合的；未取得批准文号的；国务院农牧行政管理机关明文规定禁止使用的。劣兽药是指：兽药成分含量与国家标准、专业标准或者地方标准规定不符合的；超过有效期的；因变质不能药用的；因被污染不能药用的；其他与兽药标准规定不符合，但不属于假兽药的。面对品种繁多、真伪难辨的各种兽药，广大养殖户应做到正确选购和使用。如何在纷繁的兽药市场中选购兽药，应注意以下几个问题。

（一）到合法部门购买

购药时应选择信誉好、兽药 GSP 认证的、持有畜牧部门核发的《兽药经营许可证》和工商部门核发的《营业执照》的兽药经营部门购买，并应向卖方索要购药发票，注明所购药品的详细情况。

（二）兽药产品有无生产批准文号

使用过期兽药批准文号的兽药产品均为假兽药。兽药批准文号必须按农业部规定的统一编号格式，如果使用文件号或其他编号（如生产许可证号）代替、冒充兽药生产批准文号，该产品视为无批准文号产品，同样以假兽药进行处理。进口兽药必须有登记许可证号。

（三）成件的兽药产品有无产品质量合格证

检查内包装上是否附有检验合格标志，包装箱内有无检验合格证。

（四）仔细阅读兽药包装标签和说明书

兽药的包装、标签及说明书上必须注明兽药批准文号、注册商标、生产厂家、厂址、生产日期（或批号）、品名、有效成分、含量、规格、作用、用途、用法、用量、注意事项、有效期等，缺一不可。

（五）要注意药品的生产日期和有效期

购买和使用药品者，必须小心注意药物的生产日期和有效期限，不要购买和使用过期的药品。

（六）不要购买使用变质的药物

药物经过一段时间保存，尤其是当保存不善时，有的已发生潮解，有的会氧化、碳酸化、光化，以致药物解体、变色、发生沉淀等变化。南方气候炎热而潮湿，某些药物易发霉而变质。药物一旦变质，不但不能治病，并且由于其中可能含有多种毒性物质，会使动物发生不良反应甚至中毒。观察药物是否变质，一方面注意其外包装有无破损、变潮、霉变、污染等，用瓶包装的应检查瓶盖是否密封，封口是否严密，有无松动现象，检查有无裂缝或药液漏出；另一方面注意检查药品内在质量。

1. **片剂**

外观应完整光洁、色泽均匀，有适宜的硬度，无花斑、黑点，无破碎、发黏、变色，无异臭味。

2. **粉针剂**

主要观察有无粘瓶、变色、结块、变质等。

3. **散剂（含预混剂）**

散剂应干燥疏松、颗粒均匀、色泽一致，无吸潮结块、霉变、发黏等现象。

4. **水针剂**

水针剂要看其色泽、透明度、装量有无异常，外观药液必须澄清，无混浊、变色、结晶、生菌等现象，否则不能使用。

5. **中药材**

主要看其有无吸潮霉变、虫蛀、鼠咬等。

另外，所购买的兽药虽没有以上情况，但按照说明用药后，没有效果的，可提取样品到当地兽药管理部门进行检验，如属不合格产品，可凭检验报告索赔损失。广大养殖户要积极参与打假，在购买和使用兽药时，如发现假劣兽药或因药品质量造成畜禽伤亡的，应及时向畜牧行政主管部门或向消费者协会等部门举报，并保存好实物证据，有关部门会维护消费者的合法权益。

（七）细心比较不同包装、不同规格的同一药品

有些含量低的制剂听起来很便宜，但按有效成分计算起来，往往比含量高的制剂更贵些。因为有效成分含量越低，需加入的赋形剂也就越多，同时包装成本增加，所以价格实际更高。

二、兽药的贮存与保管

兽药的贮存和保管方法应根据不同的兽药采用不同的贮存和保管方法，一般药物的包装上都有说明，应仔细阅读，妥善保管。药物如果保存不当，就会失效、变质、不能使用。促使药品变质、失效的外界主要因素有空气、湿度、光线、温度及时间、微生物和昆虫等。

在空气中易变质的兽药，如遇光易分解、易吸潮、易风化的药品应装在密封的容器中，于遮光、阴凉处保存。受热易挥发、易分解和易变质的药品，需在 3～10℃条件下保存。化学性质作用相反的药品，应分开存放，如酸类与碱类药品。具有特殊气味的药品，应密封后与一般药品隔离贮存。专供外用的药品，应与内服药品分开贮存。杀虫、灭鼠药有毒，应单独存放。名称容易混淆的药品，要注意分别贮存，以免发生差错。药品的性质不同，应选用不同的瓶塞，如氯仿、松节油，宜用磨口玻璃塞，禁用橡皮塞，氢氧化钠则相反。另外，用纸盒、纸袋、塑料袋包装的药品，要注意防止鼠咬及虫蛀。

（一）药品保管的一般方法

1. 注射剂的保管

遇光易变质的水针剂如维生素等，应避光保存。遇热易变质的水针剂，如抗生素、生物制品、酚类等，应按规定的温度，根据不同的季节，选择适当的保存方法。炎热季节应注意经常检查，因温度过高，可促进氧化、分解等化学反应的进行，药物效价降低，加速药品变质。如生物制品应低温保存，抗生素类应置阴凉干燥处避光保存，胶塞铝盖包装的粉针剂，应注意防潮，储存于干燥处，且不得倒置。

钙、钠盐类注射液如氯化钠、碳酸氢钠、氯化钙等，久贮后药液能侵蚀玻璃，尤其对质量差的安瓿，使注射液产生混浊或白色。因此，这类药液不宜久存，并注意检查其澄明度。水针剂冬季应注意防冻。

2. 片剂的保存

片剂应密闭在干燥处保存，防止受潮发霉变质。维生素 C、磺胺类药物等对光敏感的片剂，必须盛装在棕色瓶等避光容器内，避光保存。

3. 散剂的保存

散剂均应在干燥阴凉处密封保存，遇光易变质药品的散剂还需避光保存。

（二）有效期药品的保存

1. 抗生素

抗生素主要是控制湿度，应保存于阴凉干燥处。

2. 生物制品

生物制品具有蛋白质性质，因其是由微生物及其代谢产物制成的，所以怕热、怕光，有的还怕冻。各种生物药品的保存条件分述于本章第三节。

3. 危险药品的保存

危险药品是指受到光、热、空气等影响可引起爆炸、自燃、助燃或具有强腐蚀性、刺激性和剧毒性的药物，如易燃的乙醇、樟脑，氧化剂高锰酸钾，有腐蚀性的氢氧化钠、苯酚等。对危险药品应按其特性分类存放，并间隔一定距离，不能与其他药品混放在一起，保存时注意避光、防晒、防潮、防撞击，要远离火源。

4. 毒剧药品的保存

毒剧药品包括毒药和剧药两大类。

毒药是指药理作用剧烈、安全剂量范围小，极量与致死量非常接近，超过极量在短期内即可引起中毒或死亡的药品，如敌百虫、盐酸士的宁等。

剧药是指药理作用强烈，极量与致死量比较接近，应用超过极量，会出现不良反应，甚至造成死亡的药物，如安钠咖注射液、己烯雌酚等。

毒剧药品的保存应做到：专柜存放，专人负责，品种之间要用隔板隔离，每个药品要有明显的标记，以免混错。

使用时控制用量和用药次数；称量要准确无误，现用现取，避免误服。

5. 中草药和中成药的保存

中草药和中成药的保存方法基本相同，主要是防虫蛀、防霉变、防鼠。夏季要注意防潮、防热、防晒、防霉、防蛀；冬季应注意防冻。中成药不宜久贮。

第三节　猪场常用生物制品与正确使用

一、疫　苗

（一）疫苗的概念

由特定细菌、病毒、寄生虫、支原体、衣原体等微生物制成的，接种动物后能产生自动免疫和预防疾病的一类生物制剂。

（二）疫苗的分类

1. 根据对病菌的处理方法不同分类

（1）灭活疫苗　又称死疫苗。将细菌或病毒利用物理的或化学的方法处理，使其丧失感染性或毒性，而保持免疫原性，接种动物后能产生特异性免疫的一类

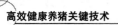

生物制品。如 O 型猪口蹄疫灭活疫苗和猪气喘病灭活疫苗等。

灭活疫苗易于制备，成本低；稳定性高，疫苗安全性高；易于保存，贮存及运输方便；易于制备多价疫苗。但灭活苗抗体产生慢，免疫力维持时间短，需要多次重复接种；主要诱发体液免疫，不能产生细胞免疫或黏膜免疫应答；接种剂量较大，不良反应多，易应激；通常需要用佐剂或携带系统来增强其免疫效果。

（2）活疫苗（弱毒疫苗）　微生物的自然强毒株通过物理的、化学的和生物的方法，使其对原宿主动物丧失致病力，或引起亚临床感染，但仍保持良好的免疫原性、遗传特性的毒株制成的疫苗。例如：猪瘟兔化弱毒疫苗及猪蓝耳病弱毒疫苗等。

弱毒苗免疫活性高，接种较小的剂量即可产生坚强的免疫力；接种次数少，不需要使用佐剂，抗体产生快，免疫期长；能诱发全面、稳定、持久的体液、细胞和黏膜免疫应答。但弱毒苗的有效期短，稳定性较差，产生的抗体滴度下降快；运输、贮存与保存条件要求较高；存在污染其他病毒甚至毒力反强的风险。

（3）基因缺失疫苗　本疫苗是用基因工程技术将强毒株毒力相关基因切除后构建的活疫苗，如伪狂犬病毒 TK–/gE–/gG– 缺失疫苗。

基因缺失苗安全性好，毒力不易返祖；免疫原性好，产生免疫力坚实；免疫期长，可适于局部接种，诱导产生黏膜免疫力；易于鉴别，区别疫苗毒和野毒。但是成本偏高；理论上存在基因重组可能。

（4）多价疫苗　是指将同一种细菌或病毒的不同血清型通过一定的工艺混合而制成的疫苗，如猪链球菌病多价灭活疫苗和猪传染性胸膜肺炎多价灭活疫苗等。其特点是：对多种血清型的微生物所致的疫病动物可获得比较完全的保护力，而且适于不同地区使用。

（5）联合疫苗　联苗是指由两种以上的细菌或病毒通过一定的工艺联合制成的疫苗，如猪丹毒猪巴氏杆菌二联灭活疫苗和猪瘟猪丹毒猪巴氏杆菌三联活疫苗。其特点是：可减少接种次数，使用方便，打一针防多病。

（6）亚单位疫苗　本类疫苗是从细菌或病毒粗抗原中分离提取某一种或几种具有免疫原性的生物学活性物质，除去"杂质"后而制成的疫苗。如大肠杆菌 k88、k99、987p 等。本类疫苗不含有微生物的遗传物质，因而无不良反应；使用安全，免疫效果较好。但生产工艺复杂，生产成本较高，不利于广泛应用。

（7）合成肽疫苗　用化学方法人工合成多肽作为抗原（如口蹄疫苗等）。其纯度高、稳定、免疫应激小。但人工合成多肽和天然肽链结构上做不到完全一致，免疫原性相对较差。

2. 根据疫苗的性质分类

（1）冻干疫苗　大多数的活疫苗都采用冷冻真空干燥的方式冻干保存，可延长疫苗的保存时间，保持疫苗的质量。一般要求病毒性冻干疫苗常在 –15℃ 以下保存，保存期一般为 2 年。细菌性冻干疫苗在 –15℃ 保存时，保存期一般为 2 年；2 ～ 8℃ 保存时，保存期 9 个月。其对猪体组织的刺激性比较小，安全性高。能迅速产生很高的免疫力，但免疫作用维持的时间较短。

（2）油佐剂疫苗　这类疫苗多为灭活疫苗，大多数病毒性灭活疫苗采用这种方式，这类疫苗 2 ～ 8℃ 保存，禁止冻结。油佐剂疫苗对猪体组织的刺激性较大，容易产生注射部位肿胀，引起慢性炎症反应。质量不佳或刺激性太强的油佐剂可能会造成注射部位组织坏死。大多数的油佐剂疫苗作用时间长，保护效果好，但免疫力提升速度慢。

（三）养猪场常用疫苗

1. 猪瘟兔化弱毒冻干苗

皮下或肌内注射，每次每头 1 毫升，注射后 4 天产生免疫力，免疫期保护为 1 ～ 1.5 年。为了克服母源抗体干扰，断奶仔猪可注射 3 或 4 头份。此疫苗在 –15℃ 条件下可以保存 1 年；0 ～ 8℃ 条件下，可以保存 6 个月；10 ～ 25℃ 条件下，可以保存 10 天。

2. 猪丹毒疫苗

（1）猪丹毒冻干苗　皮下或肌内注射，每次每头 1 毫升，注射后 7 天产生免疫力，免疫期保护为 6 个月。此疫苗在 –15℃ 条件下可以保存 1 年；0 ～ 8℃ 条件下，可以保存 9 个月；25 ～ 30℃ 条件下，可以保存 10 天。

（2）猪丹毒氢氧化铝灭活苗　皮下或肌内注射，10 千克以上的猪每次每头 5 毫升，10 千克以下的猪每次每头 3 毫升，注射后 21 天产生免疫力，免疫保护期为 6 个月。此疫苗在 2 ～ 15℃ 条件下，可以保存 1.5 年；28℃ 以下，可以保存 1 年。

3. 猪瘟、猪丹毒二联冻干苗

肌内注射，每头每次 1 毫升，免疫保护期为 6 个月。此疫苗在 –15℃ 条件下可以保存 1 年；2 ～ 8℃ 条件下，可以保存 6 个月；20 ～ 25℃ 条件下，可以保存 10 天。

4. 猪肺疫菌苗

（1）猪肺疫氢氧化铝灭活苗　皮下或肌内注射，每头每次 5 毫升，注射后 14 天产生免疫力，免疫保护期为 6 个月。此疫苗在 2 ～ 15℃ 条件下，可以保存 1 ～ 1.5 年。

（2）口服猪肺疫弱毒菌苗　不论大小猪一般口服 3 亿个菌，按猪数计算好需要菌苗剂量，用清水稀释后拌入饲料，注意要让每一头猪都能吃上一定的料，口服 7 天后产生免疫力。免疫期为 6 个月。

5. 仔猪副伤寒弱毒冻干苗

皮下或肌内注射，每头每次 1 毫升，断乳后注射能产生较强免疫保护力。此疫苗 –15℃条件下可以保存 1 年；在 2 ～ 8℃条件下，可以保存 9 个月；在 28℃条件下，可以保存 9 ～ 12 天。

6. 猪瘟、猪丹毒、猪肺疫三联活苗

肌内注射，每头每次 1 毫升，按瓶签标明用 20% 氢氧化铝胶生理盐水稀释，注射后 14 ～ 21 天产生免疫力，猪瘟的免疫保护期为 1 年，猪丹毒、猪肺疫的免疫保护期均为 6 个月。未断奶猪注射后隔 2 个月再注苗一次。此疫苗在 –15℃条件下可以保存 1 年；0 ～ 8℃条件下，可以保存 6 个月；10 ～ 25℃条件下，可以保存 10 天。

7. 猪喘气病疫苗

（1）猪喘气病弱毒冻干疫苗　用生理盐水注射液稀释，对怀孕 2 月龄内的母猪在右侧胸腔倒数第 6 肋骨与肩胛骨后缘 3.5 ～ 5 厘米外进针，刺透胸壁即行注射，每头 5 毫升。注射前后皆要严格消毒，每头猪一个针头。

（2）猪霉形体肺炎（喘气病）灭活菌苗　仔猪于 1 ～ 2 周龄首免，2 周后第 2 次免疫，每次 2 毫升，肌注。接种后 3 天即可产生良好的保护作用，并可持续 7 个月之久。

8. 猪萎缩性鼻炎疫苗

（1）猪传染性萎缩性鼻炎灭活菌苗　本菌苗含猪支气管败血波德氏杆菌、巴氏杆菌 A 型和产毒素 D 型及巴氏杆菌 A、D 型类毒素。对猪萎缩性鼻炎提供完整的保护。每头猪每次肌内注射 2 毫升。母猪产前 4 周接种 1 次，2 周后再接种 1 次，种公猪每年接种 1 次。母猪已接种者，仔猪于断奶前接种 1 次；母猪未接种者，仔猪于 7 ～ 10 日龄接种 1 次。如现场污染严重，应在首免后 2 ～ 3 周加强免疫 1 次。

（2）猪传染性萎缩性鼻炎油佐剂灭活菌苗　颈部皮下注射。母猪于产前 4 周注射 2 毫升，新进未经免疫接种的后备母猪应立即接种 1 毫升。仔猪生后 1 周龄注射 0.2 毫升（未免母猪所生），4 周龄时注射 0.5 毫升，8 周龄时注射 0.5 毫升。种公猪每年 2 次，每次 2 毫升。

9. 猪细小病毒疫苗

（1）猪细小病毒灭活氢氧化铝疫苗　使用时充分摇匀。母猪、后备母猪于配种前 2 ～ 8 周颈部肌内注射 2 毫升；公猪于 8 月龄时注射。注苗后 14 天产生免疫力，免疫期为 1 年。此疫苗在 4 ～ 8℃冷暗处保存，有效期为 1 年，严防冻结。

（2）猪细小病毒病灭活疫苗　母猪配种前 2 ～ 3 周接种一次；种公猪 6 ～ 7

月龄接种一次，以后每年只需接种一次。每次剂量 2 毫升，肌内注射。

（3）猪细小病毒灭活苗佐剂苗　阳性猪群断奶后的猪，配种前的后备母猪和不同月龄的种公猪均可使用，对经产母猪无须免疫。阴性猪群，初产和经产母猪都须免疫，配种前 2～3 周免疫，种公猪应每半年免疫 1 次。以上每次每头肌注 5 毫升，免疫 2 次，间隔 14 天，免疫后 4～7 天产生抗体，免疫保护期为 7 个月。

10. 伪狂犬病毒疫苗

（1）伪狂犬病毒弱毒疫苗　乳猪第一次注射 0.5 毫升，断奶后再注射 1 毫升；3 月龄以上架仔猪 1 毫升；成年猪和妊娠母猪（产前 1 个月）2 毫升，注射后 6 天产生免疫力，免疫保护期为一年。

（2）猪伪狂犬病灭活菌苗、猪伪狂犬病基因缺失灭活菌苗和猪伪猪犬病基因缺失弱毒菌苗　后两种基因缺失灭活苗，用于扑灭计划。这 3 种苗均为肌内注射，程序是：小母猪配种前 3～6 周之间注射 2 毫升，公猪为每年注射 2 毫升，肥猪约在 10 周龄注射 2 毫升或 4 周后再注射 2 毫升。

11. 兽用乙型脑炎疫苗

为地鼠肾细胞培养减毒苗。在疫区于流行期前 1～2 个月免疫，5 月龄以上至 2 岁的后备公母猪都可皮下或肌内注射 0.1 毫升，免疫后 1 个月产生坚强的免疫力。

二、抗血清

（一）猪常用抗血清的种类及使用方法

1. 猪用抗炭疽血清

本品系以炭疽弱毒芽孢苗高度免疫马，采血分离血清，加适量防腐剂制成。

（1）性状　本品为微带荧光的橙黄色澄明液体，久置瓶底微有沉淀。

（2）用途　用于治疗或紧急预防家畜炭疽病。

（3）免疫期　免疫保护期为 10～14 日。

（4）用法与用量　猪在耳根后部或腿内侧皮下注射。本品也可供静脉注射。预防量：猪 16～20 毫升 / 次。治疗量：猪 50～120 毫升 / 次。治疗时，根据病情可以同样剂量重复注射。

（5）保存期　于 2～15℃阴冷干燥处保存，有效期为 3 年半。

（6）注意事项

① 治疗时，采用静脉注射疗效较好。如皮下或肌内注射剂量大，可分点注射。用注射器吸取血清时，不可把瓶底沉淀摇起。

② 冻结过的血清不可使用。

③ 个别猪注射本品后可能发生过敏反应，因此最好先少量注射，观察

20～30分钟后，如无反应，再大量注射。发生严重过敏反应（过敏性休克）时，可皮下或静脉注射0.1%肾上腺素2～4毫升。

2. 抗猪瘟血清

（1）制备方法　选择体重60千克以上、营养状况良好的健康猪，在观察确认健康后，先注射猪瘟兔化弱毒疫苗2毫升进行基础免疫，10～20天后再用猪瘟强毒进行高度免疫。第一次肌内注射血毒100毫升，隔10天再注射血毒200毫升，再隔10天注射血毒300毫升。第三次免疫后采血，可采用多次采血法，第一次采血后3～5天进行第二次采血。用采得的血液分离血清，加入防腐剂后分装、保存。生产完毕后进行成品检验、无菌检验、安全性检验和效力检验等。

（2）物理性状　本品为略带棕红色的透明液体，久置后瓶底有少量灰白色沉淀。

（3）作用与用途　用于猪瘟的预防和紧急治疗，但对出现后躯麻痹和紫斑的病猪无效。

（4）免疫保护期　免疫保护期为14天左右。

（5）用法与用量　皮下、肌内或静脉注射都可。预防量为：体重8千克以下的猪15毫升；10～16千克的猪15～20毫升；30～45千克的猪30～45毫升；80千克以上的猪70～100毫升。治疗量为预防量的2倍，可重复注射1次，被动免疫期为14天，但对危重病猪疗效不佳。

（6）不良反应　个别猪注射本品后出现过敏反应。最好先少量注射，观察20～30分钟，若无反应再大量注射。出现严重过敏反应（过敏性休克）时，可皮下或静脉注射0.1%肾上腺素注射液2～4毫升紧急救治。

（7）注意事项　注射时要做局部消毒处理；治疗时采用静脉注射疗效较好，如皮下或肌内注射剂量大，可分点注射；用注射器吸取血清时，不能将瓶底沉淀摇起。冻结过的血清禁止使用。

3. 抗破伤风血清

（1）制备方法　本品系用马经破伤风类毒素基础免疫后，再用产毒力强的破伤风梭菌所产毒素制备的免疫原进行高度免疫，采血、分离血清，加适当防腐剂制成。或经处理制成精制抗毒素。

选择5～12岁营养良好的马匹，先用破伤风类毒素进行基础免疫，第一次注射精制破伤风类毒素油佐剂抗原1毫升，再用产毒力强的破伤风梭菌制备的免疫原进行加强免疫。

（2）物理性状　未精制的抗血清是微带乳光、呈橙红色或茶色的澄明液体；精制抗毒素为无色清亮液体。长期储存后瓶底微有灰白色或白色沉淀，轻摇就能摇散。

（3）作用与用途　用于治疗或紧急预防猪的破伤风。

（4）免疫保护期　免疫保护期为 14 ～ 21 天。

（5）用法与用量　猪在耳根后或腿内侧皮下注射，也可在肌内或静脉注射。猪预防量为 1 200 ～ 3 000 单位，治疗量为 6 000 ～ 30 000 单位。若病情重，治疗时可用同样剂量重复注射。

（6）不良反应　个别猪会发生过敏反应，如发生严重过敏反应时，皮下或静脉注射 0.1% 肾上腺素注射液，每头猪 2 ～ 4 毫升。

（7）注意事项　采用静脉注射疗效较好。如皮下或肌内注射剂量大，可分点注射；用注射器吸取血清时，不要将瓶底沉淀摇起；冻结过的血清禁止使用。

4. 抗猪伪狂犬病血清

（1）制备方法　本品系用健康猪经伪狂犬病活疫苗基础免疫后，再经伪狂犬病病毒高度免疫，采血、分离血清，加适当防腐剂后分装制成。

（2）物理性状　本品为黄褐色清亮液体，久置瓶底微有沉淀。

（3）作用与用途　用于治疗或紧急预防猪伪狂犬病。

（4）用法与用量　本品可皮下或肌内注射。预防量每次 10 ～ 25 毫升，治疗量加倍。必要时可间隔 4 ～ 6 天重复注射 1 次。

（5）免疫保护期　免疫保护期为 14 天。

（6）不良反应　可能出现过敏反应，如发生严重过敏反应时，可皮下或静脉注射 0.1% 肾上腺素注射液，每只猪注射 2 ～ 4 毫升。

（7）注意事项　冻结过的血清不可使用。用注射器吸取血清时要轻柔，勿将瓶底沉淀摇起。为防止猪出现过敏反应，要先行注射少量血清，观察 20 ～ 30 分钟，如无异常反应再大量注射。

5. 抗狂犬病血清

（1）制备方法　本品系用绵羊或山羊经狂犬病疫苗做基础免疫后，再用狂犬病毒弱毒株高度免疫，采血、分离血清，加防腐剂分装制成。

（2）物理性状　本品为淡黄色透明液体，久置瓶底微有灰白色沉淀。

（3）作用与用途　治疗或紧急预防猪的狂犬病。

（4）免疫保护期　免疫保护期为 14 天左右。

（5）用法与用量　肌内或皮下注射，治疗量 1.5 毫升 / 千克体重，预防量减半。

（6）不良反应　个别猪注射本品后容易出现过敏反应，应先少量注射，观察 20 ～ 30 分钟后，如正常反应再大剂量注射。如果过敏性休克，要迅速进行皮下或静脉注射 2 ～ 4 毫升，0.1% 肾上腺素注射液救治。

（7）注意事项　治疗时最好采用静脉注射法，如皮下或肌内注射剂量大，

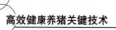

分点注射。用注射器吸取血清时，不能将瓶底沉淀摇起。冻结过的血清要废弃不用。

6. 抗口蹄疫〇型血清

本免疫血清系用 O 型口蹄疫病毒弱毒株高度免疫牛或马后，采取血液，分离血清，经加工处理制成。

（1）性状　本品为淡红色或浅黄色透明液体，瓶底有少量灰白色沉淀。

（2）用途　用于治疗或紧急预防猪、牛、羊 O 型口蹄疫。

（3）用法与用量　供皮下注射。预防量：仔猪每头为 1 ～ 5 毫升，成年猪每千克体重为 0.3 ～ 0.5 毫升。治疗量：预防剂量加倍。

（4）免疫期　免疫期为 14 日左右。

（5）保存期　于 2 ～ 15℃冷暗干燥处保存，有效期为 2 年。

（6）注意事项　冻结过的血清不能使用。用注射器吸取血清时，不要把瓶底沉淀摇起。为避免动物发生过敏反应，可先行注射少量血清，观察 20 ～ 30 分钟，如无反应，再大量注射。如发生严重过敏反应时，可皮下或静脉注射 0.1% 肾上腺素 2 ～ 4 毫升。

7. 抗猪丹毒血清

本品系用马经猪丹毒活疫苗基础免疫后，再用猪丹毒杆菌高度免疫，采血、分离血清，加适当防腐剂制成。

（1）性状　本品为略带乳光的橙黄色透明液体，久置瓶底微有灰白色沉淀。

（2）用途　用于治疗或紧急预防猪丹毒。

（3）免疫期　免疫期为 14 日。

（4）用法与用量　于耳根后部或后腿内侧皮下注射，也可静脉注射。预防量：仔猪 3 ～ 5 毫升，体重 50 千克以下的猪 5 ～ 10 毫升，50 千克以上的 10 ～ 20 毫升。治疗量：仔猪 5 ～ 10 毫升，50 千克以下的猪 30 ～ 50 毫升，50 千克以上的 50 ～ 75 毫升。

（5）保存期　于 2 ～ 15℃阴冷干燥处保存，有效期为 3 年半。

（6）注意事项　同抗炭疽血清。

8. 抗猪巴氏杆菌病血清（抗猪出血性败血症血清，抗出败二价血清）

本品系用免疫原性良好的 B 型多杀性巴氏杆菌制成免疫原，经高度免疫牛或马后，采血、分离血清，加适当防腐剂制成。

（1）性状　本品为橙黄色或淡棕红色澄明液体，久置瓶底微有灰白色沉淀。

（2）用途　用于治疗或紧急预防猪的巴氏杆菌病（出血性败血症）。

（3）免疫期　免疫期为 14 日。

（4）用法与用量　本品可皮下、肌内或静脉注射。预防量：2 月龄猪为

10～20毫升，2～5月龄猪20～30毫升，5～10月龄猪为30～40毫升。治疗量：预防量加倍。

（5）保存期　于2～8℃阴冷干燥处保存，有效期为3年。

（6）注意事项　本血清为牛或马源，注射猪可能发生过敏反应，应注意观察。其余同抗炭疽血清。

（二）使用抗血清时应注意的问题

① 抗血清的用量要按猪的体重和年龄不同来确定。预防量一般为5～10毫升，以皮下注射为主，也可肌内注射。治疗量要按预防量加倍，并按病情重复注射。注射方法以静脉注射为主，以尽快奏效。剂量较小时也可肌内注射。不同的抗血清用量相差较大，使用时要按说明书的规定执行。

② 静脉注射抗血清的量较大时，要把血清加温至30℃左右再注。

③ 皮下或肌内注射大量抗血清时，可分几个部位进行分点注射，并轻轻揉压使之分散。

④ 注射不同动物源抗血清（异源抗血清）时，有时会造成过敏反应，要事先脱敏。若注射后数分钟或30分钟内猪发生不安、呼吸急促、颤抖、出汗等症状，要马上抢救。在皮下注射肾上腺素。所以，使用抗血清应密切注意观察被接种猪只的表现，及早发现问题进行处理，尽可能减少损失。

第四节　猪场用药的计量与换算

一、基本概念

（一）什么是ppm

这是过去常用的计量单位，现已废除，现写成 1×10^{-6}。但报刊文章时有出现，在此进行简单解释。

ppm用于表示混饲或混饮群体给药时的给药浓度。1ppm即百万分之一的浓度比例，相当于1吨饲料或1 000升水中含有1克的药物（纯品），也表示1千克饲料或1升水含有1毫克药物（纯品）。

举例说明：有资料报道，为防止断奶后多系统衰竭综合征（PMWS）引起的继发感染，可在仔猪断奶后的饲料中添加泰妙菌素（支原净）100ppm+金霉素300ppm，连喂2周。这表明，每吨饲料中要加纯品的泰妙菌素100克和纯品金霉素300克。但在添加剂量上还要考虑药物的有效含量是多少？如果泰妙菌素预混剂浓度为80%，饲料级的金霉素预混剂含量为15%，那么，80%泰妙菌素预混剂的每吨饲料添加量应为 100 克 ÷80%=125 克，15% 金霉素预混剂的每吨饲料添加量应为 300 克 ÷15%=2 000 克，最后的结论是每吨饲料中应添加 80% 泰妙菌素预混剂 125 克和 15% 金霉素预混剂 2 000 克。

（二）药物的剂量单位有哪些

固体、半固体剂型药物常用剂量单位有：千克（kg）、克（g）、毫克（mg）、微克（ug），1 千克 =1 000 克，1 克 =1 000 毫克，1 毫克 =1 000 微克。

液体剂型药物的常用剂量单位有：升（L）、毫升（mL），1 升 =1 000 毫升。

一些抗生素、激素、维生素等药物常用"单位（U）""国际单位（IU）"来表示。抗生素多用国际单位表示，有时也以微克、毫克等重量单位表示。如青霉素 G，1 单位 =0.6 微克青霉素钠纯结晶粉，或 0.625 微克钾盐，80 万青霉素钠应为 0.48 克；1 克链霉素或 1 克庆大霉素 =100 万单位，1 毫克 =1 000 单位。

（三）药物的含量怎样表示

用比号"："表示药物剂量与净含量的关系。例如：某生产厂家出品的卡那霉素注射液规格标明 10 毫升：1.0 克，表示 10 毫升药液中含净药量为 1.0 克。1 克 =1 000 毫克，每毫升含 100 毫克（mg）。

（四）怎样计算个体给药剂量

当个别猪只发病要用药物治疗时，首先要看明白使用说明书是怎样规定的。如果已标明每千克体重注射多少毫升，就照此执行。但有时只标明每千克体重多少毫克，那就要进行换算。

剂量用药 = 猪的体重（千克）× 剂量率（毫克 / 千克）/ 制剂单位标示量（毫克 / 毫升、毫克 / 片、毫克 / 克）

举例：如 10 毫升：1.0 克的卡那霉素注射液，标明肌注一次量为每千克体重 15 毫克，试问：10 千克体重的猪应注射多少毫升？换算方法：首先应明确 10 毫升：1.0 克即 10 毫升含卡那霉素 1 克，1 克 =1 000 毫克，每毫升含 100 毫克，再计算 10 千克体重需多少毫升。

用药量 =10 千克 × 15 毫克 / 千克 / 制剂单位标示量（毫克 / 毫升、毫克 / 片、毫克 / 克）得知 10 千克体重的猪每次应肌注 1.5 毫升。

（五）使用说明书上没标明每千克体重用量是多少怎么办

凡未标明每千克体重用量是多少毫升或多少毫克的，通常指的是 50 千克标准体重的猪的用量，可以除以 50，换算出每千克体重的大体用量。如 0.1% 肾上腺素注射液常用来抢救严重过敏疾病。某生产厂家在《用法与用量》一栏中标明，皮下注射：一次量猪 0.2～1.0 毫升，就是指 50 千克体重猪的用量，其他体重的猪可依次换算出大体用量。如兽医临床上最常用的解热镇痛药安乃近注射液厂家是这样标示的，规格：10 毫升：3.0 克，用法与用量：肌注，一次量猪

1～3克。就是指50千克重的猪一次可肌注3.3～10毫升，其他体重的猪可依此推算出用量。

（六）猪与人用药量有何关系

可以参考如下推算方法，猪指50千克标准体重的猪，一般来说，50千克猪的用药量是成人的2倍。人每千克体重用量乘以2，就可推算出猪每千克体重的大体用量。

（七）不同投药途径的用药比例如何掌握

假设内服为1，那么皮下或肌内注射可为1/3～1/2，静脉注射1/4，气管注射为1/4。

（八）饮水给药与拌料给药的关系是什么

一般来说，饮水加药量是拌料给药量的1/2即可。因为饮水量大约是采食量的2倍左右。

二、计量换算

在集约化养猪的疾病控制中，一个最关键的措施就是群防群治，即将药物添加到饲料或饮水中来防治疾病。这种投药的特点如下。

① 能使药物达到对疾病群防群治的作用。

② 方便经济。对于流行性疾病，不需要花时间和精力对每只猪进行注射或内服。

③ 减少应激，降低猪应激性疾病的发生。

④ 长期添加用药可达到对在某个猪场扎根的顽固性细菌性疾病的根治。因此，熟悉一个药物的口服剂量与饲料添加的剂量十分重要。

一般口服剂量以每千克体重使用药物量来表示，而饲料添加给药要确定单位重量饲料中添加药物的重量，即以饲料中的药物浓度表示，没有设计体重这一因素。实际上如果知道了一种药物的口服剂量，也可以算出药物在饲料、饮水中的添加量。例如，用某药预防猪病的口服剂量为每千克体重5毫克（5毫克/千克体重），每天1次，换算成饲料中添加量是多少？猪的每日饲料消耗等于其体重的5%（平均值），每千克体重消耗饲料50克，根据口服剂量，即50克饲料中应含5毫克（0.005克/50克），相当于1吨饲料中添加药物100克。又如口服剂量为每千克体重10毫克，每天2次，即一天每千克体重用药20毫克，根据上述方法，饲料中的药物浓度为20毫克/50克，即每吨饲料中添加药物400克。

三、添加方式

可以将药物添加到饲料中，也可以添加到饮水中。添加到饲料中一般适用于预防，添加到饮水中一般适用于治疗。因为猪发生传染病时，由于疾病原因致使食欲下降，严重时食欲废绝，此时通过饲料进入猪只体内的药量不足，一般达不到理想的治疗效果，但病猪特别是热性传染病猪只的饮水比较正常，有时略有增加，此时通过饮水添加用药则可达到预期效果。应该说明的是在一般情况下，猪的饮水量是饲料量的 2 倍，依此推理，饮水中添加剂量应为饲料中添加剂量的 1/2。通过饮水添加用药，其药物应该是水溶性的；否则，药物会在饮水中沉淀下来，造成用药不均，引起猪只中毒或治疗无效。

第六章　常见猪病的防控

第一节　常见病毒性传染病的防控

一、非洲猪瘟

2018 年 8 月 3 日，辽宁省沈阳市沈北新区发生一起非洲猪瘟疫情，这是我国首次发生非洲猪瘟疫情。

非洲猪瘟是由非洲猪瘟病毒科、非洲猪瘟病毒属的一种 DNA 病毒引起的疾病（ASFV）。由于该病能迅速传播并且对社会经济有重要影响，OIE 将本病列为 A 类传染病。目前，本病非洲的许多亚撒哈拉国家及意大利的撒丁岛呈地方性流行。俄罗斯几个州（区）自 2008 年开始暴发非洲猪瘟，一直没有扑灭。

（一）诊断要点

1. 流行特点

猪与野猪对本病毒都具有自然易感性，各品种及各不同年龄之猪群同样有易感性，非洲和西班牙半岛有几种软蜱是 ASFV 的贮藏宿主和媒介，该病毒可在钝缘蜱中增殖，并使其成为主要的传播媒介。近来发现，美洲等地分布广泛的很多其他蜱种也可传播 ASFV。一般认为，ASFV 传入无病地区都与来自国际机场和港口的未经煮过的感染猪制品或残羹喂猪有关，或由于接触了感染家猪的污染物、胎儿、粪便、病猪组织，或喂了污染饲料而发生。

2. 临床症状

潜伏期 5 ～ 9 天，病猪最初 4 天之内体温上升至 40.5℃，呈稽留热，无其他症状，但在发烧期食欲如常，精神良好。到死亡前 48 小时，体温下降，停止吃食。身体虚弱，伏卧一角或呆立，不愿行动，脉搏加速，强迫行走时困难，特别是后肢虚弱，甚至麻痹。有些病猪咳嗽，呼吸困难，结膜发炎，有脓性分泌物。有的下痢或呕吐、鼻镜干燥。四肢下端发绀，白细胞总数下降，淋巴细胞减少。一般病猪在发烧后，约 7 日死亡。可见，非洲猪疫通常是先出现体温升高，后出现其他症状，而猪瘟则随体温升高，几乎同时出现其他症状，可作为二者鉴别诊断的一个指标。

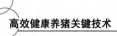

血液的变化很类似猪瘟，以白细胞减少为特征，约半数以上病猪比正常白细胞数减少50%。这种白细胞减少，是由广泛存在于淋巴组织中的淋巴细胞坏死，导致血液中淋巴细胞显著减少。白细胞减少时，正值体温开始上升，发热4天后，约减少40%。此外，还发现未成熟的中性粒细胞增多，嗜酸、嗜碱性细胞等无变化，红细胞、血红素及血沉等未见异常。

病猪一般常在发热后7天，出现症状后1～2天死亡。死亡率接近100%。

病猪自然恢复的极少。极少数病例转为慢性经过，多为幼龄病猪，呈间歇热型，并有发育不全、关节障碍、失明、角膜混浊等后遗症。

3. 病理变化

病理变化与猪瘟相似，出血性状和淋巴细胞核崩溃等病变，甚至比猪瘟明显。白猪皮肤稀毛处有很多明显发绀区，呈紫红色，胸、腹腔及心内有较多的黄色积液，偶尔混有血液，心包积水，心外膜、心内膜出血。全身淋巴结充血严重，有水肿，在胃、肝门、肾与肠系膜的淋巴结最严重，如血瘤状，脾外表变小，少数有肿胀、局部充血或梗死，喉头、会厌部有严重出血，肺小叶间质水肿，胆囊壁水肿，浆膜和结膜有出血斑。膀胱黏膜有出血斑。小肠有不同程度的炎症，盲肠和结肠充血、出血或溃疡。

（二）防控

1. 预防

由于目前在世界范围内没有研发出可以有效预防非洲猪瘟的疫苗，但高温、消毒剂可以有效杀灭病毒，所以做好养殖场生物安全防护是防控非洲猪瘟的关键。一是严格控制人员、车辆和易感动物进入养殖场；进出养殖场及其生产区的人员、车辆、物品要严格落实消毒等措施。二是尽可能封闭饲养生猪，采取隔离防护措施，尽量避免与野猪、钝缘软蜱接触。三是严禁使用泔水或餐余垃圾饲喂生猪。四是积极配合当地动物疫病预防控制机构开展疫病监测排查，特别是发生猪瘟疫苗免疫失败、不明原因死亡等现象，应及时上报当地兽医部门。

2. 紧急防控措施

一旦发现可疑疫情，应立即上报，并将病料严密包装，迅速送检。同时按《中华人民共和国动物防疫法》规定，采取紧急、强制性的控制和扑灭措施。封锁疫区，控制疫区生猪移动。迅速扑杀疫区所有生猪，无害化处理动物尸体及相关动物产品。对栏舍、场地、用具进行全面清扫及消毒。详细进行流行病学调查，包括上下游地区的疫情调查。对疫区及其周边地区进行严密监测。

二、猪　瘟

猪瘟是由猪瘟病毒引起的急性、热性、高度接触性传染病。急性病例呈败血症变化，剖检内脏器官出血、坏死和梗死。慢性经过病例，主要表现纤维素性坏死肠炎。本病传染性很强，发病率和病死率很高。国际动物卫生法规将本病列入A类16种法定的传染病中，定为国际动物检疫对象。

（一）诊断要点

1. 病原特点

猪瘟病毒存在于病猪多种组织器官和体液中。病毒对环境的抵抗力不强，自然干燥和腐败可使病毒灭活；但对寒冷的抵抗力较强，在冻肉中可存活几个月甚至数年。病毒对碱性消毒剂很敏感，在2%氢氧化钠、20%～30%草木灰水、10%石灰水及5%～10%漂白粉溶液中，1小时即可被杀灭。

2. 流行特点

不同年龄、品种、性别的猪都具有易感性。病猪、潜伏期病猪和康复猪是传染源。猪瘟发生地区的蚯蚓和病猪体内的肺丝虫以及家蝇、蚊子等均含有猪瘟病毒。本病一年四季均可发病，无季节性。妊娠母猪感染猪瘟，病毒可通过胎盘感染出生后的仔猪。

3. 临床症状

潜伏期一般为5～7天。根据临床症状可分为最急性、急性、慢性和温和型4种类型。

（1）最急性型　病猪常无明显症状，突然死亡，一般出现在初发病地区和流行初期。

（2）急性型　病猪精神差，体温在40～42℃，呈现稽留热。喜卧、弓背、寒战及行走摇晃。食欲减退或废绝，喜欢饮水，有的发生呕吐。眼结膜发炎，流脓性分泌物，将上下眼睑粘住。流脓性鼻液。初期便秘，干硬的粪球表面附有大量白色黏液，后期腹泻，粪便恶臭，带有黏液或血液。病猪鼻端、耳后根、腹部及四肢内侧的皮肤及齿龈、唇内、肛门等处黏膜出现针尖状出血点，指压不退色。腹股沟淋巴结肿大。公猪包皮发炎，阴鞘积尿，用手挤压时，有恶臭浑浊液体射出。小猪出现神经症状，表现磨牙、后退、转圈、强直、侧卧及游泳状，甚至昏迷等。

（3）慢性型　多由急性转变而来，体温时高时低，食欲不振，便秘与腹泻交替出现。逐渐消瘦，贫血，衰弱，被毛粗乱。两后肢摇晃无力，行走不稳。有些病猪的耳尖、尾端和四肢下部呈蓝紫色或坏死、脱落。病程可长达1个月以上，最后衰弱死亡，死亡率很高。

（4）温和型　又称非典型猪瘟，断奶后的仔猪及架子猪较多发生。症状表现轻微、不典型，病情缓和，病程较长，病理变化不明显。体温稽留在40℃左右，皮肤无出血小点，但有淤血和坏死。食欲时好时坏，粪便时干时稀。病猪十分瘦

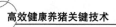

弱，死亡率较高，耐过者生长发育严重受阻。

4. 病理变化

急性型主要可见皮肤上和皮下脂肪有出血斑点，腹股沟、肠系膜淋巴结肿大，呈暗紫红色，切面呈大理石样周边出血。肾脏不肿大，色淡或呈土黄色，被膜易剥脱，皮质部有密集的数量不等的针尖大出血点，表面有麻雀蛋样色斑。脾脏边缘有暗紫色出血性梗死。喉头黏膜、会厌软骨、腹腔浆膜、心外膜有大小不一和数量不等的出血点或出血斑。

慢性病例盲肠、结肠及回盲口黏膜发生纤维性坏死性肠炎，呈典型的轮层状扣状溃疡。

根据流行特点、典型症状、药物治疗（对所有抗生素无效）、剖检变化及免疫接种作出初步诊断。实验室诊断采用兔体交互免疫试验。

（二）防控

1. 紧急处置

发生猪瘟时，立即隔离病猪或急宰并深埋。同群未发病及受威胁的猪，进行紧急预防接种。被病猪污染的物品严格进行消毒。对有利用价值的猪如稀缺品种种猪，尽早用大量猪瘟免疫血清治疗，有一定效果。

2. 预防措施

严禁从疫区引种，坚持定期消毒、定期预防接种。发病猪舍内的表层粪土应铲出，填以新土，粪便应堆积发酵消毒，猪圈可用 2% ～ 3% 的氢氧化钠水或 5% ～ 10% 漂白粉悬液，或 5% ～ 10% 生石灰水，或百毒杀等彻底消毒。

三、口蹄疫

猪口蹄疫是口蹄疫病毒引起猪的急性、热性、高度接触性传染病。感染猪在蹄冠、蹄踵、趾间等皮肤以及口腔黏膜、鼻盘或乳房上发生水疱和烂斑，俗称"口疮""蹄黄"。本病是国际相互传播流行的世界性传染病，传染性极强，不易控制和消灭，联合国国际兽疫局把此病列为 A 类中第一位烈性传染病。

（一）诊断要点

1. 病原特点

口蹄疫病毒对外界环境抵抗力很强。病毒对高温、阳光（紫外线）、酸和碱较敏感，1% ～ 2% 氢氧化钠、30% 草木灰水、1% ～ 2% 甲醛溶液、0.2% ～ 0.5% 过氧乙酸及 4% 的碳酸钠溶液等，均可在短时间内杀死病毒。

2. 流行特点

各种年龄的猪均易感染，病猪是主要传染源。病毒主要存在于患猪疱皮和水疱液中，发热期的奶、尿、唾液、泪液及粪便中均有病毒。主要通过直接或间接传播，经消化管、皮肤、黏膜及呼吸道感染。低温寒冷的冬春季节多发。一般每隔1～2年或3～5年流行1次。

3. 临床症状

潜伏期1～2天。主要特征是蹄部水疱和糜烂。病初体温升高至40～41℃，精神较差，食欲减少或废绝。蹄冠、趾间、蹄踵等部位发红、微热、触摸敏感。不久患部形成米粒大乃至蚕豆大的水疱，水疱破裂后出血，形成糜烂。如有继发感染常使蹄壳脱落，患肢不能着地，常卧地不起，强迫行走时，蹄部出血。病猪鼻盘、乳房、口腔黏膜形成水疱或烂斑。哺乳母猪乳头上的皮肤病灶较为多见，其他部位较少。哺乳仔猪常因急性胃肠炎和心肌炎而突然死亡，病死率可达60%～80%。

4. 剖检变化

病死猪口腔、蹄部有水疱和烂斑，咽喉、气管、支气管和胃黏膜有时出现圆形烂斑和溃疡，被覆黑棕色痂块。胃、大小肠黏膜有出血性炎症。心包膜有弥散性及点状出血，心肌有灰白色或淡黄色斑点或条纹，如老虎身上的斑纹，称为"虎斑心"。心脏松软如煮熟状。

典型病变是蹄部水疱，而且发病迅速，疫区内的猪几乎100%感染，容易辨认。临床症状与猪水疱病类似，但口蹄疫可感染猪、牛、羊等多种偶蹄兽，水疱病只感染猪。

（二）防控

1. 预防

（1）平时的预防措施

① 加强检疫和普查工作。经常检疫和定期普查相结合，做好猪产地检疫、屠宰检疫、农贸市场检疫和运输检疫。同时，每年冬季重点普查1次，了解和发现疫情，以便及时采取相应措施。

② 及时接种疫苗。容易传播口蹄疫的地区，如国境边界地区、城市郊区等，要注射口蹄疫疫苗。猪注射猪乙型（O型）口蹄疫油乳剂灭活疫苗。值得注意的是，所用疫苗的病毒型必须与该地区流行的口蹄疫病毒型相一致，否则，不能预防和控制口蹄疫的发生和流行。

③ 加强相应防疫措施。严禁从疫区（场）买猪及其肉制品，不得用未经煮开的洗肉水、泔水喂猪。

（2）流行时的预防措施

① 一旦怀疑口蹄疫流行，应立即上报，迅速确诊，并对疫点采取封锁措施，防止疫情扩散蔓延。

② 疫区内的猪、牛、羊，应由兽医进行检疫，病畜及其同栏猪立即急宰，

内脏及污染物（指不易消毒的物品）深埋或者烧掉。

③ 疫点周围及疫点内尚未感染的猪、牛、羊，应立即注射口蹄疫疫苗。注射疫区外围的牲畜完后，再注射疫区内的牲畜。

④ 坚持每周带猪消毒 2～3 次，常用消毒药有 0.15% 过氧乙酸、1%～2% 甲醛溶液等。消毒前要彻底清扫粪尿和周围环境，猪舍水泥地面冲洗干净，自然晾干后喷雾或喷洒消毒药。对垃圾、垫料、污物等要及时焚烧。

⑤ 疫点内最后一头病猪痊愈或死亡后 14 天，如再未发生口蹄疫，经过彻底消毒后，可申报解除封锁。但痊愈猪仍需隔离 1 个月方可出售。

2. 治疗

根据国家的规定，口蹄疫病猪应一律采取扑杀措施，不准治疗，以防散播传染。但在特殊情况下，如某些种用珍贵品种，可在严格隔离的情况下予以治疗。

轻症病猪，经过 10 天左右大多能自愈。重症病猪，可先用食醋水或 0.1% 高锰酸钾液洗净口腔、蹄部、乳房等损伤部位，再涂布龙胆紫溶液或碘甘油，或直接用碘伏、过氧乙酸喷涂，以控制感染。口腔消毒也可用冰硼散（冰片 15 克，硼砂 150 克，芒硝 18 克，共为粉末）。经过数日治疗，绝大多数可以治愈。

中药贯众 15 克，桔梗 12 克，山豆根 15 克，连翘 12 克，大黄 12 克，赤芍 9 克，生地 9 克，花粉 9 克，荆芥 9 克，木通 9 克，甘草 9 克，绿豆粉 30 克。共研细末，加蜂蜜 100 克为引，开水冲服，每日 1 剂，连用 2～3 剂。

四、传染性胃肠炎

猪传染性胃肠炎是由猪传染性胃肠炎病毒引起的急性、高度接触性肠道传染病，以呕吐、严重腹泻、脱水和 10 日龄以内的仔猪高度死亡为特征。各种年龄的猪均可发生，10 日龄仔猪死亡率可达 100%，5 周龄以上的猪几乎不死亡。

（一）诊断要点

1. 病原特点

猪传染性胃肠炎病毒在发病初期存在于病猪全部脏器内，当腹泻症状出现后，病毒从内脏器官中消失，主要存在于病猪的小肠黏膜、肠内容物、排泄物及肠系膜淋巴结中。病毒不耐热，56℃ 45 分钟，65℃ 10 分钟就可死亡；在日光照射 6 小时即可灭活，紫外线能使病毒迅速失效；对乙醚、氯仿敏感，3% 福尔马林、1%～3% 来苏尔易杀灭病毒。

2. 流行特点

本病有明显的季节性，以深秋、冬季及早春多发，特别是冬季发病率最高，俗称"冬季拉稀病"。各种年龄的猪均可感染发病。传播极快，一旦发病，几天内可迅速蔓延全群。除 10 日龄内哺乳仔猪死亡率很高外，其他猪发病后症状较轻微，呈良性经过。病猪及带毒猪是主要的传染源，康复猪可长期带毒、排毒，可经呼吸道和消化道感染。

3. 临床症状

潜伏期短，一般 15～18 小时，有的可延长 2～3 天。仔猪突然呕吐，不久剧烈腹泻，粪便恶臭。病猪迅速脱水，体重下降，精神萎顿，被毛粗乱无光，口渴到处找水喝。10 日龄内仔猪在 2～7 天内死亡，随着日龄增加，死亡率下降，康复仔猪多成为僵猪。断奶乳猪、架子猪和成年猪表现为突然减食，呕吐，随后出现水样腹泻，粪水呈黄绿、淡灰或褐色，混有气泡。病猪口渴，到处找水喝，3～7 天后病情好转，腹泻停止，然后出现便秘和食欲不振，大约 1 个星期后完全恢复正常，极少死亡。

4. 病理变化

尸体脱水，眼球下陷，皮肤干燥皱缩。胃底部黏膜充血或出血，胃壁松弛，失去收缩机能。小肠黏膜充血，肠壁变薄，肠腔内有黄色水样内容物，肠系膜淋巴结充血，肿胀。

根据流行特点（晚秋、冬季、早春多发，疫区每年都会发生）和临床症状（水泻、呕吐、腹胀，仔猪死亡率高，大猪良性经过）可作出诊断。

（二）防控

1. 治疗

无特效药物治疗，临床上可对症治疗。

（1）全身治疗　为减轻脱水、纠正酸中毒和防止继发感染，可静脉注射葡萄糖盐水，同时选用抗生素，或大蒜注射液、抗泻针等。

（2）中药治疗　用老姜 150 克，陈皮 100 克，艾叶 60 克，车前草 150 克，煎水，加白胡椒粉 50 克，让猪自由饮用，能收到良好效果。

（3）辅助治疗　做好防寒保暖，在饮水中加入少许糖、盐或口服补液，对患病猪的康复有良好效果。

2. 预防

自繁自养，不从疫区或疫场引猪。免疫可用猪传染性胃肠炎弱毒疫苗，母猪产仔前 45 天及 15 天，肌肉或鼻内接种疫苗 1 毫升，可使仔猪从乳中获得抗体。初生仔猪可口服 1 毫升弱毒疫苗。若无疫苗，疫区可用发病猪粪便或病死仔猪肠道内容物饲喂怀孕母猪，使母猪产生坚强的母源抗体，从而使仔猪从初乳中获得被动免疫。

五、猪繁殖与呼吸综合征

猪繁殖与呼吸综合征是由病毒引起的接触性传染病，以流产、死胎、木乃伊

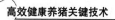

胎、弱胎、厌食、发热和呼吸困难为特征。主要危害种猪、繁殖母猪及仔猪。

（一）诊断要点

1. 病原特点

猪繁殖与呼吸综合征病毒对酸碱较敏感，当 pH 值低于 5 或高于 7 时，感染力可减至 10% 以下。加热 56℃经 30 ～ 90 分钟，病毒完全丧失感染力。

2. 流行特点

本病为接触性传染病，传播迅速。可通过空气经消化管感染。各种年龄猪均可感染，怀孕母猪及初生仔猪易感，症状明显，生长猪和肥育猪感染后症状比较温和，母猪和仔猪症状则较为严重，乳猪病死率可达 80% ～ 100%。

3. 临床症状

潜伏期不定，人工感染怀孕母猪潜伏期为 4 ～ 7 天。母猪食欲不振或废食，嗜睡，发热，流产，早产，产弱仔或死胎、木乃伊胎，死胎常自溶、水肿，皮肤呈棕褐色。少数病猪口鼻、两耳、外阴、尾部及腹下等部皮肤发紫，故称其为蓝耳病。公猪食欲不振，发热，嗜睡，精神差，时有咳嗽、喷嚏等症状，性欲减退，精子质量严重下降。新生仔猪眼结膜潮红，眼睛肿胀突出，四肢外展成"八"字形。后躯瘫痪，共济失调，呼吸困难，张口伸舌，流鼻液，排黑色粪便，约在产后 48 小时死亡，死亡率达 100%。较大日龄的仔猪、架子猪症状较轻，主要表现呼吸困难、咳嗽、肺炎等呼吸道症状，死亡率较低。

4. 病理变化

剖检可见肺有弥漫性间质性肺炎，并伴有细胞浸润和卡他性肺炎区。在感染病毒后 48 ～ 72 小时死亡的猪，腹膜、肾周围脂肪、肠系膜淋巴结、皮下脂肪和肌肉发生水肿。

根据流行特点、临床症状及剖检变化，可做出初步诊断。临床诊断可参考以下 3 项特征：20% 以上的胎儿死产；8% 以上的母猪流产；断奶前有 26% 以上的仔猪死亡。

快速检测可使用美国富道动物保健公司生产的 ELISA 抗体检测试剂盒。

（二）防控

1. 治疗

无特效疗法，以对症治疗为主。可使用抗生素控制继发感染，结合强心输液，肌内注射维生素 C、复合维生素 B、维生素 E 等辅助药物，增强治疗效果。

2. 预防

平时注意保持猪舍干燥、通风。发生猪繁殖与呼吸综合征的猪场、猪舍应严格消毒，空圈用甲醛、过氧乙酸等彻底熏蒸消毒，空圈 2 周。禁止从病猪场引进猪只，若必须引进，应隔离观察 1 个月，并作血清检查，呈阴性反应后方可放入猪群。

妊娠母猪和后备母猪，可用猪繁殖与呼吸综合征灭活油乳剂苗免疫接种，间隔21天，2次免疫至泌乳期。也可用弱毒疫苗，后备母猪配种前30天免疫1次，每头1毫升，仔猪在1～21日龄免疫，每头0.5毫升。

六、圆环病毒病

猪圆环病毒病是由圆环病毒引起的传染病，主要感染仔猪，其特征为先天性震颤和断奶后多系统衰竭综合征，死亡率10%～30%。

（一）诊断要点

1. 病原特点

病毒对外界环境抵抗力较强，70℃时可存活15分钟，56℃则不能将其灭活，在氯仿及酸性环境中可存活较长时间。

2. 流行特点

猪圆环病毒病主要感染仔猪，以2～12周龄的仔猪居多。不仅能水平传播，也能垂直传播。病猪和带毒猪是本病的主要传染源。主要经消化道感染，也可经公猪精液传染给母猪，经胎盘感染仔猪，造成死胎及新生仔猪先天性震颤。本病严重损害免疫器官，导致患病猪抵抗力下降和免疫失败，诱发多种传染病。感染本病后，病毒可在猪群中长期存在，特别是与繁殖和呼吸综合征病毒、猪细小病毒、猪瘟病毒、伪狂犬病毒等混合感染，可促进本病流行。

3. 临床症状

根据不同的临床表现，可分为传染性先天性震颤和断奶后多系统衰竭综合征。

（1）传染性先天性震颤　主要感染2～5周龄仔猪。患病猪表现双侧性震颤。当躺卧或睡沉时，不表现震颤；突发的噪声及低温等外界刺激，可引发或加重震颤。震颤严重者，可影响吮乳而导致饥饿死亡。

（2）猪断奶后多系统衰竭综合征　主要感染5～12周龄断奶仔猪。患病猪体温升高，精神委顿，被毛杂乱无光，生长发育不良，渐进性消瘦。皮肤、黏膜苍白，有的发生黄染。呼吸困难，腹泻。体表淋巴结肿大，特别是腹股沟淋巴结更为明显。有的耳朵、腹下、后腿等部位发红，部分猪还在这些部位上出现圆形或不规则的红色隆起，中心为黑色病灶。有的猪出现神经症状。

此外，该病毒还能造成子宫内感染，产出木乃伊胎、死胎、弱胎。

4. 病理变化

传染性先天性震颤无明显的眼观可见病变。

断奶后多系统衰竭综合征病猪，尸体营养状况差，表现出不同程度的肌肉消耗，皮肤苍白，部分黄染。最显著变化是全身淋巴结，特别是腹股沟淋巴结、肠系膜淋巴结肿大厉害，呈灰白色或深浅不一的暗红色，切面灰白色，如继发感染，切面可见出血、化脓病灶。肺脏呈弥漫性间质性肺炎或纤维素性胸膜肺炎的病变，胸腔内有淡黄色积液。脾肿大，边缘有丘状突起或出血性梗死灶，切面呈肉状。肾肿大，被膜紧张易剥离，表面灰白与暗红色相间，呈花斑状，切面外翻，肾盂有出血点。肝脏变性，质地变脆，表面有灰白色病灶，胆汁浓稠，呈灰绿色，内有颗粒残渣。胃肠道内有浅黄色积液，呈卡他性炎症，有的胃底部、贲门、盲肠等部位充血、出血。

根据流行病学、临床症状、剖检变化做出疑似诊断，确诊需结合实验室诊断。

（二）防控

1. 治疗

无有效防制措施及确切的治疗药物。患病猪可用广谱抗生素防制继发感染，采用中药黄芪、鱼腥草、金银花等，具有一定治疗效果，且能增强机体免疫力。

2. 预防

加强卫生管理，注意仔猪保温，降低饲养密度，搞好圈舍通风，做好猪圈及环境消毒工作。尽量阻止老鼠、飞鸟及其他动物接近猪场。

七、猪流行性感冒

猪流行性感冒是由正黏病毒科猪流行性感冒病毒引起的猪的一种呼吸道疾病。

2012—2017年，国内很多学者分离到不同亚型的猪流行性感冒，通过对黑龙江、吉林、辽宁、浙江、山西、广东、江西、湖南、福建、广西、宁夏、安徽、山东等省（自治区）的猪群进行猪流感血清学、病原学调查研究，猪流感病毒在全国各地区均呈现地方性流行趋势，猪流行性感冒H1N1亚型、H3N2亚型病毒在猪群中普遍感染，并且哺乳仔猪的抗体阳性率高于种猪、保育猪、育肥猪，种猪抗体阳性率高于育肥猪和保育猪；冬季高于其他季节。

（一）诊断要点

1. 流行特点

猪流行性感冒的传染源是带毒猪、病猪、康复猪和隐性感染猪，其鼻液、肺脏、肺淋巴结、气管（或者支气管）渗出液是猪流行性感冒病毒含量最多的地方，当其咳嗽、喷嚏、流涕时，可带出分泌物，把病毒排出体外，感染易感猪群。

猪是猪流行性感冒病毒的宿主，各种品种、不同体重、不同性别、不同发育阶段的猪都可感染猪流行性感冒病毒，但以哺乳仔猪最为易感。

猪流行性感冒一年四季均可发生，但多暴发于寒冷季节，特别是昼夜温差超过 10℃时。

猪流行性感冒的传播途径：一是经过大颗粒的飞沫或者病毒气溶胶传播。感染病猪咳嗽或打喷嚏时，将含有病原的分泌物排入空气，与空气混合后形成气溶胶或者飞沫，长时间悬浮在空气中，感染易感猪群。二是通过患病猪污染的饲料、饮水等而被健康猪采食经消化道感染。三是患病猪在潜伏期和发病期间接触感染其他健康猪。

猪流行性感冒发病率高达 100%，如没有继发和并发感染，死亡率小于 1%。猪流行性感冒极易与其他呼吸道疾病混合或继发感染，发展成猪呼吸道疾病综合征，使死亡率骤增。常与猪繁殖、呼吸障碍综合征病毒、猪肺炎支原体、链球菌、猪嗜血支原体、巴氏杆菌、副猪嗜血杆菌和胸膜肺炎放线菌等发生混合感染，使猪的病情复杂化，死亡率上升。

猪的呼吸道上皮细胞中具有与禽流感病毒和人流感病毒结合的受体，因此，人流感病毒和禽流感病毒均可感染猪。猪流行性感冒病毒在禽—猪—人之间相互传播，猪是禽、猪、人流感病毒共同易感宿主，是流感病毒基因重组或重配的"混合器"。

2. 临床特征

猪感染流行性感冒病毒 24～72 小时后就可发病，很快就会全群感染。

典型症状是流涕、咳喘。感染猪体温 40～41.5℃；流清涕或浓稠鼻涕，眼分泌物增多，眼结膜潮红；打喷嚏，有明显的呼吸道症状，呼吸急促，间歇性咳嗽；严重者呈现腹式呼吸症状，触之有尖叫声。

妊娠母猪感染流行性感冒病毒后导致流产、早产和产死胎，流产后母猪不食、昏睡、体温 41.5℃左右。还可导致母猪配种后返情率增加，母猪假妊娠或产仔数减少。

3. 病理变化

猪流行性感冒的最主要病理变化位于呼吸系统，主要表现一种病毒性肺炎。剖检可见出血性肺炎、胸膜炎，鼻腔、细支气管出现浆液性或黏液性渗出物，咽喉部肿大充血，气管内可见大量泡沫状的黏液，重者混有血液；肺叶的正常组织和病变组织之间有明显的界线，病变区为紫色硬结。淋巴结充血、水肿，脾脏肿大，肠道卡他性炎症。

（二）防控

1. 预防

加强猪舍环境卫生。保持猪舍干燥清洁、防寒保暖、温度恒定舒适。特别是

阴雨潮湿和气候变化急剧的季节，更应加强饲养管理，禁止在寒冷多雨、气候骤变的季节转群、运猪。

2. 治疗

目前没有特效疗法。中药疗法有一定治疗效果。特别是随着超微粉碎技术的进步，中药超微粉可使原生药材粉碎粒径低于 5 微米，破壁率不低于 95%，表面积增大，利用率得到提高，药效显著增强，更具市场优势。

根据猪流行性感冒病不同类型辨证施治，不用去考虑致病的病毒，只根据患猪的症状进行辨证施治。凡见打喷嚏、流清涕、鼻塞，而无其他症状，即属内寒感冒，不论轻重，服四逆汤、麻黄附子细辛汤必有效，病去药止，不留后遗症。若服其他感冒药，不仅无效，还会使病情加深加重，转成肺病、肾病等重病。常用的中药方剂如下。

① 荆防败毒散。荆防败毒散由荆芥、防风、柴胡、前胡、羌活、独活、茯苓、桔梗、枳壳、川芎、甘草、薄荷等中草药复方而成，其功能为辛温解表，疏风祛湿，清热解毒；主治流行性感冒，恶寒发热，头疼身痛，苔白，脉浮，疮肿初起，见表寒症者。

荆防败毒散方中，羌活、独活祛风寒湿邪，除湿止痛；川芎行气活血、祛风；柴胡解肌透邪、行气；桔梗宣肺利膈，枳壳理气宽中，二者相配，畅通气机、宽胸利膈；前胡化痰止咳，茯苓消痰；生姜、薄荷助解表之力；甘草调和药性，和中益气。

适用于大群混饲，每 1 000 千克饲料中加入荆防败毒散 2 000 克，全天饲喂，连用 7 ～ 10 天。

② 板青颗粒。板青颗粒为板蓝根、大青叶提取物制成的颗粒。板蓝根、大青叶分别为十字花科植物菘蓝的干燥根和干燥叶，具有清热解毒、凉血利咽、消斑之功效，主治热病发斑、风热感冒、咽喉肿痛、口舌生疮、疮黄肿毒、热痢、黄疸、痈肿、丹毒。具有广泛的抗病毒、抗肿瘤、抑菌抗炎、抗氧化、抗内毒素及增强机体免疫力等作用。

个体治疗采用口服：每千克体重 0.2 克，早晚各 1 次灌服或拌料喂服，连用 5 ～ 7 天。

大群治疗采用饮水或拌料：板青颗粒 100 克对水 250 千克，让猪自由连续饮用 5 ～ 7 天；或者板青颗粒 100 克拌 150 千克饲料，连续饲喂 5 ～ 7 天。

添加保健：板青颗粒 100 克对清水 250 千克，供猪自由饮用；或者板青颗粒 100 克加预混饲料 200 千克，供猪自由采食。

③ 清开灵。清开灵的主要成分是板蓝根、胆酸、珍珠母、黄芩苷、栀子、脱氧胆酸、水牛角、金银花，具有清热解毒、扶正祛邪、燥湿止泻、凉血止血、

清咽利喉、扶正固本、增强免疫的功效。临床上群体治疗采用清开灵颗粒混饲，每 100 克拌料 100 千克，连用 3 ～ 5 天；或者混饮，每 100 克对水 200 千克，连用 3 ～ 5 天；或者清开灵散口服，一次量，每千克体重用 1 克，每天 2 次，连用 3 天。个体治疗采用清开灵注射液，一次量，每千克体重用 0.1 ～ 0.2 毫升。

猪流行性感冒病在临床上多与其他疾病混合感染，应采用中西医相结合的综合疗法对症治疗，防止继发感染。可用"头孢噻呋 +15% 盐酸吗啉胍 + 柴胡注射液 +30% 安乃近注射液 + 维生素 C"组方。其中，头孢噻呋肌内注射，每千克体重用 3 ～ 5 毫克，每天 2 次，连注 5 ～ 7 天。15% 盐酸吗啉胍注射液，每千克体重用 25 毫克，肌内注射，每天 2 次，连注 5 ～ 7 天。柴胡注射液，每千克体重用 0.1 毫升，肌内注射，每天 2 次，连注 5 ～ 7 天。30% 安乃近注射液，每千克体重用 30 毫克，肌内注射，每天 2 次，连注 5 ～ 7 天。维生素 C 注射液肌内注射，每千克体重用 1 ～ 3 毫克，每天 2 次，连注 5 ～ 7 天。

八、猪伪狂犬病

猪伪狂犬病是多种哺乳动物和鸟类的急性传染病。在临床上以中枢神经系统障碍、发热、局部皮肤持续性剧烈瘙痒为主要特征。

（一）诊断要点

1. 流行特点

伪狂犬病病毒在全世界广泛分布。易感动物甚多，有猪、牛、羊、犬、猫及某些野生动物等，而发病最多的是哺乳仔猪，且病死率极高，成猪多为隐性感染。这些病猪和隐性感染猪可较长期地带毒排毒，是本病的主要传染源。鼠类粪尿中含大量病毒，也能传播本病。本病的传播途径较多，经消化道、呼吸道、损伤的皮肤以及生殖道均可感染。仔猪常因吃了感染母猪的乳而发病。怀孕母猪感染本病后，病毒可经胎盘而使胎儿感染，以致引起流产和死产。一般呈地方流行性发生，多发生于寒冷季节。

2. 临床症状

猪的临床症状随着年龄的不同有很大的差异。但归纳起来主要有 4 人症状。

（1）哺乳仔猪及断奶幼猪　新生哺乳仔猪感染伪狂犬病毒会引起大量死亡，多在产后 2 ～ 3 天发病，发病仔猪表现出全身发抖，精神极度沉郁，吮乳无力，体温升至 41 ～ 41.5℃，叫声嘶哑流涎、眼睑、口角水肿；有的运动共济失调，头颈歪向一侧，做圆圈运动；有的腹泻、呕吐或者后肢瘫痪，犬坐式呼吸，继而倒地，四肢划动，数分钟后站立恢复正常，数小时后又发生，1 ～ 2 天的病猪口吐白沫、磨牙、呆立或者盲目行走，抽搐、癫痫、角弓反张，死亡率 100%。若发病 6 天后才出现神经症状，则有恢复的希望，但可能有永久性后遗症，如眼瞎、偏瘫、发育障碍等。

（2）中猪　常见便秘，一般症状和神经症状较幼猪轻，病死率也低，病程一般为 4～8 天。

（3）成猪　常呈隐性感染，较常见的症状为微热，打喷嚏或咳嗽，精神沉郁，便秘，食欲不振，数日即恢复正常，一般没有神经症状。但是，容易发生母猪久配不孕、种公猪睾丸肿胀，萎缩，失去种用能力。

（4）怀孕母猪　感染后，常有流产、产死胎及延迟分娩等现象。死产胎儿有不同程度的软化现象，流产胎儿大多甚为新鲜，脑壳及臀部皮肤有出血点，胸腔、腹腔及心包腔有多量棕褐色潴留液，肾及心肌出血，肝、脾有灰白色坏死点。

3. 病理变化

临床上呈现严重神经症状的病猪，死后常见明显的脑膜充血及脑脊髓液增加；鼻咽部充血，扁桃体、咽喉部及淋巴结有坏死病灶；肝、脾有 1～2 毫米灰白色坏死点，心包液增加，肺可见水肿和出血点。组织学检查，有非化脓性脑膜脑炎及神经节炎变化。

（二）防控

1. 预防

（1）平时的预防措施

① 要从洁净猪场引种，并严格隔离检疫 30 天，未出现病情时再混群饲养。

② 猪舍地面、墙壁及用具等每周消毒 1 次，粪尿进行发酵池或沼气池处理。

③ 猪场严格灭鼠，搞好清洁卫生。

④ 种猪场的母猪应每 3 个月采血检查 1 次。

（2）流行时的预防措施

① 感染种猪场的净化措施。根据种猪场的条件可采取全群淘汰更新、淘汰阳性反应猪群、隔离饲养阳性反应母猪所生仔猪及注射伪狂犬病油乳剂灭活苗 4 种措施。接种疫苗的具体方法为：种猪（包括公母）每 6 个月注射 1 次，母猪于产前 1 个月再加强免疫 1 次。种用仔猪于 1 月龄左右注射 1 次，隔 4～5 周重复注射 1 次，以后每半年注射 1 次。种猪场一般不宜用弱毒疫苗。

② 肥育猪发病后的处理。发病后可采取全面免疫的方法，除发病仔猪予以扑杀外，其余仔猪和母猪一律注射伪狂犬病弱毒疫苗（K6：弱毒株），乳猪第 1 次注苗 0.5 毫升，断奶后再注苗 1 毫升；3 月龄以上的中猪、成猪及怀孕母猪（产前 1 个月）2 毫升。免疫期 1 年。也可注射伪狂犬病油乳剂灭活菌。同时，还应加强猪场疫病综合防治。

2. 治疗

在病猪出现神经症状之前，注射高免血清或病愈猪血液，有一定疗效，对携带病毒猪要隔离饲养。

九、猪细小病毒病

猪细小病毒病可引起猪的繁殖障碍，故又称猪繁殖障碍病。其特征为受感染的母猪，特别是初产母猪产出死胎、畸形胎和木乃伊胎，而母猪本身无明显症状。

（一）诊断要点

1. 流行特点

猪是唯一已知的易感动物。不同品种、性别、年龄猪均可发病，病猪和带病毒猪是传染源。急性感染猪的排泄物和分泌物中含有较多的病毒，子宫内感染的胎儿至少出生后 9 周仍可带毒排毒。一般经口、鼻和交配感染，出生前经胎盘感染。本病毒对外界环境的抵抗力很强，可在被污染的猪舍内生存数月之久，容易造成长期连续传播。精液带病毒的种公猪配种时，常引起本病的扩大传播。猪场的老鼠感染后，其粪便带有病毒，可能也是本病的传染源和媒介。本病发生无季节性。

2. 临床症状

仔猪和母猪的急性感染通常没有明显症状，但在其体内很多组织器官（尤其是淋巴组织）中均有病毒存在。

怀孕母猪被感染时，主要临床表现为母源性繁殖障碍，如多次发情而不受孕或产出死胎、木乃伊胎，或只产出少数仔猪。在怀孕早期感染时，则因胚胎死亡而被吸收，使母猪不孕和不规则地反复发情。怀孕中期感染时，则胎儿死亡后，逐渐木乃伊化，在 1 窝仔猪中有木乃伊胎儿存在时，可使怀孕期或胎儿娩出间隔时间延长，这样就易造成外表正常的同窝仔猪死产。怀孕 50 ～ 60 日感染，母猪多产死胎，60 ～ 70 日多表现流产症状，怀孕后期（70 天后）感染时，则大多数胎儿能存活下来，并且外观正常，但是长期带毒、排毒。本病最多见于初产母猪，母猪首次受感染后可获较坚强的免疫力，甚至可持续终生。细小病毒感染对公猪的性欲和受精率没有明显影响。

3. 病理变化

怀孕母猪感染后本身没有病变。胚胎的病变是死后液体被吸收，组织软化。受感染而死亡的胎儿可见充血、水肿、出血、体腔积液、脱水（木乃伊化）等病变。组织学检查，可见大脑灰质、白质和软脑膜有以增生的外膜细胞、组织细胞和浆细胞形成的血管周围管套为特征的脑膜炎变化。

（二）防控

1. 预防

为了防止本病传入猪场，应从无病猪场引进种猪。若从本病阳性猪场引种猪时，应隔离观察14天，进行2次血凝抑制试验，当血凝抑制滴度在1：256以下或阴性时，才可以混群。

在本病流行的猪场，可采取自然感染免疫或免疫接种的方法，控制本病发生。即在后备种猪群中放进一些血清阳性的母猪，使其受到自然感染而产生主动免疫力。

我国自制的猪细小病毒灭活疫苗，注射后可产生较好的预防效果。

仔猪母源抗体的持续期为14～24周，在抗体滴度大于1：80时，可抵抗猪细小病毒的感染。因此，在断奶时将仔猪从污染猪群移到没有本病污染的地方饲养，可培育出血清阴性猪群。

2. 治疗

本病当前无有效药物治疗。当发现疫情时，对栏舍要彻底消毒，流产胎儿进行无害化处理；对超期未产母猪应用兽用敌百虫片口服（一次量最大不能超过14片）或肌注0.25% 比赛可林10毫升，进行人工分娩，加快繁殖周期，一般下一胎可正常生产。

十、猪乙型脑炎

猪乙型脑炎病毒（JEV）是最重要的蚊媒病毒，能引起人类的脑炎，引起猪的生殖障碍。

（一）诊断要点

1. 流行特点

本病在热带地区没有明显的季节性，但在其他地区有明显的季节性，主要发生于蚊虫生长繁殖的季节。蚊虫是本病流行的重要传播媒介，其中三带喙库蚊是主要的带毒蚊种，在日本乙型脑炎的自然循环中和传播中起着重要的作用。本病人也可以感染，饲养人员及与猪接触多的人员要做好人员的防护工作。

2. 临床症状

病猪多出现高热（体温可达40～41℃），精神沉郁或有神经症状，食欲减退，粪干呈球状，表面附着灰白色黏液；有的出现后肢麻痹、视力减退、摆头、乱冲撞等。妊娠母猪会突然发生流产，产死胎、弱胎、木乃伊胎等。公猪常发生睾丸炎，多为单侧性，初期肿胀有热痛感，数日后炎症消退，睾丸萎缩变硬，性欲减退，精液带毒，失去配种能力。

3. 病理变化

流产母猪子宫内膜充血，并覆有黏稠的分泌物，少数有出血点。发高烧或产死胎的母猪子宫黏膜下组织水肿，胎盘呈炎性反应。出现神经症状的病猪，可见到脑膜和脊髓膜充血。流产胎儿脑水肿，皮下血样浸润，肌肉似水煮样，腹水增多；木乃伊胎儿从拇指大小到正常大小；肝、脾、肾有坏死灶；全身淋巴结出血；肺瘀血、水肿。胎盘水肿或见出血。公猪睾丸实质充血、出血和小坏死灶；睾丸硬化者，体积缩小，与阴囊粘连，实质结缔组织化。

（二）防控

1. 预防

该病属于二类传染病，按《中华人民共和国动物防疫法》要求，发病后应划定疫点、疫区和受威胁区，采取隔离、销毁、扑灭、消毒、无害化处理等措施进行防控。

加强卫生管理，保持圈舍卫生，将粪便进行生物发热处理或用于生产沼气。做好灭蚊、灭蝇工作。

免疫接种，每年蚊虫开始活动的前1个月进行免疫接种。可用乙型脑炎灭活疫苗，在疫病流行前进行2次免疫，间隔2～3周，每次1～2头份肌内注射。后备种猪在配种前30天、15天各免疫1次，每次1～2头份，有很好的预防效果。

2. 治疗

中药可用生石膏、板蓝根各120克，大青叶60克，生地30克，连翘、紫草各30克，黄芩20克。水煎，一次灌服，每天1剂，连用3剂以上。或用生石膏80克，大黄10克，元明粉20克，板蓝根20克，生地20克，连翘20克。共研细末，开水冲调，候温灌服。每天1剂，连用3～5天。

十一、猪流行性腹泻

猪流行性腹泻是由病毒引起的猪的一种高度接触性传染病。病猪主要表现为呕吐、腹泻和食欲下降，临诊上与猪传染性胃肠炎极为相似。本病于20世纪70年代中期首先在比利时、英国的一些猪场发现，以后在欧洲、亚洲许多国家和地区都有本病流行，近年来我国也证实存在本病。据流行病学调查的结果表明，本病的发生率大大超过猪传染性胃肠炎，其致死率虽不高，但影响仔猪的生长发育，使肥猪掉膘，加之医药费用的支出，给养猪业带来较大的经济损失。

（一）诊断要点

1. 流行特点

猪流行性腹泻病多发于寒冷的冬春季节，即11月至翌年4月之间。有时夏季也可发生该病。该病目前仅感染猪。不同年龄的猪都可发病，哺乳仔猪、断奶仔猪和育肥猪感染发病率100%，成年母猪为15%～19%。哺乳仔猪受害最严重，病死率可达50%以上，但以两周龄内哺乳仔猪易感染、死亡率最高。与猪传染性胃肠炎症状相似，但猪流行性腹泻发病程度较轻、传播速度稍慢。一般是有一头猪发病后，同圈或邻圈的猪在 1 周内相继发病，4～5 周内传遍整个猪场，死亡率不高，有一定的自限性，经 1 个月左右流行恢复痊愈。

该病的传染来源主要是病猪和康复后带毒猪。该病毒存在于病猪的各个器官、体液和排泄物（如粪便、呕吐物、乳汁、鼻分泌物以及呼出的气体等），但以病猪的小肠黏膜、肠内容物、肠系膜淋巴结和扁桃体含毒量最高。在发病早期，呼吸系统组织和肾的含毒量也相当高。病毒多经发病猪的粪便排出，随粪便排毒可达 8 周左右。运输车辆、饲养员的鞋子或其他带病毒的动物，都可作为传播媒介。猪流行性腹泻病可单一发生或与猪传染性胃肠炎混合感染，也有猪流行性腹泻病与猪圆环病毒混合感染的报道。

该病的感染途径主要是通过食入被污染的饲料、饮水，经消化道感染；也可以通过空气经呼吸道传染，特别是密闭猪舍，湿度大，猪只集中的猪场更易传染。猪流行性腹泻病毒经口和鼻感染后，直接进入小肠。由于病毒增殖首先造成细胞器的损伤，继而出现细胞功能障碍，肠绒毛萎缩，造成了吸收表面积减少，小肠黏膜碱性磷酸酶含量显著减少，引起营养物质吸收障碍造成腹泻，属于渗透性腹泻，是引起病猪腹泻的主要原因。因腹泻严重引起脱水，是导致病猪死亡的主要原因。

另外，造成猪流行性腹泻发病的可能原因还有饲料的霉菌毒素影响。如果哺乳仔猪刚出生不久就出现呕吐、水样腹泻症状的就有可能受饲料霉菌毒素影响，因为霉菌毒素可以造成怀孕母猪免疫力降低，母源抗体分泌少且持续时间短，导致初生哺乳仔猪无法从母乳中获得足够的猪流行性腹泻母源抗体而发病。

2. 临床症状

该病潜伏期短的 12～18 小时，一般为 1～8 天，多数病例 2～4 天，不同年龄的猪临床症状有一定的差异。

哺乳仔猪常在吃奶后突然发生呕吐，接着发生急剧水样腹泻，粪便初为白色，随后变黄或绿色，后期略带灰褐色并含有未消化的凝乳块或混有血样。一般体温不高，部分病猪初期体温出现轻热，发生腹泻后体温下降。病猪精神萎靡，被毛粗乱无光泽、战栗，吃奶减少或停止吃奶，严重口渴，迅速脱水，很快消瘦，1 周内新生仔猪常于腹泻后 2～4 天内因脱水而死亡，也有 48 小时内死亡。5 日龄以内的仔猪致死率可达 100%，随着日龄的增长而致死率逐渐降低，病愈仔猪生长发育较缓慢，往往成为僵猪。

断奶猪、肥育猪以及母猪，突然发生水样腹泻，粪便呈灰色或灰褐色，发病一日至数日后减食、无力，体重迅速减轻，有时出现呕吐，持续腹泻 4～7 天，逐渐恢复正常；部分成年猪仅表现沉郁、厌食、呕吐等症状。如果没有继发其他疾病且护理得当，猪很少发生死亡。

哺乳母猪常与仔猪一起发病，表现食欲不振，有的呕吐，体温升高1～2℃，泌乳减少或停止。一般3～7天恢复，极少发生死亡。

怀孕母猪和成年公猪感染后常不表现症状，少数的仅表现轻度水样腹泻，一般3～10日痊愈。

3. 病理变化

剖检变化表现为尸体消瘦、皮肤暗灰色。皮下干燥，脂肪蜂窝组织表现不佳。肠管膨胀扩张，充满黄色液体，肠壁变薄，肠系膜充血，肠系膜淋巴结肿胀。主要病变在胃和小肠。仔猪胃肠膨胀，胃内容物呈鲜黄色并混有大量未消化乳白色凝乳块（或絮状小片），胃底黏膜轻度潮红充血，并有黏液覆盖，有时在黏膜下可见出血小点或出血斑。整个小肠肠管扩张，小肠壁变薄，呈半透明状，小肠内充满黄绿色或灰白色液状物，含有泡沫和未消化的小乳块，弹性降低，肠黏膜绒毛严重萎缩。肠系膜血管扩张，淋巴结肿胀，肠系膜淋巴管内见不到乳糜。将空肠纵向剪开，用生理盐水将肠内容物冲掉，在玻璃平皿内铺平，加入少量生理盐水，在低倍显微镜下观察，可见到空肠绒毛明显缩短。剖检病变局限于胃肠道，胃内充满内容物，外观呈特征性地弛缓，小肠壁变薄、半透明。显微病变从十二指肠至回肠末端，呈斑点状分布，受损区绒毛长度从中等到严重变短，变短的绒毛呈融合状，带有发育不良的刷状缘。

（二）防控

1. 预防

① 严禁从疫区或病猪场引进猪只，预防疫源传入。

② 立即隔离病猪。以2%～4%的纯碱稀释液对厩舍、环境、用具等进行消毒。尚未发病的猪只应立即隔离到安全的地方饲养。

③ 病死猪应进行无害化处理，污染场地、用具等严格消毒。

④ 加强饲养管理。建立科学安全的措施，搞好猪舍的清洁卫生和消毒，经常清除粪便，禁止从疫区引进仔猪。猪只可用猪流行性腹泻弱毒疫苗或灭活疫苗进行预防接种。一旦发生本病，病猪及时隔离，猪舍、用具等用2%氢氧化钠或5%～10%石灰乳、漂白粉消毒，病猪在隔离条件下治疗。

⑤ 冬季做好保暖工作。换季和气候突变时要特别注意防贼风。

⑥ 建立健康猪群。培育健康仔猪，配合消毒，切断传染因素。仔猪按窝隔离，防止窜栏。育肥猪、母猪及断奶仔猪分别饲养，利用各种检疫办法清除病猪，避免扩大传染，逐步建立健康猪群。

2. 治疗

治疗本病无特效药，一般采取对症治疗，对失水过多的病猪，可减少喂料、

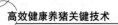

增加饮水，以预防机体脱水和自体酸中毒。对发病猪只采取全群用药。

① 病猪群饮用口服补液盐溶液（氯化钠 3.5 克、氯化钾 1.5 克、碳酸氢钠 2.5 克、葡萄糖 20 克、对水 1 000 毫升）。

② 庆大霉素 1 000～1 500 单位 / 千克，每隔 12 小时注射 1 次。

③ 盐酸环丙沙星注射液按 2.5 毫克 / 千克体重 + 硫酸小檗碱注射液 5～10 毫升肌内注射，2 次 / 天，连用 3～5 天。

④ 白细胞干扰素 2 000～3 000 单位，1～2 次 / 天，皮下注射。

⑤ 磺胺脒 4 克，碱式硝酸铋 4 克，小苏打 2 克。混合 1 次喂服，2 次 / 天，连用 2～3 天。

十二、猪轮状病毒感染

猪轮状病毒感染是由猪轮状病毒引起的幼龄猪急性肠道传染病，其主要症状为厌食、呕吐、下痢、脱水、体重减轻，中猪和大猪为隐性感染，没有症状。病原体除猪轮状病毒外，从犊牛、羔羊、马驹分离的轮状病毒也可感染仔猪，引起不同程度的症状。

（一）诊断要点

1. 流行特点

轮状病毒主要存在于病猪及带毒猪的消化道，随粪便排到外界环境后，污染饲料、饮水、垫草及土壤等，经消化道途径使易感猪感染。排毒时间可持续数天，可严重污染环境，加之病毒对外界环境有顽强的抵抗力，使轮状病毒在成猪、中猪之间反复循环感染，长期扎根猪场。另外，人和其他动物也可散播传染。本病多发生于晚秋、冬季和早春。各种年龄的猪都可感染，在流行地区由于大多数成年猪都已感染而获得免疫。因此，发病猪多是 8 周龄以下的仔猪，日龄越小的仔猪发病率越高，发病率一般为 50%～80%，病死率一般为 10% 以内。

2. 临床症状

潜伏期一般为 12～24 小时，病常地方性流行。病初精神沉郁，食欲不振，不愿走动，有些吃奶后发生呕吐，继而腹泻，粪便呈黄色、灰色或黑色，为水样或糊状。症状的轻重决定于发病的日龄、免疫状态和环境条件，缺乏母源抗体保护的仔猪生后几天症状最重，环境温度下降或继发大肠杆菌病时，常使症状加重，病死率增高。通常 10～21 日龄仔猪的症状较轻，腹泻数日即可康复，3～8 周龄仔猪症状更轻，成年猪为隐性感染。

3. 病理变化

病变主要在消化道，胃壁弛缓，充满凝乳块和乳汁，肠管变薄，小肠壁薄呈半透明，内容物为液状，呈灰黄色或灰黑色，小肠绒毛缩短，有时小肠出血，肠系膜淋巴结肿大。

（二）防控

1. 预防

主要依靠加强饲养管理，认真执行一般的兽医防疫措施，增强抵抗力。在流行地区，可用轮状病毒油佐剂灭活苗或猪轮状病毒弱毒双价苗对母猪或仔猪进行预防注射。油佐剂苗于怀孕母猪临产前 30 天，肌内注射 2 毫升；仔猪于 7 日龄和 21 日龄各注射 1 次，注射部位在后海穴（尾根和肛门之间凹窝处）皮下，每次每头注射 0.5 毫升。弱毒苗于临产前 5 周和 2 周分别肌内注射 1 次，每次每头 1 毫升。同时要使新生仔猪早吃初乳，接受母源抗体的保护，以减少发病和减弱病症。

2. 治疗

目前无特效的治疗药物。发现立即停止喂乳，以葡萄糖盐水或复方葡萄糖溶液（葡萄糖 43.20 克，氯化钠 9.20 克，甘氨酸 6.60 克，柠檬酸 0.52 克，柠檬酸钾 0.13 克，无水磷酸钾 4.35 克，溶于 2 升水中即成）给病猪自由饮用。同时，进行对症治疗，如投用收敛止泻剂，使用抗菌药物，以防止继发细菌性感染，一般都可获得良好效果。

第二节　常见细菌性传染病的防控

一、链球菌病

猪链球菌病是由链球菌引起的一类疾病的总称，临床上以淋巴结脓肿较为常见，其中，败血性链球菌病的危害最大。

（一）诊断要点

1. 病原特点

链球菌属革兰氏阳性菌，分布很广，种类繁多。败血性链球菌病的病原为 C 群的兽疫链球菌，化脓性淋巴结炎的病原为 E 群链球菌。

2. 流行情况

链球菌对外界环境抵抗力较强，在 29～33℃环境中能存活 6 天。对干燥湿热敏感，70℃ 30 分钟即可杀死，对一般消毒药敏感，在 5% 石炭酸、2% 福尔马林中 10 分钟即可杀死。对青霉素、红霉素、四环素及磺胺类药物均很敏感。

链球菌广泛分布于水、土壤、空气、尘埃和动物与人的肠道、呼吸道、泌尿生殖道内，传染源是带菌者和患病者，经消化管、呼吸道及伤口感染。败血性链

球菌主要侵害架子猪和怀孕母猪，以5—11月发病最多；化脓性淋巴结炎主要发生在架子猪，有明显传染性。

3. 临床症状

猪链球菌病分为急性败血型、脑膜炎型和淋巴结型。

（1）急性败血型　以伴发浆膜炎和关节炎为特征。症状常为暴发性流行，成年猪较多见，最急性突然死亡。患猪体温升高达41～43℃，震颤，废食，便秘。鼻液呈浆液性，眼结膜发红，流泪。在耳、颈、腹下出现紫斑。跛行、爬行或不能站立，有的病猪出现共济失调，磨牙或昏睡等神经症状，后期呼吸困难。常在1～3天内死亡，死前天然孔流出暗红血液，死亡率达80%～90%。

（2）脑膜炎型　多见于仔猪，常因断乳、去势、转群、拥挤和气候骤变等诱发。病初体温高达40.5～42.5℃。厌食，便秘，有浆液性或黏液性鼻液。共济失调，转圈，磨牙，后肢麻痹，前肢爬行，四肢作游泳状。后期呼吸困难。部分病猪关节发炎，肿胀。最急性病例，发病后几小时死亡，稍缓者1～2天内死亡。如不及时治疗，病死率很高。

（3）淋巴结型　病猪咽部、耳下、颈部等处淋巴结发炎肿胀，触诊坚硬，有热痛感，化脓成熟后，肿胀部中央变软，表面皮肤坏死，自行破溃流脓。随脓肿破溃，全身症状好转，逐渐长出肉芽组织，预后良好。

（4）病理变化　剖检败血型病死猪可见各器官充血、出血，有浆液性炎症变化，心包液增多，脾脏肿大呈暗红色，包膜上有纤维素。脑膜炎型病死猪可见脑膜充血、出血，脑脊髓液浑浊增多。关节炎型病死猪见关节肿胀，充血，滑液浑浊，关节部皮下胶样水肿，严重者关节软骨坏死，关节周围组织有多发性化脓灶。

根据流行特点、临床症状及剖检特征，可作初步诊断。但本病易与猪丹毒、猪瘟、猪肺疫及仔猪副伤寒等疾病混淆，故确诊须作细菌学检查。

（二）防控

1. 治疗

封锁猪场，隔离病猪。全场用10%生石灰乳或2%氢氧化钠进行大消毒。临床治疗可使用多种药物。

（1）药物治疗　青霉素5万～10万单位/千克体重，链霉素3万～5万单位/千克体重，混合肌内注射；复方磺胺嘧啶钠0.1克/千克体重，静脉注射；红霉素25万～125万单位，用5%葡萄糖注射液50～100毫升稀释后静脉注射；复方磺胺-5-甲氧嘧啶5～20毫升，肌内注射。以上药物每天2次，连用3～4天。林可霉素3.2～6.4毫克/千克体重，肌内注射，每天1次，连用2～3天。在使用抗生素和抗菌药物的同时，配合使用地塞米松2.5～5毫克、维生素C 0.5～1.5克，疗效更好。

（2）外科处理 若淋巴结化脓，可切开脓肿，用0.1%利凡诺冲洗，涂抹红霉素软膏，结合青霉素治疗。

2.预防

预防可使用猪链球菌病疫苗（冻干苗），注射后7天产生免疫力，免疫持续期6个月。使用20%氢氧化铝胶生理盐水或生理盐水稀释疫苗，每头猪皮下注射1毫升。口服疫苗，每头猪口服4毫升（含活菌2亿个），拌入饲料中饲喂。疫区应在发病季节前1～2个月接种。

二、猪丹毒

猪丹毒是由猪丹毒杆菌引起的一种传染病。由于该病多年来没有发生流行，所以许多猪场忽视了对猪丹毒的免疫防控，平时也很少进行有针对性的药物预防，导致猪丹毒有再杀"回马枪"的趋势。

（一）诊断要点

1.流行特点

各种年龄猪均易感，但以3个月以上的生长猪发病率最高，3个月以下和3年以上的猪很少发病。牛、羊、马、鼠类、家禽及野鸟等也能感染本病，人类可因创伤感染发病。病猪、临床康复猪及健康带菌猪都是传染源。猪丹毒杆菌是猪体内的常在菌，在夏季猪圈、垫草潮湿污脏，饲喂湿拌料，猪群遭受应激，消毒不彻底等情况下，可经消化道、损伤的皮肤及蚊虫叮咬而传播。夏季气温高，很容易发病。猪丹毒经常在一定的地方发生，呈地方性流行或散发。

2.临床症状

人工感染的潜伏期为3～5天，短的1天发病，长的可在7天发病。临床症状一般分急性型、亚急性型和慢性型3种。

（1）急性型（败血症型）见于流行初期。有的病例可能不表现任何症状突然死亡。多数病例症状明显。体温高达42℃以上，恶寒颤抖，食欲减退或有呕吐，常躺卧地上，不愿走动，若强行赶起，站立时背腰拱起，行走时步态僵硬或跛行。结膜充血，眼睛清亮，很少有分泌物。大便干硬，有的后期发生腹泻。发病1～2日后，皮肤上出现大小和形状不一的红斑，以耳、颈、背、腿外侧较多见，开始指压时退色，指去复原。病程2～4日，病死率80%～90%。

怀孕母猪发生猪丹毒时可引起流产。哺乳仔猪和刚断奶小猪发生猪丹毒时，往往有神经症状，抽搐。病程不超过1天。

（2）亚急性型（疹块型）败血症症状轻微，其特征是在皮肤上出现疹块。病初食欲减退，精神不振，不愿走动，体温42℃，在胸、腹、背、肩及四肢外侧出现大小不等的疹块，先呈淡红，后变为紫红，以致黑紫色，形状为方形、菱形或圆形，坚实，稍凸起，少则几个，多则数 10 个，以后中央坏死，形成痂皮。经 1～2 周恢复。

（3）慢性型　一般由前两型转变而来。常见浆液性纤维素性关节炎、疣状心内膜炎和皮肤坏死 3 种。皮肤坏死一般单独发生，而浆液性纤维素性关节炎和疣状心内膜炎往往共存。食欲变化不明显，体温正常，但生长发育不良，逐渐消瘦，全身衰弱。浆液性纤维素性关节炎常发生于腕关节和肘关节，受害关节肿胀，疼痛，僵硬，步态呈跛行。疣状心内膜炎表现呼吸困难，心跳增速，听诊有心内杂音。强迫快速行走时，易发生突然倒地死亡。皮肤坏死常发生于背、肩、耳及尾部。局部皮肤变黑，硬如皮革，逐渐与新生组织分离，最后脱落，遗留一片无毛瘢痕。

3. 病理变化

急性型皮肤上有大小不一和形状不同的红斑或弥漫性红色；淋巴结充血肿大，有小出血点；胃及十二指肠充血、出血；肺瘀血、水肿；心肌出血；脾肿大充血，呈樱桃红色。肾瘀血肿大，呈暗红色，皮质部有出血点；关节液增加。亚急性型的特征是皮肤上有方形和菱形的红色疹块，内脏的变化比急性型轻。慢性型的房室瓣常有疣状心内膜炎。瓣膜上有灰白色增生物，呈菜花状。其次是关节肿大，在关节腔内有纤维素性渗出物。

（二）防控

1. 预防

平时要加强饲养管理，猪舍用具保持清洁，定期用消毒药消毒。选择合适的疫苗进行免疫接种，是防控猪丹毒发生的有效办法。目前使用的猪丹毒疫苗主要是灭活疫苗和弱毒疫苗。其用法如下。

① 猪丹毒氢氧化铝甲醛菌苗。体重 10 千克以上的断奶仔猪，皮下或肌内注射 5 毫升，免疫 1 个月后再重复注射 3 毫升；体重 10 千克以下或尚未断奶的仔猪，皮下或肌内注射 3 毫升，免疫 1 个月后再重复注射 3 毫升。

② 猪丹毒 G4T10 或 GC42 弱毒疫苗。不论体重大小，一律皮下注射 1 毫升。

③ 猪丹毒—猪肺疫二联灭活疫苗。用法同猪丹毒氢氧化铝甲醛菌苗。

④ 猪丹毒—猪瘟—猪肺疫三联活疫苗。每头猪皮下或肌内注射 1 毫升。

2. 治疗

一旦发生猪丹毒后，及时隔离治疗。对急性型最好首先按每千克体重 1 万单位青霉素静脉注射，同时肌注常规剂量的链霉素，即体重在 20 千克以下的猪用20 万～40 万单位，20～50 千克的猪用 40 万～100 万单位，50 千克以上的猪酌情增加。每天肌注 2 次，直至体温和食欲恢复正常后 24 小时停药，以防复发或转为慢性。

中药用黄连、黄柏、黄芩、栀子、丹皮各 15 克，生地、玄参各 20 克，大黄 25 克，芒硝、石膏各 30 克，甘草 10 克。水煎服。每天 1 剂，连用 3 剂。或用葛根、蝉蜕、牛蒡子、丹皮、连翘各 10 克，石膏、金银花、僵蚕各 15 克，赤芍 5 克。共研细末，开水冲调，候温灌服。每天 1 剂，连用 3 剂。也可用连翘、金银花、地骨皮、滑石、大黄各 12 克，黄芩 20 克，蒲公英、紫地丁各 15 克，木通 10 克，生石膏 30 克。水煎服。每天 1 剂，连用 3 剂。

三、副猪嗜血杆菌病

副猪嗜血杆菌病是由副猪嗜血杆菌引起猪的多发性浆膜炎和关节炎，也称格拉泽氏病。主要危害保育猪和青年猪，因副猪嗜血杆菌血清型很多，且极易产生耐药性，也就增加了本病在临床上的治疗难度。随着规模化养猪的大力发展，副猪嗜血杆菌病在猪场也愈演愈烈，给养猪业也带来了很多损失。

（一）诊断要点

1. 流行特点

本病具有明显的季节性，主要发生在气候剧变的寒冷季节，仔猪，尤其是断乳后 10 天左右的仔猪最敏感多发。病猪和带菌猪是主要的传染源，呼吸道是主要的传播途径，也可经消化道感染，常与其他疾病混合感染，加速疾病的发生。

2. 临床症状

临诊症状取决于炎性损伤的部位，在高度健康的猪群，发病很快，接触病原后几天内就发病。临诊症状包括发热、食欲不振、厌食、反应迟钝、呼吸困难、咳嗽、疼痛（尖叫）、关节肿胀、跛行、颤抖、共济失调、可视黏膜发绀、侧卧、消瘦和被毛凌乱，随之可能死亡。急性感染后可能留下后遗症，即母猪流产、公猪慢性跛行。即使应用抗生素治疗感染母猪，分娩时也可能引发严重疾病，哺乳母猪的慢性跛行可能引起母性行为极端弱化。

3. 病理变化

眼观病变主要是在单个或多个浆膜面，可见浆液性和化脓性纤维蛋白渗出物，包括腹膜、心包膜和胸膜，损伤也可能涉及脑和关节表面，尤其是腕关节和跗关节。在显微镜下观察渗出物，可见纤维蛋白、中性粒细胞和较少量的巨噬细胞。副猪嗜血杆菌也可能引起急性败血症，在不出现典型的浆膜炎时就呈现发绀、皮下水肿和肺水肿，乃至死亡。此外，副猪嗜血杆菌还可能引起筋膜炎、肌炎以及化脓性鼻炎等。

（二）防控

1. 预防

① 由于各种菌株的致病力和血清型不同，不可能有一种灭活疫苗同时对所

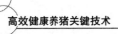

有的致病菌株产生交叉免疫力。

②加强管理为主，做好圈舍的防寒保暖、通风换气、清洗消毒工作，保持清洁卫生，供给全价优质的饲料，提高机体抵抗力。

2. 治疗

①泰乐菌素注射液，肌注，每千克体重5～13毫克，每日2次，连用7日。

②氟苯尼考注射液，肌注，每千克体重20毫克，48小时1次，连用2次。

③泰乐菌素＋磺胺二甲嘧啶预混剂，混饲，每1 000千克饲料用100克，连用5～7日。

④硫酸庆大小诺霉素注射液，肌注，一次量，每千克体重1～2毫克，一日2次。

四、猪肺疫

猪肺疫是由多杀性巴氏杆菌引起的急性热性传染病，又名猪巴氏杆菌病。急性病例呈败血症变化，慢性病例表现为慢性肺炎或慢性胃肠炎。

（一）诊断要点

1. 病原特点

多杀性巴氏杆菌是细小的球杆菌，革兰氏染色阴性，对各种畜禽都有较强致病性，在干燥空气中2～3天死亡，在血液、排泄物和分泌物中存活6～10天，在腐败尸体内存活1～3个月，阳光直射数分钟或高温下立即死亡。一般消毒药数分钟可将其杀死。对磺胺类药物和土霉素敏感。

2. 流行特点

巴氏杆菌是条件性致病菌，在猪上呼吸道中正常存在，当猪群拥挤、圈舍潮湿、长途运输或气候突变而致抵抗力下降时，巴氏杆菌大量繁殖而引起发病。吸血昆虫叮咬皮肤及黏膜损伤也可引起传染。本病一般为散发，有时呈地方性流行。

3. 临床症状

临床表现分为最急性、急性和慢性型3种。

（1）最急性型　俗称"锁喉风"。突然发病，有时未见症状即突然死亡。病程稍长者，体温升高到40～42℃，食欲废绝，全身衰弱，卧地不起。喉头部高热，坚硬红肿，可蔓延至耳根甚至前胸，呼吸困难，呈犬坐式呼吸。后期口、鼻流出白色或红色泡沫，心跳急速，耳根、腹侧、四肢内侧皮肤出现红斑，最后窒息死亡。病程1～2日，病死率100%。

（2）急性型　体温升高达40℃以上，咳嗽，初期痉挛性干咳，后变为湿性痛咳，严重时张口吐舌，呈犬坐状，流铁锈色脓性鼻液，有时混有血液。结膜发绀。初期便秘，以后腹泻。皮肤有小出血点，病猪消瘦，衰弱，卧地不起，几天后死亡，病程 5～8 天，不死者转为慢性。

（3）慢性型 主要表现为慢性肺炎或慢性胃肠炎。病猪呼吸困难，持续性咳嗽，鼻流脓性分泌物，食欲不振，下痢。有时出现痂样湿疹。关节肿胀。体温时高时低，逐渐消瘦，最后衰竭死亡，病死率 60%～70%。

4. 病理变化

最急性病例主要为全身黏膜、浆膜和皮下组织大量出血，咽喉周围组织出血性浆液浸润，皮下组织可见大量胶冻样液体，全身淋巴结肿大出血，切开呈红色。心外膜和心包膜有小出血点。脾出血，肿大。胃黏膜出血。肺有不同程度的肝变区，并伴有水肿和气肿，切面呈大理石样花纹，气管内有多量渗出液，胸膜有纤维性附着物，严重时与肺粘连。

慢性病例尸体极度消瘦，肺部肝变区扩大，有黄色或灰色坏死灶，严重的呈干酪样或脓性坏死，心包和胸腔积液。肺膜和胸膜粗糙、增厚并发生粘连。

根据流行特点、临床症状和剖检变化，结合治疗效果，可做出初步诊断。确诊需做细菌学检查。

（二）防控

1. 治疗

（1）药物疗法 土霉素 40 毫克/千克体重（环丙沙星 2～5 毫克/千克体重），配合地塞米松 5～10 毫克、维生素 C 0.5～2 克，肌内注射，每天 2 次，连用 3～4 天；氨苄青霉素或羟氨苄青霉素（阿莫西林）10～20 毫克/千克体重、链霉素 2 万～4 万单位/千克体重，肌内注射，每天 3 次，连用 3～4 天。

（2）血清疗法 猪肺疫高免血清，小猪 20～30 毫升，中猪 40～60 毫升，大猪 60～100 毫升，半量静脉注射，半量皮下注射。

2. 预防

平时应加强饲养管理，消除各种致病诱因。预防接种可用猪肺疫内蒙系弱毒菌苗、ED-630 弱毒菌苗、C20 弱毒菌苗等，内蒙系弱毒菌苗只能口服，不能注射。

五、仔猪副伤寒

（一）诊断要点

仔猪副伤寒是由猪霍乱和猪伤寒沙门氏菌引起的仔猪传染病，多发生于 2～4 月龄仔猪。急性病例为败血症变化，慢性的为大肠坏死性炎症及肺炎。

1. 流行特点

仔猪副伤寒多发生在饲养卫生条件不好的 2～4 月龄仔猪中，呈地方流行或散发，流行缓慢；常在寒冷多变气候和阴雨连绵季节易发。猪舍潮湿、拥挤、长

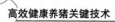

途运输、寄生虫病、断奶过早、去势等可促进本病发生。

2. 临诊特点

（1）急性型（败血型） 多见于断奶后不久的仔猪，体温升高（41～42℃），食欲减退、寒战，常堆叠一起。病初便秘后下痢，粪便淡黄色或灰绿色，恶臭，有时出血，病后期腹部、耳及四肢皮肤呈深红色或青紫色斑点。病猪呼吸困难，体温下降，一般经2～6天死亡。

（2）慢性病（结肠炎型） 此型常见，与肠型猪瘟相似，扎堆、寒战，眼有黏性或脓性分泌物，便秘与腹泻交替发生，粪便呈灰绿色、恶臭，混有血液。病猪消瘦，常呈现收腹上吊，弓背尖叫，似有腹部疼痛症状。腹部皮肤上出现痂样湿疹。有些病猪咳嗽，体温稍许升高。病程2～3周或更长，未死的以后发育不良或复发。

3. 病理变化

（1）急性型 主要是败血症变化，脾脏显著肿大，边缘钝、色暗带蓝、触压时感觉绵软，类似橡皮，切面蓝红色，可以看到肿大的淋巴滤泡。肠系膜淋巴结索状肿大，其他淋巴结也有不同程度肿大，软而红，呈浆液状炎症和出血，类似大理石状。肝、肾也有不同程度的肿大、充血和出血。全身各黏膜、浆膜均有不同程度的出血斑点，肢体末梢瘀血呈青紫色。

（2）慢性型 特征病变为坏死性肠炎：盲肠、结肠或部分回肠后段，肠壁增厚，黏膜上覆盖一层弥漫性坏死性物质，呈灰黄色或淡绿色麸皮样物质，剥开见底部红色，边缘有不规则的溃疡面。有的滤泡周围黏膜坏死。坏死向深层发展时，可引起纤维素性腹膜炎。肠系膜淋巴结肿胀，部分干酪样变。脾稍肿。肺病变部增大呈灰红色，有的呈干酪样变，其切面有灰黄色的小结节，若继发巴氏杆菌或化脓细胞感染则发展成肝变区或化脓灶。

（二）防治

1. 预防

①改善饲养管理和卫生条件，给予优质全价配合颗粒料，增强仔猪抗病力。

②对本病常发地区或猪场，进行防疫注射或口服疫苗方法预防。

③发病后，将病猪隔离治疗，被污染的猪舍彻底消毒。耐过的猪应隔离肥育，予以淘汰。病死的猪禁止食用，严防中毒。

④对未发病的猪，在每吨饲料中加入金霉素100克，或磺胺二甲基嘧啶100克混匀喂服有预防作用。

2. 治疗

土霉素、新霉素等抗生素类药物对该病有一定的治疗作用。对发病仔猪也可选用中药治疗，中药方剂为：败酱草40克，薏苡仁30克，金银花20克，丹参、苦参、土茯苓各 18 克，地丁 15 克，丹皮 10 克，广木香 6 克，煎水给仔猪内服，每天早晚各内服一次，连续内服 3 ～ 5 天。或将大蒜 5 ～ 25 克捣成蒜泥内服，每天 3 次，连服 4 ～ 6 天。

六、仔猪梭菌性肠炎

（一）诊断要点

本病又称梭菌性肠炎，由 C 型魏氏梭菌引起，通过病猪和带菌者经消化道传播。C 型魏氏梭菌存在于部分母猪肠道中，随母猪粪便排出后，污染哺乳母猪的乳头、垫料、饲料、饮水、用具和周围环境等，当 1 ～ 3 日龄仔猪吮吸母乳或吞入污染物后感染。发病急，有时甚至来不及发现有临床症状即快速死亡，急性病例见红褐色血性粪便，腥臭，致死率极高。

（二）防控

1. 预防

（1）精心搞好猪舍及其周围环境的卫生清洁和消毒工作 对母猪、产房、仔猪舍、地面、用具等进行全面彻底的消毒。母猪进入产房前，温水清洗腹部、后躯皮肤、乳房，并用刺激性小的消毒药彻底消毒。喂初乳前，先挤出少许乳汁弃掉，然后让仔猪吃乳，以降低仔猪红痢发生和传播的概率。

（2）注重免疫 母猪在怀孕期间，使用 C 型魏氏梭菌菌苗免疫，可收到较好的效果。初产或第二胎怀孕母猪，产前 30 天和 15 天各免疫一次，用 C 型魏氏梭菌菌苗肌内注射 5 ～ 10 毫升 / 次；对 3 胎以上的经产母猪，可在产前 15 天一次肌内注射 3 ～ 5 毫升。

（3）药物预防 小猪初生但还没吃初乳前，口服庆大霉素有一定的预防效果。常发地区，对 30 日龄以上的仔猪，用仔猪副伤寒弱毒冻干苗预防接种。肌内注射前用 20% 氢氧化铝生理盐水稀释，1 毫升 / 头，可使免疫期达到 9 个月；口服时，按标签说明，服前用冷开水稀释成每头份 5 ～ 10 毫升，掺入料中喂服；也可将每头份疫苗稀释于 5 ～ 10 毫升冷开水中灌服。

2. 治疗

因病程急，发病后用药物治疗效果不佳。必要时，通过药敏试验，选择氟苯尼考、新霉素、磺胺类药物等敏感药物治疗，效果较好。氟苯尼考 20 ～ 30 毫克 / 千克体重，口服，2 次 / 天，连用 2 ～ 3 天；或 20 毫克 / 千克体重，肌内注射，1 次 / 天，连用 2 ～ 3 天。新霉素，10 ～ 15 毫克 / 千克体重，口服，2 次 / 天，连用 2 ～ 3 天。磺胺二甲嘧啶，0.1 克 / 千克体重，口服，2 次 / 天，连用 7 ～ 10 天。

七、仔猪大肠杆菌病

（一）仔猪黄痢

1. 诊断要点

本病是由一定血清型致病性大肠杆菌引起的初生仔猪的急性、致死性腹泻病。多发于1周龄内（出生后几小时至7日龄）的哺乳仔猪。主要以排出黄色或黄白色黏液性稀粪和急性脱水、消瘦、昏迷死亡、高致死率为特征。管理不善，环境温度低，舍内卫生条件差时更易感。剖检病死仔猪，胃膨胀并充满酸臭的凝乳块，胃黏膜红肿；小肠壁薄、松弛、充气，肠内充满黄色、黄白色稀薄内容物，肠黏膜肿胀、充血或出血；肠系膜淋巴结充血、肿大，切面多汁；心、肝、肾有时可见出血点。

2. 防控

发病后，调理母猪乳汁至关重要。母猪日粮要合理搭配，完善日粮营养，配种后最初一个月内要限饲，配种80天后更加关注日粮营养的全面性，保证产后乳汁营养均衡，数量充足。母猪产前1周到产后1周，每天都要坚持用热毛巾擦拭、按摩母猪乳房。严格消毒制度，对猪舍各个角落认真清洗消毒，控制好分娩舍小环境的温度、湿度，重视通风。

使用大肠杆菌三价苗，于母猪产前30天注射1次，产后15天再注射1次，即可对仔猪起到理想的保护作用。对腹泻脱水的仔猪，可喂服口服补液盐（10%葡萄糖盐水10毫升，10%维生素C 2毫升）进行补液。通过药敏试验，选择氟苯尼考、庆大霉素、新霉素、氟哌酸等最敏感的药物进行治疗，发现病猪，全窝给药治疗。

（二）仔猪白痢

1. 诊断要点

多发于10~30日龄的仔猪，以10~20日龄仔猪多见；一年四季均可发生，但以严冬、炎热及阴雨连绵的季节比较多见，气候骤变、卫生条件不良可使发病率上升。患病仔猪体温升高，排白色或灰白色粥样稀粪，腥臭，但死亡较少。剖检病死猪，胃内有少量凝乳块，胃黏膜充血、出血、水肿，肠内空虚，有大量气体和少量稀薄的黄白或灰白色酸臭味稀粪，肠系膜淋巴结水肿。

2. 防控

可参考仔猪黄痢治疗。此外，还可用白龙散、大蒜甘草液、金银花大蒜液、活性炭、硅酸银、调痢生、促菌生等治疗，也可以补充硫酸亚铁或硒。

第三节　其他传染病的防控

一、猪附红细胞体病

猪附红细胞体病是由附红细胞体寄生于猪的红细胞表面或游离于血浆、组织液及脑脊液中引起的一种人畜共患病，会造成病畜黄疸、贫血等症状。

（一）诊断要点

1. 流行特点

猪附红细胞体只感染家养猪，不感染野猪。各种品种、性别、年龄的猪均易感，但以仔猪和母猪多见，其中哺乳仔猪的发病率和死亡率较高，被阉割后几周的仔猪尤其容易感染发病。猪附红细胞体在猪群中的感染率很高，可达90%以上。

病猪和隐性感染带菌猪是主要传染源。隐性感染带菌猪在有应激因素存在时，如饲养管理不良、营养不良、温度突变、并发其他疾病等，可引起血液中附红细胞体数量增加，出现明显临诊症状而发病。耐过猪可长期携带该病原，成为传染源。猪附红细胞体可通过接触、血源、交配、垂直及媒介昆虫（如蚊子）叮咬等多种途径传播。动物之间可通过舔伤口、互相斗咬或喝血液污染的尿液以及被污染的注射器、手术器械等媒介物而传播；交配或人工授精时，可经污染的精液传播；感染母猪能通过子宫、胎盘使仔猪受到感染。

猪附红细胞体病一年四季都可发生，但多发生于夏、秋和雨水较多的季节，以及气候易变的冬、春季节。气候恶劣、饲养管理不善、疾病等应激因素均能导致病情加重，疫情传播面积扩大，经济损失增加。猪附红细胞体病可继发于其他疾病，也可与一些疾病合并发生。

2. 临床症状

猪附红细胞体病因畜种和个体体况的不同，临床症状差别很大。主要引起：仔猪体质变差，贫血，肠道及呼吸道感染增加；育肥猪日增重下降，急性溶血性贫血；母猪生产性能下降等。

哺乳仔猪：5日内发病症状明显，新生仔猪出现身体皮肤潮红，精神沉郁，哺乳减少或废绝，急性死亡，一般7～10日龄多发，体温升高，眼结膜皮肤苍白或黄染，贫血症状、四肢抽搐、发抖、腹泻、粪便深黄色或黄色黏稠，有腥臭味，死亡率在20%～90%，部分很快死亡。大部分仔猪临死前四肢抽搐或划地，有的角弓反张。部分治愈的仔猪会变成僵猪。

育肥猪：根据病程长短不同可分为3种类型：急性型病例较少见，病程

1～3天。亚急性型病猪体温升高，达39.5～42℃。病初精神委顿，食欲减退，颤抖转圈或不愿站立，离群卧地。出现便秘或拉稀，有时便秘和拉稀交替出现。病猪耳朵、颈下、胸前、腹下、四肢内侧等部位皮肤红紫，指压不褪色，成为"红皮猪"，是本病的特征之一。有的病猪两后肢发生麻痹，不能站立，卧地不起。部分病畜可见耳郭、尾、四肢末端坏死。有的病猪流涎，心悸，呼吸加快，咳嗽，眼结膜发炎，病程3～7天，或死亡或转为慢性经过。慢性型患猪体温在39.5℃左右，主要表现贫血和黄疸。患猪尿呈黄色，大便干如栗状，表面带有黑褐色或鲜红色的血液。生长缓慢，出栏延迟。

母猪：症状分为急性和慢性两种。急性感染的症状为持续高热（体温可高达42℃），厌食，偶有乳房和阴唇水肿，产仔后奶量少，缺乏母性。慢性感染猪呈现衰弱，黏膜苍白及黄疸，不发情或屡配不孕，如有其他疾病或营养不良，可使症状加重，甚至死亡。

剖检病变有黄疸和贫血，全身皮肤黏膜、脂肪和脏器显著黄染，常呈泛发性黄疸。全身肌肉色泽变淡，血液稀薄呈水样，凝固不良。全身淋巴结肿大、潮红、黄染、切面外翻，有液体渗出。胸腹腔及心包积液。肝脏肿大、质脆，细胞呈脂肪变性，呈土黄色或黄棕色。胆囊肿大，含有浓稠的胶冻样胆汁。脾肿大，质软而脆。肾肿大、苍白或呈土黄色，包膜下有出血斑。膀胱黏膜有少量出血点。肺肿胀，瘀血水肿。心外膜和心冠脂肪出血黄染，有少量针尖大出血点，心肌苍白松软。软脑膜充血，脑实质松软，上有针尖大的细小出血点，脑室积液。

可能是附红细胞体破坏血液中的红细胞，使红细胞变形，表面内陷溶血，使其携氧功能丧失而引起猪抵抗力下降，易并发感染其他疾病。也有人认为变形的红细胞经过脾脏时溶血，也可能导致全身免疫性溶血，使血凝系统发生改变。

（二）防控

1. 预防

（1）加强猪群的日常饲养管理　饲喂高营养的全价料，保持猪群的健康；保持猪舍良好的温度、湿度和通风；消除应激因素，特别是在本病的高发季节，应扑灭蜱、虱子、蚤、螫蝇等吸血昆虫，断绝其与动物接触。

（2）对注射针头、注射器应严格进行消毒　无论疫苗接种，还是治疗注射，应保证每猪一个针头。母猪接产时应严格消毒。

（3）加强环境卫生消毒，保持猪舍的清洁卫生　粪便及时清扫，定期消毒，定期驱虫，减少猪群的感染机会和降低猪群的感染率。

（4）药物预防　可定期在饲料中添加预防量的土霉素、四环素、强力霉素、金霉素、阿散酸，对本病有很好的预防效果。每吨饲料中添加金霉素48克或每升水中添加50毫克，连续7天，可预防大猪群发生本病；分娩前给母猪注射土霉素（11 毫克 / 千克体重），可防止母猪发病；对 1 日龄仔猪注射土霉素 50 毫克 / 头，可防止仔猪发生附红细胞体病。

2. 治疗

四环素、卡那霉素、强力霉素、土霉素、黄色素、血虫净（贝尼尔）、氯苯胍、砷制剂（阿散酸）等可用于治疗本病，一般认为四环素和砷制剂效果较好。对猪附红细胞体病进行早期及时治疗可收到很好的效果。

① 新胂凡纳明（九一四），每千克体重 10 ～ 15 毫克，静脉滴注，同时静注维生素 C、葡萄糖，连用 3 天。

② 土霉素，每吨饲料 600 ～ 800 克，治疗 2 ～ 3 个疗程。或按每千克体重 3 毫克肌内注射四环素或土霉素。

③ 发病小猪用磺胺 –5– 甲氧嘧啶注射液进行肌内注射，每天一次，连用 3 天，同时注射 1 次铁制剂。

④ 贝尼尔（血虫净），每千克体重 5 ～ 7 毫克，深部肌内注射，间隔 48 小时再注射 1 次。病重猪对贝尼尔无效，发病初期效果好。

⑤ 阿散酸，每吨饲料 180 克，连喂 1 周，然后改为每吨饲料 90 克，连用 1 个月。

中药可用当归、柴胡、黄芩各 20 克，赤芍 15 克，茵陈 30 克，板蓝根 50 克，龙胆草 30 克，炒三仙各 20 克，甘草 10 克。煎服，每天 1 剂，连用 5 天。便秘加大黄 30 克、芒硝 80 克。

也可用柴胡、半夏、黄芩、丹皮、茵陈、枳壳各 10 克，鱼腥草 8 克，竹叶、槟榔、常山各 6 克。水煎服，每天 1 剂，连用 5 天。

二、气喘病

猪气喘病又称猪支原体肺炎或地方流行性肺炎，是由猪肺炎支原体引起的接触性慢性呼吸道传染病。主要临床症状是咳嗽、气喘和呼吸困难，剖检变化为肺尖叶、心叶、膈叶和中间叶发生"肉样"实变。

（一）诊断要点

1. 病原特点

猪气喘病的病原为猪肺炎支原体，革兰氏染色阴性。病原体主要存在于病猪和感染猪体内的呼吸道及所属淋巴结内。病原对外界环境抵抗力不强，2 ～ 3 天即可失去致病力。对土霉素、四环素、卡那霉素等敏感，但对青霉素和磺胺类药物不敏感。

2. 流行情况

本病仅发生于猪，不同年龄、性别和品种的猪均能感染，但乳猪和断乳仔猪

最易感，发病率和死亡率较高，其次是妊娠后期和哺乳期的母猪。育肥猪发病少，病情轻。成年猪多呈慢性或隐性感染。

病猪和带菌猪是传染源，传播途径是呼吸道。寒冷冬季发病较多。饲养管理不良、阴暗潮湿、通风不良、拥挤及环境条件的骤然改变是重要诱因。

3. 临床症状

潜伏期 11 ～ 16 天，最短者 3 ～ 5 天，最长的可达 1 个月以上。早期症状是咳嗽，随后出现气喘和呼吸困难，分为急性、慢性和隐性 3 个类型。

（1）急性型　主要见于新疫区和新感染的猪群，以母猪和仔猪多见。病猪突然精神不振，头下垂，站立一处或卧伏在地，呼吸次数增多，每分钟达 60 ～ 120 次，腹式呼吸。随病情发展，病猪呼吸困难，甚至张口呼吸，并有喘鸣声，似拉风箱，呈犬坐姿势，有时出现痉挛性阵咳。体温正常，若继发感染则体温可上升到 40℃以上。死亡率很高，病程 1 ～ 2 周。

（2）慢性型　由急性转变而来，常见于老疫区的肥育猪和后备母猪。主要症状是顽固性咳嗽和气喘，病初出现短咳和干咳，随后出现连续的痉挛性咳嗽。随着病情加剧，出现呼吸困难和气喘，呼吸次数可达 100 次 / 分钟，呈典型的腹式呼吸。早期食欲无明显变化，后期少食或绝食。患病小猪消瘦虚弱，生长缓慢，病程可达 2 ～ 3 个月，甚至长达半年以上。

（3）隐性型　主要见于成年肥育猪，症状不明显，仅有轻度的气喘和咳嗽症状。

4. 病理变化

病变主要在肺和肺门淋巴结。气管和支气管内有多量黏性泡沫样分泌物。肺脏心叶、尖叶和膈叶前下部可见融合性支气管肺炎病变，病变部呈灰红色或淡红色，半透明状，切面多汁，组织致密，如鲜嫩肌肉。病程较长的病例，病变颜色变深，呈淡蓝色、深紫红色、灰白色或灰黄色，坚韧度增加，如胰脏或虾肉样。肺门淋巴结和纵隔淋巴结明显肿大，呈灰白色，切面湿润。

根据流行特点、临床症状和剖检变化可作出正确诊断。本病仅猪发生，以怀孕母猪和哺乳仔猪症状最为严重，急性者病死率较高。在老疫区多为慢性和隐性经过，症状以咳嗽、气喘为特征，体温和食欲变化不大。剖检病变是肺心叶、尖叶、中间叶及膈叶前下部肝变，肺门淋巴结肿大。

（二）防控

1. 药物治疗

发现病猪立即隔离，及时治疗或淘汰严重者。临床治疗方法如下。

（1）药物注射　盐酸土霉素 30 ～ 40 毫克 / 千克体重，用灭菌注射用水或 0.25% 普鲁卡因稀释后分点肌内注射，每天 1 次，连用 3 ～ 4 天。泰妙霉素 25

毫克 / 千克体重，配合四环素 7 ～ 15 毫克 / 千克体重，每日 1 次，肌内或静脉注射，连用 3 ～ 5 天。林可霉素肌内注射，50 毫克 / 千克体重，每天 2 次，5 天为一疗程。壮观霉素肌内注射，20 ～ 40 毫克 / 千克体重，每天 1 次，5 天为一疗程。

（2）药物混饲　替米考星，300 ～ 400 毫克 / 千克饲料，连续饲喂 10 ～ 15 天，预防或治疗效果均好。林可霉素，200 克 / 吨饲料，连续 3 周。内服强力霉素，2 ～ 5 毫克 / 千克体重，每天 1 次，5 天为一疗程。

（3）中药疗法　主要用于患病母猪。黄芩 50 克、白矾 45 克、白芷 45 克、桑白皮 60 克、黄连 35 克、郁金 45 克、大黄 35 克、葶苈子 45 克、桔梗 45 克、贝母 30 克、紫菀 45 克、甘草 35 克，水煎口服。

2. 预防

坚持自繁自养，尽量不从外地引进猪只，如必须引进时，一定要严格隔离和检疫。平时注意加强饲养管理，供给营养充足的饲料。搞好清洁卫生，加强猪舍通风、环境消毒，注意勤换垫草、防寒保暖。免疫接种可用猪支原体肺炎灭活菌苗或猪气喘病兔化弱毒冻干苗。

三、猪痢疾

猪痢疾又叫猪血痢、黑痢、黏液出血性下痢。本病是由猪痢疾密螺旋体引起的猪肠道传染病，又称为猪痢疾密螺旋体。临床特征为大肠黏膜卡他性出血性炎症，进而发展为纤维素性坏死性肠炎，临床表现黏液出血性下痢。

（一）诊断要点

1. 病原特点

病原体是猪痢疾密螺旋体，是介于病毒和细菌之间的细小微生物，革兰氏染色阴性。抵抗力较强，在粪便中 5℃存活 61 天，在土壤中存活 18 天。在厌氧条件下 4 ～ 10℃可存活 102 天，−80℃存活 10 年以上。对高温、直射阳光、干燥和常用消毒药都敏感，过氧化氢、来苏尔和氢氧化钠等均能在短时间内将其杀灭。

2. 流行情况

猪痢疾只感染猪，各种年龄的猪均可发病，但以 7 ～ 12 周龄（体重15 ～ 30 千克）的小猪发病较多，仔猪的发病率和死亡率比成年猪高。病猪和带菌猪是本病的传染源，经消化道感染。犬、鼠类、鸟和苍蝇可成为传染源和传染媒介。

猪痢疾无季节性，一年四季均可发生，呈地方性流行。发病率为 75%，病死率为 5% ～ 25%。各种应激因素，如饲养管理不良、阴雨潮湿、气候突变、

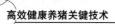

拥挤、饥饿等，均可促进猪痢疾的发生和流行。

3. 临床症状

潜伏期3天至2个月以上，自然感染多为7～14天。猪群发生本病时，最初的1～2周内多为最急性和急性型，随后逐渐以亚急性和慢性型为主。

（1）最急性型　病猪常突然死亡。病初精神稍差，吃食减少，粪便变软，表面附有条状黏液，以后迅速下痢，粪便呈黄色稀粥或水样。严重病例在1～2日内粪便中混有多量的血液、黏液，呈黑红色。体温升高达40.5℃以上，维持数天，以后下降至常温，死前体温降至常温以下。随病程发展，病猪精神沉郁，体重减轻，频频喝水，粪便恶臭，血液、黏液和坏死组织碎片增多。病猪迅速消瘦，贫血，极度衰弱，最后死亡。

（2）亚急性和慢性型　病情较轻，表现下痢，痢粪中夹有黏液及血液，呈黑色。病期较长，呈进行性消瘦，病死率虽低，但生长迟滞，发育不良，甚至成为僵猪。部分康复猪经一定时间还可复发甚至死亡，病程1个月以上。

（3）病理变化　病变主要集中在结肠和盲肠。急性病例大肠壁及肠系膜充血和水肿，暗红色，有溢血斑，表面覆有黏液及混有脓血的渗出液，有时有少量未消化物。病程较长的病例，大肠黏膜表面坏死，形成假膜，有时黏膜上有散在成片密集的纤维素，剥去假膜露出浅表糜烂面。

根据流行特点、临床症状及病理变化可作出初步诊断。确诊须作细菌学检查。

临床上应与仔猪黄痢、仔猪白痢、仔猪副伤寒、仔猪红痢及猪传染性胃肠炎等的鉴别。

（二）防控

1. 治疗

（1）药物混饲　痢立清，500克/吨饲料，持续使用，屠宰前70天停止喂药；四环素族抗生素，100～200克/吨饲料，连喂3～5天；杆菌肽，300克/吨饲料，连喂14天；新霉素，300克/吨饲料，连喂3～5天，停药20天再反复饲喂。二甲基咪唑，配成0.025%水溶液，自由饮用5天。

（2）药物内服　链霉素，每头猪用量1～2克，每天2次，连服2～3天。

（3）药物注射　肌内注射链霉素1～2克，每天2次注射；肌内注射红霉素0.5～0.75克，每天2次，连用2～3天。

（4）补液强心　剧烈下痢者，可配合使用5%葡萄糖氯化钠溶液、安钠咖等药物。

2. 预防

目前尚无有效菌苗。要加强饲养管理和卫生措施，保持猪圈内外干燥清洁。

严禁从疫区引进猪只，必须引进时应严格隔离检疫 2 个月。发生过此病的猪场或猪舍，可在饲料中加入四环素族抗生素进行预防，用量为 200 克 / 吨。

第四节 常见普通病防治

一、胃肠炎

猪胃肠炎是胃肠黏膜及黏膜下层发生的重剧炎性疾病，胃和肠的炎症多同时发生或相继发生。本病发病率及死亡率都较高，应予以高度重视。

（一）发病情况

突然变换饲料，喂给腐败、霉变、不洁的饲料或饮水，误用化学药品或误食农药、细菌感染、冬季受寒、感冒及长途运输等，均能引起本病。滥用抗生素，造成肠道菌群失调引起二重感染，常常引发胃肠炎。另外，猪瘟、猪丹毒、猪副伤寒、猪出血性败血病及蛔虫病等，也能继发引起胃肠炎。

突然出现剧烈而持续性的腹泻，排出物呈水样，有时伴有假膜、血液或脓性物，气味恶臭，肛门松弛，排便失禁。食欲减少或消失，常饮水，伴发呕吐，有时呕吐物中带有血液。病猪精神委顿，喜卧，病初体温增高（40 ～ 41℃），皮温不均，耳尖及四肢冷感，鼻端发热，结膜发红，呼吸稍快。肛门及尾部沾有粪液，有的大便失禁。肠音增强，当腹泻时间长后，肠音逐渐消失。随着病情的发展，腹泻严重的可见眼窝低陷，呈失水状，四肢无力。最后起立困难，呼吸、心跳加速而微弱，肌肉震颤，体温下降，随后全身衰竭而死。一般病情严重者 1 ～ 3 日死亡，较轻者可延至 1 周左右。

（二）防治措施

1. 预防措施

加强饲养管理，防止喂给有毒食物及腐败、发霉饲料，注意饮水清洁，定期做好肠道寄生虫病的驱虫工作。在冬季应做好棚舍通风保暖工作，以防止感冒。

2. 治疗

清除胃肠的刺激物质，制止胃肠内容物的异常发酵，保护胃肠黏膜，防止自体中毒。

（1）清肠制酵 灌服或供饮 0.1% 高锰酸钾溶液 200 ～ 500 毫升，必要时内服 50 毫升蓖麻油，以排出有害物质。

（2）抑菌消炎 内服磺胺脒或磺胺二甲基嘧啶，也可使用土霉素、黄连素等。在使用药物的同时，可投服药用炭 3 ～ 10 克，以吸附有害物质。

（3）制止脱水　因严重腹泻而致失水时，除充分供给饮水外，可静脉或皮下注射 5% 葡萄糖生理盐水 500 毫升。当出现酸中毒，可静脉注射 5% 碳酸氢钠 100～200 毫升。

（4）止痛止泻　若病猪腹泻不止，可选用次硝酸铋、次没食子酸铋、鞣酸蛋白、明矾等药物内服，剂量均为 2～5 克。若病猪腹痛不安或呕吐时，可内服颠茄酊 1～3 毫升或复方颠茄片 2～4 片。必要时可肌肉或皮下注射阿托品 2～3 毫升。

（5）中药疗法　可用加味白头翁汤：白头翁 30 克，黄连 15 克，黄柏 20 克，秦皮 20 克，银花 25 克，葛根 30 克，木香 15 克，藿香 15 克，甘草 8 克，水煎服。

二、感　冒

感冒是以上呼吸道炎性为主的急性全身性疾病，冬季和早春晚秋多发，没有传染性。

（一）发病情况

主要因受寒及猪体抵抗力降低引起，特别是在冬季和早春晚秋气候突变。饲养管理不当，猪舍阴暗、肮脏、潮湿，遭受贼风吹袭，或遭受雨淋等，更易发生。

病猪精神沉郁，喜卧，皮温不整，鼻端、耳尖及四肢末梢发凉，畏寒打战，皮肤紧缩。鼻塞流涕，时有喷嚏或咳嗽，呼吸加快，有眼眵，喜钻草窝。有时出现腹泻或便秘，轻者食欲减少，重者食欲废绝。体温正常或稍有升高。如治疗不及时，往往转成肺炎。

（二）防治措施

1. 预防

加强御寒保暖工作，防止贼风吹袭，圈舍保持清洁卫生、干燥，充分供给饮水，喂给容易消化的青绿饲料。

2. 治疗

发现病猪尽早治疗。病初给予镇痛退热药。

（1）西药疗法　安乃近、复方氨基比林 10～30 毫升；或用复方奎宁（怀孕母猪禁用）3～10 毫升，肌内注射，每日 2 次。阿司匹林 1～3 克内服，每日 2 次。为防止继发感染，在镇痛退热药中加入大剂量青霉素，可获良效。

（2）中药疗法　中药可用荆防败毒散：荆芥 30 克，防风 30 克，羌活 30 克，独活 30 克，川芎 20 克，柴胡 20 克，前胡 20 克，桔梗 10 克，薄荷 20 克，枳壳 15 克，茯苓 15 克，甘草 10 克，生姜 10 克，水煎，口服；或紫苏 30 克，生姜

20 克，葱头 20 克，水煎服。咳嗽严重者，用紫苏 20 克，防风 30 克，荆芥 30 克，桔梗 20 克，杏仁 15 克，款冬花 15 克，紫菀 15 克，水煎服。

三、湿　疹

猪湿疹发生于皮肤，初期表现红斑、丘疹，随后成为水疱，逐渐干燥结痂。临床主要表现是瘙痒。湿疹常发生于仔猪和母猪，春夏季节多发。

（一）发病情况

湿疹的发生与饲养管理密切相关，饲料单纯、矿物质及维生素不足，猪舍潮湿不洁、阳光不足、慢性下痢、皮肤外伤、涂擦刺激药、蚊虫叮咬等均可诱发本病。

急性湿疹的初期，病猪耳根、头面及大腿内侧等处发生红斑、丘疹或小水疱，病猪不停地在墙壁、食槽等处擦痒。丘疹及水疱擦破后，沾染污秽物，皮肤被覆黑色黏性脂肪样苔，病变逐渐扩展到全身，最后干燥，粘住皮毛，变成磷屑或痂皮。如果不能痊愈，则会转为慢性湿疹，患部皮肤肥厚而有皱褶，皮毛无光，机体逐渐消瘦。

（二）防治措施

1. 预防

供给营养丰富的全价饲料和青绿多汁饲料，保持猪舍通风干燥，保持猪只皮肤清洁卫生，及时治疗原发疾病。

2. 治疗

（1）对症治疗　患病初期，肌内注射维生素 B_2、维生素 B_6 各 5～10 毫克、非那根 5～10 毫克，20% 磺胺嘧啶钠 5～10 毫升，每天 1 次，连用 3～5 天。瘙痒不安时，可用 1%～2% 石炭酸酒精涂擦患部止痒。

（2）对因治疗　对因治疗以脱敏为主，可使用苯海拉明 40～60 毫克或异丙嗪 50～100 毫克，肌内注射。

（3）中药治疗　蒲公英 30 克，地丁草 30 克，绿豆衣 20 克，金银花 30 克，玄参 15 克，水煎服。配合葎草 60 克、明矾 15 克，或适量辣蓼，煎汤洗患处。

四、产后瘫痪

产后瘫痪是母猪产后近期发生的以四肢运动功能减弱或丧失为特征的疾病。

（一）发病情况

饲喂单一饲料，导致矿物质缺乏，特别是钙磷不足或钙磷比例失调，均可导致母猪四肢或全身无力，甚至骨质发生变化，这是引起产后瘫痪的主要原因。蛋白质饲料不足，助产不当，产后护理不好，冬季圈舍寒冷潮湿等，均可引发产后

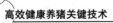

瘫痪。

病猪产后 2～5 天食欲稍有减退，泌乳量减少，后躯无力，站立不稳，行走摇晃，肢体震颤，继而卧地不起，后半身麻痹。严重病例常见昏迷症状，病初粪便干硬而少，以后停止排粪、排尿。食欲减少或废绝。有时母猪伏卧时对周围事物全无反应，也不让小猪吃奶。体温一般正常或略有升高。卧地日久，后躯肌肉萎缩发生褥疮。

（二）防治措施

1. 预防

妊娠母猪后期合理搭配精饲料，加喂骨粉、蛋壳粉、蛎壳粉、鱼粉和食盐。冬季注意圈舍温暖，干燥，通风，光照要足。助产时小心，不能损伤产道。

2. 治疗

（1）补充钙质　10% 葡萄糖酸钙 80～120 毫升，肌注或静脉注射，隔日再用药 1 次。同时肌注维生素 D_3 4～6 毫升，或用维丁胶性钙 10～15 毫升，每天 1 次，连用 3～4 天。

（2）辅助疗法　发生便秘可用温肥皂水灌肠；或内服芒硝 40～60 克（配成 7% 浓度）。

（3）中药疗法　若因产道损伤引起，可用中药血竭散：血竭 20 克，当归 30 克，没药 20 克，巴戟天 20 克，补骨脂 20 克，葫芦巴 20 克，小茴香 15 克，白术 20 克，牵牛子 15 克，木通 15 克，藁本 10 克，川楝子 10 克，水煎，加醋 100 毫升喂服。

若因瘦弱缺钙引起，用独活寄生汤：党参 40 克，当归 30 克，白芍 30 克，川芎 20 克，熟地 25 克，茯苓 20 克，防风 30 克，细辛 10 克，桑寄生 30 克，杜仲 30 克，牛膝 30 克，桂心 15 克，甘草 6 克，水煎服，连服 2～3 剂。

五、难　产

在分娩过程中，胎儿不能顺利娩出称为难产。此时若不及时治疗，不仅可引起母猪生殖器官疾病，甚至可造成母仔死亡。

母猪分娩是否顺利，取决于产力、产道和胎儿 3 个因素。如果母猪有足够的产力、正常开张的产道和胎儿姿势正常，三者互相适应，则分娩顺利，如果其中之一不正常，就可能发生难产。

（一）发病情况

猪的难产常因饲养管理不合理，如饲料搭配不适当，母猪过肥、衰弱及尚未充分发育就过早交配等原因造成。此外，也见于胎位不正、胎儿过大、胎儿畸形及母猪骨盆或子宫颈口狭窄造成难产。

怀孕期已满，胎膜已破，羊水流出，尾根及周围组织松软，阴门水肿，母猪阵发努责，表示开始分娩。分娩过程中，病猪时起时卧，痛苦呻吟，骚动不安，虽有分娩努责，但不能顺利产出小猪。有时产出1、2头小猪后，间隔时间很长，不再继续产出，时起时卧。如分娩时间过久，母猪则表现衰竭，睡卧不起，呼吸加深加快，不吃食。初期皮温增高而发热，后期努责微弱或不见努责，体温降低，心跳减弱。

（二）防治措施

1. 预防

严格选种选配，选择优良种猪。妊娠期间加强饲养管理，加强运动，给予营养丰富的饲料。保持猪舍清洁卫生、通风良好、环境安静。注意怀孕母猪的健康状况，发现难产应根据不同情况合理进行助产。

2. 治疗

初产母猪常因胎儿过大或母猪产道狭窄而造成难产，可施行牵引术，用手伸入产道拉出胎儿。助产时如破水已久，产道干燥，可将油类（如石蜡油）灌入产道后助产，但应注意不要损伤产道。若因两个胎儿同时挤入产道，并排在骨盆入口处而造成难产，可先将一个胎儿推入子宫腔内，然后再将另一胎儿拉出。

若以上方法不能达到拉出胎儿的目的，应尽早作剖宫产手术。如果胎儿姿势不正，需进行矫正术。

六、产褥热

产褥热是母猪抵抗力弱，产后因子宫感染细菌而引起的高热。若得不到有效治疗，产褥热可发展成子宫炎，甚至造成毒血症死亡。

（一）发病情况

助产时消毒不严格，胎儿过大造成子宫损伤，胎儿腐败，胎衣不下以及阴道、子宫脱出整复时消毒不严，均可导致产褥热。本病多为混合感染，致病菌主要是溶血性链球菌、葡萄球菌、化脓棒状杆菌及大肠杆菌。

产后不久，病猪体温升高至 $41 \sim 41.5$℃，呈稽留热，寒战。减食或完全不食。泌乳减少，乳房缩小，呼吸加快。脉搏快而弱。卧地不起，衰弱无力，时时磨齿，四肢末端及耳尖发冷。随病情发展，出现腹泻，粪便常有腥臭味。有时阴道中流出臭味分泌物，或混有组织碎片。

（二）防治措施

1. 预防

加强猪舍卫生工作，母猪产前圈舍应垫上清洁干草。助产时严格注意消毒，切勿损伤产道，如有损伤应及时处理。

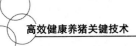

2. 治疗

（1）子宫消毒　用 0.1% 高锰酸钾或 0.1% 雷佛奴尔溶液冲洗子宫，冲洗完毕需将余液排出。选用磺胺类药或青霉素，必要时加用链霉素，肌内注射，1 日 2 次，连用 2～3 天，加大剂量效果较好。

（2）促进子宫收缩　肌内注射垂体后叶素 20～40 单位，可帮助子宫收缩，排出恶露。

（3）防止酸中毒　静脉注射 10% 葡萄糖溶液 200～300 毫升，5% 碳酸氢钠溶液 60～100 毫升，配合肌内注射维生素 C。

（4）中药疗法　可使用加味生化汤：桃仁 20 克，川芎 25 克，当归 30 克，黑姜 20 克，甘草 10 克，金银花 30 克，连翘 30 克，鱼腥草 50 克，水煎，加黄酒 60 毫升灌服。

七、子宫内膜炎

猪子宫内膜炎是产后子宫黏膜内膜发炎，阴道内流出黏性或脓性分泌物。若治疗不及时，炎症易于扩散，常转为慢性，成为导致不孕的主要原因。

（一）发病情况

分娩时消毒不严，人工助产或子宫阴道脱出消毒不严，产道损伤或部分胎衣残留，致使细菌侵入产道。常见的细菌有双球菌、葡萄球菌、链球菌、大肠杆菌等。此外，发生布氏杆菌病、副伤寒等传染病，也常继发子宫内膜炎。

临床可分为急性子宫内膜炎与慢性子宫内膜炎。急性子宫内膜炎多见于产后，病猪食欲减少或停止，体温升高，鼻盘干燥，时常表现努责，从阴道中流出多量黄白色或褐色有臭味的分泌物，常杂有胎衣碎片。乳汁减少，母猪不愿哺乳。慢性子宫炎多由于急性子宫炎未及时或未彻底治疗转变而来，阴道内长期流出少量混浊分泌液，有的子宫黏膜由于炎症的慢性刺激会逐渐增厚，病猪在发情时从阴道流出分泌物，虽然定期发情，但屡配不孕。慢性子宫炎也有因子宫颈紧闭而分泌物滞留于子宫内，常伴有食欲减少，呼吸加深加快，精神委顿等全身症状。

（二）防治措施

1. 预防

人工授精严格消毒。保持猪舍清洁干燥，临产前调换清洁垫草。助产时严格消毒，操作轻巧细致。产后加强饲养管理，保持圈舍清洁卫生。处理难产取完胎儿后要严格消毒。胎衣排出后，将广谱抗生素直接投入子宫腔，可预防子宫炎的发生。

2. 治疗

（1）冲洗子宫　分泌物不多时，冲洗液常用0.1%雷佛奴尔或0.1%高锰酸钾。冲洗完需将余液导出。半小时后，用1克土霉素加蒸馏水100毫升注入子宫。一般每隔1～3天冲洗一次。如有大量渗出物或脓液，可用高渗盐水冲洗；当脓液减少后，再用上法冲洗。

冲洗子宫的同时，也可配合使用子宫收缩剂，如脑垂体后叶素（20～40单位），促进子宫分泌物排出。

（2）抗菌消炎　可注射或口服磺胺类药物，或注射青霉素（必要时可加用链霉素）。

（3）中药疗法　急性子宫内膜炎用止带方：猪苓25克，泽泻25克，黄柏20克，栀子20克，茯苓20克，车前子30克，茵陈30克，赤芍20克，丹皮15克，牛膝15克，水煎服。慢性子宫内膜炎用完带汤：党参30克，白术20克，白芍30克，荆芥穗30克，山药30克，苍术30克，车前子30克，柴胡15克，陈皮15克，升麻15克，甘草8克，水煎服。

八、中毒病

（一）亚硝酸盐中毒

亚硝酸盐中毒是由于菜类等青绿饲料的储存、调制方法不当时，在适宜的温度和酸碱度条件下，在微生物的作用下，大量的硝酸盐可还原成剧毒的亚硝酸盐，猪采食这类饲料后而引起中毒，本病常于猪吃饱后不久发生，故有饱潲病之称。

1. 发病情况

因食用贮存和加工不当，含有较多硝酸盐的白菜、菠菜、甜菜、野菜等青绿多汁饲料，而使猪群发生中毒。

亚硝酸盐毒性很大，主要是血液毒。当亚硝酸盐经过胃肠黏膜吸收进入血液后，能使血液中的氧化血红蛋白变为变性血红蛋白（高铁血红蛋白），使血液失去携氧的能力，而引起全身缺氧，导致呼吸中枢麻痹，严重者30分钟左右即可窒息而死。亚硝酸盐在体内可透过内屏障及胎盘组织，引起妊娠母猪发生早产、弱胎及死胎。

病猪突然发病，一般在采食后10～30分钟，最迟2小时出现症状，病猪突然不安，呼吸困难，继而精神萎靡，呆立不动，四肢无力，行走打晃，起卧不安，犬坐姿势，流涎，口吐白沫或呕吐，皮肤、耳尖、嘴唇及鼻盘等部开始苍白，以后呈青紫色，穿刺耳静脉或剪断尾尖流出酱油状血液，凝固不良。体温一般低于正常值（35～37℃），四肢和耳尖冰凉，脉搏细数，很快四肢麻痹，全身抽搐，嘶叫，伸舌，最后窒息而死。若病猪 2 小时内不死者，则可逐渐恢复。剖解后病理变化为：因死亡快，内脏多无显著变化，主要特征是血液呈酱油状、紫黑色而凝固不良。胃底、幽门部和十二指肠黏膜充血、出血。病程稍长者，胃黏膜脱落或溃疡，气管及支气管有血样泡沫，肺有出血或气肿，心外膜常有点状出血。肝、肾呈蓝紫色，淋巴结轻度充血。

2. 防控措施

改善饲养管理，不喂存放不当的青绿多汁饲料，防止亚硝酸盐中毒。

发现亚硝酸盐中毒应迅速抢救，目前，特效解毒药为美蓝和甲苯胺蓝。同时配合应用维生素 C 和高渗葡萄糖溶液，效果较好。

对严重病例，要尽快剪耳、断尾放血；静脉或肌内注射 1% 美蓝溶液，用量为 1 毫升 / 千克体重，或注射甲苯胺蓝，用量为 5 毫克 / 千克体重。内服或注射大剂量维生素 C，用量为 10 ～ 20 毫克 / 千克体重，以及静脉注射 10% ～ 25% 葡萄糖液 300 ～ 500 毫升。

对症状较轻者，仅需安静休息，投服适量的糖水或牛奶等即可。

对症治疗：对呼吸困难、喘息不止的患畜，可注射山梗菜碱、尼可刹米等呼吸兴奋剂；对心脏衰弱者可注射安钠咖、强尔心等；对严重溶血者，放血后输液并口服或静脉滴注肾上腺皮质激素，同时内服碳酸氢钠等药物，使尿液碱化，以防血红蛋白在肾小管内凝集。

（二）猪霉饲料中毒

霉饲料中毒就是猪采食了发霉的饲料而引起的中毒性疾病，以神经症状为特征。

1. 发病情况

自然环境中，含有许多霉菌，常寄生于含淀粉的饲料上，如果温度（28℃左右）和湿度（80% ～ 100%）适宜，就会大量生长繁殖，有些霉菌在生长繁殖过程中，能产生有毒物质。目前，已知的霉菌毒素有上百种，最常见的有黄曲霉毒素、镰刀菌毒素和赤霉菌毒素等。这些霉菌毒素都可引起猪中毒。仔猪及妊娠母猪尤为敏感。

发霉饲料中毒的病例，临床上常难以肯定为何种霉菌毒素中毒，往往是几种霉菌毒素协同作用的结果。

仔猪和妊娠母猪对发霉饲料较为敏感。中毒仔猪常呈急性发作，出现中枢神经症状，头弯向一侧，头顶墙壁，数天内死亡。大猪病程较长，一般体温正常，初期食欲减退，后期废绝，腹痛，下痢或便秘，粪便中混黏液或血液，被毛粗乱，迅速消瘦，生长迟缓。白猪的嘴、耳、四肢内侧和腹部皮肤出现红斑，妊娠母猪常引起流产及死胎等。剖解后的病理变化为：肝实质变性，颜色变淡黄，显著肿大，质地变脆；淋巴结水肿。病程较长者，皮下组织黄染，胸腹膜、肾、胃肠道出血。急性病例最突出的变化是胆囊黏膜下层严重水肿。

2. 防控措施

防止饲料发霉变质。严禁用发霉饲料喂猪。

目前尚无特效药物。发病后应立即停喂发霉饲料，同时进行对症治疗。急性中毒，用 0.1% 高锰酸钾溶液、温生理盐水或 2% 碳酸氢钠液进行灌肠、洗胃后，内服盐类泻剂，如硫酸钠 0.03～0.05 千克，水 1 升，1 次内服。静脉注射 5% 葡萄糖生理盐水 300～500 毫升，40% 乌洛托品 20 毫升，同时皮下注射 20% 安钠咖 5～10 毫升。

第五节　常见寄生虫病的防治

一、蛔虫病

猪蛔虫病是蛔虫寄生于猪小肠引起的疾病，是仔猪的重要疾病。卫生条件差，环境拥挤，饲料不足，营养不良，特别是缺乏维生素或微量元素时，猪群感染率最高，感染率为 17%～80%。仔猪常因感染蛔虫而生长发育不良，形成僵猪，甚至死亡。

（一）病原特点

蛔虫成虫为黄白色或粉红色，呈圆柱形，光滑，似蚯蚓形状的大型线虫。雄虫长 12～25 厘米，尾端向腹部蜷曲；雌虫长 30～35 厘米，后端直而不蜷曲。虫卵抵抗力很强，耐冷冻、耐干燥，在 -30℃还可存活几分钟。在外界环境中可保持生命力几个月至 5 年之久。

（二）流行特点

猪蛔虫的发育无须中间宿主，虫卵随粪便排出，在适宜的条件下，经 3 周发育成具有感染性的虫卵。随饲料或饮水被猪吞食感染，虫卵污染昆虫、尘土、污染食槽、用具及母猪乳头等，都可引起间接感染。虫卵进入消化管，在小肠内虫卵逸出的幼虫钻入肠壁，随血流入肝，经右心至肺，再由肺毛细血管进入肺泡，沿支气管至咽喉，由咽咽下后到小肠发育成成虫。这个过程一般需要 2～2.5 个月。成虫在小肠可生存 7～10 个月。

（三）临床症状

成年猪抵抗力较强，一般无明显临床表现。

仔猪感染蛔虫后，临床症状明显，危害严重。幼虫侵袭肺脏，引起蛔虫性肺

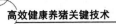

炎时，主要表现体温升高，咳嗽，呼吸喘急，食欲减退及精神倦怠，喜卧，不愿行走等。在成虫寄生阶段的初期，可能出现异嗜现象，少数病例可出现兴奋、痉挛、角弓反张等神经症状。随病情发展，逐渐出现食欲减退，发育不良，被毛粗乱，消瘦，轻微腹泻，腹痛，贫血等症状，最终成为僵猪。严重者造成蛔虫阻塞肠道，或肠穿孔、肠破裂而死亡。

（四）诊断方法

幼猪若体型消瘦、发育不良，即可怀疑为此病。但确诊需在粪便或尸体的肠道中发现虫体，少则几条，多则上百条；或对 1 个月龄以上的猪作粪便虫卵检查。

（五）防制措施

1. 预防措施

定期清扫消毒，保持猪舍干燥。平时注意饲料饮水卫生，粪便要堆积发酵。对易感猪群，每年可进行 2 次检查及驱虫。生产母猪则在空怀期进行驱虫。投药后 3 ～ 5 日内排出的粪便，应集中后进行发酵处理。

2. 治疗办法

（1）西药治疗　左旋咪唑 8 ～ 10 毫克 / 千克体重，混入饲料中一次喂服，或肌注 5 ～ 6 毫克 / 千克体重。丙硫咪唑 5 ～ 20 毫克 / 千克体重，拌料喂服。伊维菌素 0.3 毫克 / 千克体重，皮下注射。

蛔虫可能产生耐药性，临床应尽量选用复方驱虫剂，并经常更换药品。

（2）中药治疗　鲜川楝树根皮 15 克，去掉外层老皮，水煎后空腹服用。

二、肺丝虫病

猪肺丝虫病由猪后圆线虫所引起。成虫寄生于猪气管内，大多在肺的膈叶边缘。猪感染率 20% ～ 30%，高的可达 50%。本病主要侵害幼猪，引起支气管炎和肺炎，往往呈地方性流行，可造成死亡，耐过的猪生长发育受阻。

（一）病原特点

成虫虫体呈白色，细长，雄虫长 12 ～ 26 毫米，雌虫长 20 ～ 51 毫米。雌虫在猪的小支气管内产卵，卵随气管分泌物带出，经咽后随粪便排出体外。虫卵在粪便中可生存 6 ～ 8 个月，在蚯蚓体内的感染幼虫能生存半年或更长时间。在温暖、多雨潮湿季节，尤其土地肥沃、粪便污秽不堪，蚯蚓滋生和频繁活动的地方，本病发生较多。

（二）流行特点

虫卵随猪粪便排出，在潮湿的土壤中孵化成幼虫，虫卵或幼虫被蚯蚓吞食，在蚯蚓体内经 10 ～ 20 天发育成感染性幼虫。猪采食或拱土时食入蚯蚓而感染。蚯蚓在消化管内被消化掉后，幼虫逸出，由猪肠壁进入肠系膜淋巴结，经淋巴管和肺循环到肺，最后到达支气管发育为成虫。自猪吞食蚯蚓到成虫发育成熟，需要 25 ～ 35 天。

肺丝虫寄生易诱发猪肺疫、气喘病、流感和猪瘟，对养猪业危害较大。

（三）临床症状

轻度感染时，没有症状或症状不明显；严重感染时，呈阵发性咳嗽，流黄脓性鼻液，呼吸迫促，肺部听诊有啰音。若合并发生气喘病等疾病时，死亡率较高。病程长者形成僵猪，有的呕吐、腹泻。胸下、四肢和眼睑水肿，结膜苍白，食欲减退，体重减轻。若虫体堵塞气管，病猪常窒息而死。

（四）诊断方法

当仔猪有经常性咳嗽时可怀疑本病。确诊需做粪便虫卵检查，或剖检进行虫体检查。剖检时，在肺尖叶、膈叶边缘常见到局限性肺气肿，呈灰白色。支气管增厚、扩张。若与病原微生物混合感染诱发支气管炎时，病变更加明显和复杂。

（五）防制措施

1. 预防措施

本病流行地区，不易放牧饲养，最好使用舍饲方式。猪舍、运动场保持清洁卫生，定期消毒。粪便进行发酵处理，可定期进行预防性驱虫。有条件的猪场、猪圈及运动场，地面铺石头或水泥，防止猪拱地吃到蚯蚓。

2. 治疗办法

左旋咪唑 8 ～ 10 毫克 / 千克体重，混入饲料中一次喂服，或肌注 5 ～ 6 毫克 / 千克体重，也可选用伊维菌素皮下注射。氰乙酰肼 17 毫克 / 千克体重，溶于水中喂服，或配成 10% 溶液肌内注射，用量为 15 毫升 / 千克体重。

三、弓形体病

弓形体病也叫弓形虫病，是由弓形虫寄生于猪体内引起的原虫病。弓形虫为细胞内寄生虫，终末宿主是猫，中间宿主包括哺乳动物、鸟类和冷血动物。本病可在猪场突然暴发，发病急，流行快，死亡率高。不仅严重危害养猪业，也影响人类的健康。

（一）病原特点

弓形虫在中间宿主体内有滋养体和包囊两种形态。在终末宿主体内有裂殖体、配子体和卵囊三种形态。

1. 滋养体

用病料作瑞氏染色法染色，镜检可见到。成卵圆形，有较厚的囊膜，囊内充满许多香蕉状滋养体。多见于慢性病例或无症状病例，主要寄生于脑、骨骼肌和

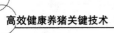

视网膜等处。

2.裂殖体

在猫的肠绒毛上皮细胞内。成熟时呈圆形，内有 10 ～ 15 个香蕉状的裂殖子。

3.配子体

雄性配子体圆形，成熟后形成多个新月芽形，有 2 条鞭毛；雌配子体球形，无运动性。

4.卵囊

在猫粪内可检查到，呈卵圆形。成熟的卵囊内含有两个孢子囊，每个孢子囊内含有 4 个长形弯曲的子孢子。

（二）流行特点

卵囊随猫的粪便排出体外，在适宜的条件下，经 2 ～ 4 天发育成感染性的卵囊。猪摄入被卵囊污染的食物、饲料、饮水等，引起感染。卵囊中的子孢子在猪肠道逸出，钻入肠黏膜，随血流侵入细胞内，主要侵入小肠绒毛上皮内进行裂殖生殖，破坏上皮细胞后，裂殖体逸出，再侵入新的上皮细胞内，重复上述过程。

弓形虫病在温暖和潮湿的地区最为普遍。感染途径除经消化道外，还可经眼、鼻、呼吸道、皮肤、胎盘、奶头等途径感染，唾液、精液、蛋、蔬菜及各种注射法，也可造成感染。此外，昆虫也可导致机械性传播。

（三）临床症状

弓形虫病多见于 3 月龄的仔猪，6 月龄以上的猪也有发病，临床表现类似猪瘟。急性病例体温高达 40 ～ 42℃，食欲减退或废绝，下痢或便秘。体表淋巴结肿大，皮肤出现红紫斑，流鼻液，咳嗽，呼吸困难，步态不稳，起立困难。成年猪多见便秘，稍后出现呼吸困难，有水样或黏液性鼻液。腹股沟淋巴结肿大，后肢软弱，末期耳端、吻突、四肢下部及腹下部出现紫红色瘀斑。散发病例病程延长，病状发展亦较缓和，可出现神经症状，如昏睡或痉挛等，有的耳郭末端出现干性坏死。母猪患弓形虫病，易发生流产或产下死胎、弱胎，还可通过胎盘、子宫、产道及初乳等途径传染给胎儿和仔猪。

（四）诊断方法

根据临床症状、剖检变化和实验室诊断可以确诊。但临床应注意与慢性猪瘟鉴别。

（五）防制措施

1.预防措施

定期清理消毒，保持猪舍清洁卫生。猪舍内禁止饲养猫和狗，及时消灭老鼠。对尚未发病的猪，用磺胺类药物早期防制效果较好。如用药较晚，临床症状虽消失，但不能抑制虫体，使虫体进入组织形成包囊，从而使病猪成为带虫者。

2. 治疗办法

肌内注射磺胺-6-甲氧嘧啶，用量为60～100毫克/千克体重，第二天用半量，连用3～5天。口服二甲氧苄氨嘧啶，用量为14毫克/千克体重，每天2次，连用3～5天。

四、疥螨病

猪疥螨病是疥螨虫引起的慢性皮肤寄生虫病，大小猪均能感染，5月龄以下小猪最易发生。健康猪与病猪相互接触是主要传染途径，使用病猪舍及病猪使用过的用具也可造成感染。

（一）病原特点

疥螨虫是一种小寄生虫，色灰白或带黄色，肉眼不易看到。雌虫0.34～0.51毫米，雄虫0.23～0.34毫米。一个雌虫每天产卵1～2个。卵经3～4天孵化为幼虫，再经2～3天变成稚虫，稚虫经3～4天变成雄虫和雌虫。雌虫交配后3～4天产卵。从卵到成虫的发育期15天左右，成虫的生命期4～6周。

（二）流行特点

成虫在病猪患部皮肤表皮深层咬凿隧道，采食组织及淋巴液。秋冬季节疥螨病蔓延较广，特别是阴暗、潮湿的环境里，疥螨虫较易在猪体上繁殖。

幼猪易受疥螨侵害，发病较严重，1～3.5月龄仔猪检查阳性率为80%。随年龄增长，猪的抗螨力不断增强。

（三）临床症状

病变主要发生在皮肤细薄及体毛短小的头、颈、肩胛等部位。大多先发生在头部，特别是眼睛周围，严重时不但可蔓延至腹部或四肢，甚至可蔓延全身。

病初患部发红而表现剧烈的奇痒，病猪经常在墙角、柱栏等粗糙处摩擦。数日后，患部皮肤上出现针头大小的小结，随后形成水疱或脓疮，破溃后，渗出液干结形成较硬的痂皮。患部被毛脱落，皮肤粗糙肥厚或形成皱褶，病情严重时，可出现皮肤枯裂。病猪食欲减退，精神委顿，逐渐衰弱，发育停滞，消瘦，贫血，严重者会引起死亡。

（四）防制措施

1. 预防措施

引进猪时需做仔细检查，经鉴定无病后，才可合并饲养。病猪使用过的器具，若未经消毒，不得携入健康猪舍使用。猪舍应干燥清洁、通风良好、阳光充足，冬季勤换垫草。病猪舍、栅栏、饲槽、地板等要定期消毒，可用5%氢氧化钠水或 20% 草木灰水喷雾。

2. 治疗办法

（1）西药疗法　皮下注射伊维菌素，用量 0.3 毫克 / 千克体重，连用 3 天。

（2）中药疗法　烟叶（或烟梗）1 份，水 20 份，混合放锅中煎煮 1 小时后捞出烟叶，取水溶液洗擦猪体。注意防止药水进入病猪眼和鼻中。

硫黄 10 克，雄黄 10 克，蛇床子 20 克，来苏儿 2 毫升，液体石蜡油 500 毫升。将前 3 种药物研末，与来苏儿、液体石蜡混匀。刮刷患部痂皮后，用以上药液反复涂擦，间隔 7 天重复 1 次。

参考文献

李长强，等，2013.生猪标准化规模养殖技术 [M].北京：中国农业科学技术出版社 .

李连任，2015.现代高效规模养猪实战技术问答 [M].北京：化学工业出版社 .

闫益波，2015.轻松学猪病防制 [M].北京：中国农业科学技术出版社 .